MARTIN KLEEN

# ANÄSTHESIE

KRIMINALROMAN

LEDA

„Martin Kleen weiß, wovon er spricht; denn schließlich ist der habilitierte Anästhesist vom Fach und weiß, wo die Schwachstellen unseres heutigen Medizinsystems liegen. Und am wohltuendsten für den Leser ist sicherlich die Tatsache, dass ärgerliche fachliche Fehler in Sachen ärztlicher Behandlung, wie sie fast täglich im Fernsehen – Stichwort: Seifenopern – zu besichtigen sind, in diesem Erstling nicht vorkommen – was dem Lesevergnügen außerordentlich gut tut. Dass der Leda-Verlag für das nächste Jahr mit „Zehn Stunden" bereits den zweiten Kleen-Krimi angekündigt hat, zeigt, dass man (glücklicherweise) auf der Medizinthriller-Schiene wohl noch eine Weile weitermachen will. *Friedrich Hofmann, Ärzte-Zeitung*

Dieser Krimi ist atemberaubend ... Kleen spielt in seinem spannenden Krimi nicht nur mit den Urängsten seiner Protagonisten und denen seiner nicht mehr nur geneigten sondern in Anspannung verkrampften Leserinnen und Leser, er konfrontiert uns auch mit möglichen Grenzerfahrungen. (...) allen, die literarische Hochspannung schätzen, die gepaart ist mit unglaublichem Insiderwissen, denen sei dieser Krimi ans Herz gelegt. Ängstliche Naturen können sich ja vor der Lektüre einen Defibrillator neben den Sessellegen und sich ab und an den Blutdruck messen! *Lesart 4/04*

**Leserrezensionen bei amazon:**

Ein wahrlich unglaubliches Debüt!! Hier stimmt wirklich alles = Genial!!! Und man bemerkt schon auf den ersten Seiten: Hier schreibt ein absoluter Insider des Medizin-Betriebes. Schlüssig, realistisch, informativ und unglaublich spannend. Sollte Martin Kleen im Fach Anästhesie nur ähnlich kompetent sein wie als Autor des vorliegenden Kriminalromanes: Die Narkose würde für mich jegliche Schrecken und Ängste verlieren! Dieser Roman verdient wirklich höchste Beachtung – und Erfolg!

**Einschläfernd sind hier nur die Narkosen... !!**
In bester Thriller-Manier wird man immer tiefer in die unheimlichen Geschehnisse verwickelt, die die sympathische Protagonistin Charlotte erst erschrecken, dann ihre Karriere und letztlich fast ihr Leben kosten. (...)man möchte schreien und rufen „Pass auf Charlotte, NICHT!" Aber sie hört uns nicht, und schliddert immer tiefer in die tödlichen Verwicklungen und intriganten Spiele. (...)Und so lesen wir, und lesen, und lesen, und auf einmal sind die 200 Seiten durch und man möchte den Autor anrufen und sagen: Bitte bitte, schreiben Sie doch schnell Ihr zweites Buch, Herr Doktor!

„Anästhesie" gehört definitiv zum Spannendsten, was uns da die langen Abende auf dem Sofa verkürzen will. Erfreulich ist, dass mit diesem Mediziner-Thriller ein neuer Stern am Autorenhimmel aufgegangen ist ...

... ein wahrer Pageturner ...

... stilistisch wie dramaturgisch sehr gelungener Roman ...

„Eine große Stärke des Romans sind die vielen packend geschilderten OP-Szenen. Für mich als Laien war es hochinteressant, einen so lebensnahen Eindruck von der Arbeit eines Anästhesisten zu bekommen."

„Konnte nicht mehr aufhören. ... Hochspannung garantiert.
Es geht auch anders als in der amerikanischen Einheitsware. Ein Muss des Bücherherbstes 2004!!!

Für Tatjana, Viktor und Gregor

Martin Kleen, geboren 1965 in Erlangen und in Franken aufgewachsen. Studium der Medizin ebenfalls in Erlangen, danach fünf Jahre medizinische Grundlagenforschung und Habilitation in München. Anschließend vier Jahre Tätigkeit als Anästhesist und dabei Sammlung von Stoff für viele noch zu schreibende Romane. Berufsbegleitendes Managementstudium. Seit 2002 Arbeit in der medizintechnischen Industrie.

Martin Kleen
Anästhesie
Kriminalroman

2. Auflage 2004
ISBN 3-934927-51-3


Leda-Verlag, Kolonistenweg 24, D-26789 Leer
info@leda-verlag.de
www.leda-verlag.de

Satz: Heike Gerdes
Lektorat: Maeve Carels
Titelillustrationen: Andreas Herrmann
Druck und Gesamtherstellung: Drukkerij Bariet, Ruinen
Printed in the EU

# 1. Kapitel

Charlotte Arbro öffnete langsam die Augen. Sie wollte weiterschlafen, aber der Piepser in der Brusttasche des OP-Hemds gab auf- und abschwellende Kreischlaute von sich. Sie konnte nicht schon wieder arbeiten, es durfte nicht sein, sie wollte den Piepser ausschalten, Ruhe haben.

Nach einer Sekunde begriff sie, fuhr vom Sofa auf, ihre Schienbeine schlugen mit lautem Krachen an die Kante des niedrigen Tisches. Sie hatte im Sitzen vor dem laufenden Fernseher geschlafen. Keine halbe Stunde war vergangen, seit sie den letzten Patienten auf die Intensivstation gebracht hatte. Ein Verkehrsunfall. »Scheiße.« Ihre Zunge löste sich schwer vom trockenen Gaumen. Sie fuhr sich durch die roten Locken, die Kopfhaut juckte vom kalten Schweiß, der mit dem Aufwachen ausgebrochen war. Sie zog den Funker aus der Tasche. Ihr Finger verhakte sich im Kettchen mit dem Generalschlüssel und sie fand den Knopf auf dem Gerät nicht sofort. Ein Druck, die Nummer wurde angezeigt.

Strauchelnd sprang sie auf, stieß ihre Schuhe von den Füßen, die weißen Holzpantinen krachten gegen die Wand. Sie rannte den Krankenhausgang hinunter. Mist, dachte sie, Notkaiserschnitt.

Die Neonröhren erhellten rhythmisch ihren Weg. Keuchender Atem, das Geräusch nackter Füße, der wahnsinnige Piepser. Notkaiserschnitt. Eine Mutter oder ein Kind starb.

Sie bog links ab, der rechte Fuß stieß sich an der Glastür ab wie in einer Steilkurve. Sie sprang die Treppe hinab. Jetzt nur nicht umknicken, dachte sie. Ein Absatz – noch einer – die Metalltür des Treppenhauses schlug scheppernd gegen die Wand. Ein weiterer langer, von Neonröhren beleuchteter Gang flog an ihr vorbei.

Sie hörte ihren keuchenden Atem, ein scharfes Putzmittel lag in der Luft, der Geschmack des Schlafes war noch auf der Zunge. Sieben fünf sieben vier. Ihre Finger zitterten, während sie die Tasten antippte. Der Boden war kalt, sie spürte die Fugen der Kacheln unter den Sohlen. Ein Summer gab die Tür frei, sie flog auf, Charlotte stürzte hinein – ihr Zeh stieß gegen den

Türrahmen – ein dumpfes, hartes Geräusch, ein Knacken. Zischend saugte sie Luft ein. »Verdammt. Alles geht schief.«

»›Guten Morgen‹ heißt das«, sagte eine dicke Frau mit weißblond gebleichtem Lockenkopf.

»So ein Mist, verflucht ... wo muss ich hin?«

»Kreißsaal Mitte, Frau Doktor. Man wartet schon auf Sie.«

Sie humpelte zur schweren Holztür des Kreißsaals. Ihr Zeh pochte vor Schmerz. Klappern von OP-Besteck erfüllte den Raum. Der Geruch von Blut lag in der Luft. Sie atmete noch schwer – das süßlich widerliche Aroma von Fruchtwasser stieg ihr in die Nase, sie verzog die Mundwinkel.

»Guten Morgen – ich heiße Arbro – ich bin die Narkoseärztin.« Sie wandte sich der Patientin zu, holte tief Luft. »Guten Morgen, wir müssen eine Narkose machen, die Frauenärzte müssen Ihr Baby holen, haben Sie das verstanden?« Ihr Atem wollte sich nicht beruhigen. Sie spürte ihren Puls im Hals.

Die Frau stöhnte und nickte schwach.

»Guten Morgen, Charlotte. Alles fertig. Starten wir?«

Charlotte drehte sich um, schaute zum Anästhesiepfleger Knut Tarler auf. »Knut. Mann, gut, dass du da bist. Los geht's.«

Sie fuhr herum, ein Mann hatte sie an der Schulter berührt und sagte: »Was machen Sie mit meiner Frau?«

Sie sah in die panischen Augen im runden Gesicht des Mannes. Angehörige machen immer Probleme, dachte sie. »Das ist nichts für Sie, bitte gehen Sie jetzt hinaus. Ihr Kind muss geholt werden, Ihre Frau bekommt eine Narkose, ich passe gut auf sie auf, bitte gehen Sie jetzt.« Sie fasste seinen Oberarm und versuchte, ihn in Richtung Tür zu schieben.

Er wehrte sich gegen ihren Griff. »Nein. Ich bleibe hier, bei meiner Frau.«

»Lassen Sie den Unsinn, gehen Sie jetzt, wir haben keine Zeit für Diskussionen.«

»Nein, ich bleibe hier, fangen Sie an, ich bleibe hier.«

Knut ging an Charlotte vorbei und baute sich vor dem Mann auf. Sie konnte mit ihm streiten und Zeit verlieren, sie konnte Knut bitten, ihn hinauszuwerfen. »Ihre letzte Chance.« Sie nahm die Atemmaske. »Gehen Sie, es ist besser für Sie.«

Er schüttelte den Kopf, stand breitbeinig neben seiner Frau und hatte ihre Hand in seinen breiten Händen verborgen. Er konnte nicht helfen, störte nur, aber es war keine Zeit mehr, sich mit ihm zu beschäftigen.

»Frau Arbro, jetzt los. Die Frau hat eine Menge Blut verloren. Eine vorstehende Plazenta, wenn wir das Kind jetzt nicht rausholen, verblutet sie. Ich brauche eine Narkose. Jetzt.« Gerhard Dobrindt stand im Operationskittel und sterilen Handschuhen zwischen den erhobenen Beinen der Schwangeren und bewegte hektisch die Hände.

»Bin schon dabei. In zwei Minuten können Sie schneiden, Herr Dobrindt. Alles fertig?« Er antwortete nicht. »Knut, gib ihr Thiopental, Ketamin, beides volle Dosis.«

Der Mann stand in Knuts Weg. Knut war mehr als einen Kopf größer, es sah leicht aus, als er ihn mit einer Bewegung seines Armes zur Seite schob.

»Lass ihn, Knut, wir haben keine Zeit für ihn. Gut. Succinylcholin, hundert Milligramm.« Sie nahm die Atemmaske vom Gesicht der Frau, führte den Beatmungsschlauch in die Luftröhre ein. »Schnitt!«

Dobrindt setzte das Skalpell an, sah noch einmal unter sich auf den Boden. »Frau Arbro, sie verliert eine Menge Blut. Ich meine, wirklich verdammt viel.«

»Ich bin nicht blind. Ich kann keinen Druck mehr messen. Knut, hast du Ephedrin dabei?« Er nickte und zeigte auf die angesetzte Spritze. »Noch mal. Es reicht nicht. Haben wir Blut?«

»Nein, Charlotte.« Knut stöhnte, als er den Mann bei den Schultern nahm und einen Meter zur Seite trug. Seine Augen waren aufgerissen, sein Gesicht hatte die Farbe von verdünnter Milch angenommen. »Wir können es anfordern, dauert fünfzehn Minuten, wenn wir Lebensgefahr ankreuzen.«

Ein Rumpeln ließ Charlotte sich umdrehen. Der Mann lag auf dem Rücken, sein rechter Arm klemmte verdreht unter ihm, das rechte Bein lag in einem schmerzhaften Winkel. Sie konnte sich jetzt nicht um ihn kümmern. Dummer Kerl, sie hatte ihn gewarnt.

»Fünfzehn Minuten sind zu lange. Wir bestellen, sobald Zeit ist. Wir geben ihr konzentrierte Kochsalzlösung und eine Volumenersatzlösung.« Sie wusste, dass es nichts bedeutete, Lebensgefahr anzukreuzen. Sie tat es immer, wenn sie im OP Blut brauchte, sonst dauerte es Stunden.

»Machen Sie irgendetwas, Frau Arbro«, sagte Dobrindt, »hier unten spritzt es raus wie aus einer Wasserleitung. Ich hol jetzt das Kind, ich weiß nicht, was wir noch tun können.«

Knut riss die Verpackung zweier Infusionsbeutel auf. Papier und Plastik fielen vor seine Füße.

»Mach schnell, sie hat keinen Kreislauf mehr. Gib mir das Zeug. Spritz ihr ein Milligramm Adrenalin. Her damit.« Charlotte tippte der Hebammenschülerin vor die Brust. »Gehen Sie zum Telefon, wählen Sie neun drei fünf und sagen Sie, wir brauchen zehn Einheiten Blut im Kreißsaal. Blutgruppe Null Negativ. Jetzt. Wiederholen Sie das.« Das Mädchen schaffte es stockend, Charlotte schob sie aus der Tür. »Los, Mädel, renn.«

Charlotte schloss beide Leitungen an, band eine Blutdruckmanschette um die Beutel und pumpte.

Auf Dobrindts hellgrünem Operationsmantel waren bis zum Hals große, rote Flecken. Die Raste einer Edelstahlklemme knackte, er sagte: »Hypertone Kochsalzlösung ist nicht zugelassen für Schwangere.«

Muss er sich einmischen, dachte sie, ein Frauenarzt, der sich um Medikamente kümmert, das kann nicht gut gehen. Zum Glück konnte der Mann am Boden sie nicht hören. »Zugelassen oder nicht, sie ist ausgeblutet«, rief sie. »Wenn sie das jetzt nicht bekommt, haben wir keine Chance auf eine lebende Patientin, die uns verklagen kann!« Sie drehte sich um und pumpte weiter. Mit jedem Druck ihrer Hand spritzte mehr Lösung durch die Leitungen in die Venen der Frau. Der Klettverschluss der Blutdruckmanschette knirschte unter dem Druck.

»Überlegen Sie sich, was Sie tun.« Dobrindt stöhnte, während er eine weitere Klemme im Bauch zudrückte. »Niemand wird hinter Ihnen stehen, wenn dieses Kind behindert ist. Egal ob Sie schuld sind oder nicht.«

Charlotte schüttelte den Kopf. Der Mann ist verrückt, dachte sie, der spinnt. Warum kümmerte er sich jetzt um die Zulassung hypertoner Kochsalzlösung? Sie musste diese Frau retten. Das Kind würde durch keine Infusion behindert sein – es würde sterben, wenn sie den Kreislauf der Frau nicht mehr herstellen konnte. »Schuld an was?« Ihr Unterarm schmerzte vom Pumpen.

»Schuld an einem behinderten Kind, an einer toten Mutter.« Blut und Fruchtwasser spritzten in Dobrindts Gesicht.

»Unsinn«, sagte sie.

»Ich kann wieder einen Blutdruck messen.« Knut Tarler stand

neben der Patientin und tastete ihren Puls.

Ein krächzender Schrei ließ Charlotte zu Dobrindt sehen, während er der Hebamme ein blaues, blutiges Baby in die gewärmten Tücher legte.

»Ich muss die Gebärmutterarterien abklemmen, die Blutung ist noch nicht gestoppt. Wahrscheinlich verliert sie ihren Uterus, aber sie wird leben, sie hat Glück, dass sie bei uns ist.«

»Hey, Sie Held, vorhin klangen Sie noch ganz anders. Hast du ein Danke gehört, Knut?«

»Sie vergreifen sich im Ton, Frau Arbro, Ihre Chefin wird das nicht gerne hören.« Dobrindt beugte sich wieder über die Operationswunde.

Charlotte winkte ab und sah auf ihren nackten Fuß. Der Zeh schmerzte, er war blutverschmiert. Trocknende und frische Blutspuren bedeckten den Linoleumboden um ihren Platz am Kopfende.

»Sie hätten den Kreislauf nicht hinbekommen, wenn ich die Blutung nicht gestoppt hätte.« Er sprach laut und zitternd. »Kann mal jemand den Mann da vom Boden aufsammeln und hinausbringen? Der macht mich nervös – Scheiße!« Blut spritzte auf seine Brust. »Jetzt halten Sie das doch, verdammt, Sie sehen doch, was los ist!« Er riss die Hand der Assistentin zu sich und gab ihr einen Wundhaken.

»Knut, ist das Blut endlich da? Schaust du mal? Dobrindt, wann war die Geburt? Für mein Protokoll.«

»Ruhe jetzt. Sehen Sie, wo das herkommt? Halten Sie das weg!« Er zog am Instrument in der Hand der Assistentin. »Stellen Sie sich doch nicht so dumm an! Verdammt, die untere Hohlvene ist eingerissen. Oh Gott. Große gebogene Klemme!« Er nahm ein Instrument aus der Hand der Schwester.

Charlotte steckte zwei neue Flaschen statt der ausgedrückten Beutel an die Infusionssysteme. »Knut, nimm die und drück, was du kannst.« Sie sah sich nach der Hebammenschülerin um. »Holen Sie das Telefon her. Rufen Sie die Blutbank an und geben Sie mir dann den Hörer.«

»Was ist das für eine Klemme? So ein Unsinn!« Dobrindt warf das Instrument mit Kraft auf den Boden, die Raste löste sich und die Feder ließ die Klemme gegen den Stahleimer auf dem Boden springen. Der blecherne Knall vermischte sich mit Dobrindts Schreien. »Geben Sie mir keine gerade Klemme, wenn ich eine gebogene brauche! Die Frau verblutet! Und Sie kennen Ihr Instrumentarium nicht! Scheiße! Gibt es hier nur Laien?« Seine Augen über der Gesichtsmaske verrieten Panik.

Die Hebamme reichte Charlotte den Telefonhörer. Sie musste dieses Blut besorgen, die Patientin verblutete. Sie klemmte den Hörer zwischen Wange und Schulter und bereitete noch eine Infusion vor. »Schaffen Sie jetzt endlich den Kerl hinaus, verdammt«, sagte sie und hörte ihre verstärkte Stimme im Hörer. »Wenn der wach wird, kippt er uns ja gleich wieder um.«

Das rhythmische Tuten wurde durch eine ruhige Männerstimme unterbrochen: »Blutbank, Meese?«

Meese, woher kenne ich den Namen, dachte sie. »Herr Meese, hier ist Arbro, Anästhesie. Wir haben zehn Einheiten null negativ Blut bestellt, wo bleiben die?«

»Wir haben viel zu tun, es ist mitten in der Nacht, es gibt nur mich und eine Assistentin. Ihre Konserven werden zusammengestellt, sobald die Assistentin wieder frei ist.«

»Herr Meese, ich bitte Sie, holen Sie das Blut selbst aus dem Kühlschrank oder unterbrechen Sie den anderen Auftrag.« Sie musste sich beherrschen, um ruhig zu bleiben. »Wir brauchen das Blut jetzt, nicht in fünf Minuten. Jetzt! Hier verblutet eine junge Frau.«

»Alle Bestellungen sind dringend. Ich habe hier noch drei Anforderungen – überall ist ›Notfall‹ angekreuzt, genauso wie auf Ihrer.«

»Herr Meese, Sie verstehen nicht.« Sie sprach lauter. »Wenn ich für diese Patientin kein Blut bekomme, ist sie in zehn Minuten tot. Helfen Sie uns.«

Meese seufzte und sagte gelangweilt: »Dann werde ich die Konserven eben selbst heraussuchen. Aber Sie bestellen den Transportdienst, um das Blut abzuholen.«

Sie wollte ihn erwürgen. Das Gespräch dauerte ihr zu lange, sie hatte Besseres zu tun, als zu telefonieren. »Jetzt hören Sie mir zu, Herr Meese!« Ihr Schreien ließ die Hebamme neben ihr zusammenzucken. »Sie bringen dieses Blut in den nächsten drei Minuten hier in den Kreißsaal! Sie selbst! Sonst werde ich Sie wegen unterlassener Hilfeleistung verklagen! Haben Sie das verstanden?« Meese legte auf. Charlotte ließ den Hörer von der Schulter gleiten. Sie musste den Blutverlust ausgleichen. Sie nahm sich vor, die Drohung wahr zu machen, wenn Meese nicht kommen würde. »Knut, drücke rein, was irgend geht, ich lege noch einen Zugang.«

Der Herzton aus dem Überwachungsgerät raste, die automatische Blutdruckmanschette surrte ständig, aber kam zu keinem Ende. Dobrindt stopfte ein weißes Tuch in die Operationswunde und stemmte seine Faust mit dem Gewicht seines Körpers darauf.

»Die Hohlvene ist praktisch abgerissen – ich weiß nicht.« Das Tuch saugte sich voll Blut. »Arbro, tun Sie, was Sie können, ich brauche noch Zeit. Ich weiß nicht, ob ich das hinbekomme – um Gottes willen.«

Charlotte klebte das Ende der dicken Infusionsnadel auf den Hals der Patientin und schloss eine Infusionsleitung an. Sie drückte einen Knopf an der Spritzenpumpe, die piepsend zum Leben erwachte.

»Wer ist Frau Arbro?« Charlotte erkannte Meeses Stimme.

Keine Anzeige, dachte sie und lächelte. Sie drehte sich um. Ein großer, dünner Mann mit grauem Oberlippenbart stand vor ihr. Über der Brusttasche des Arztmantels steckte ein Schild mit der Aufschrift »Prof. Meese«. Deshalb war ihr der Name beim Telefonieren bekannt vorgekommen, er war Chefarzt der Blutbank. Ihr war nicht mehr nach Lächeln. Sie hatte ihn angeschrien, mitten in der Nacht in den Kreißsaal zitiert. Das würde ein Nachspiel geben, aber jetzt war keine Zeit. Sie nahm ihm die durchsichtige Plastiktüte mit den Blutkonserven aus der Hand, sagte »danke« und drehte sich zur Patientin um.

»Ich wollte Sie nur einmal kennen lernen, Frau Arbro.« Charlotte hörte, wie die Schiebetür geschlossen wurde. Sie hatte genug Probleme, konnte nicht daran denken, was ihre Chefin dazu sagen würde.

»Knut!« Sie warf zwei Blutbeutel in seine Richtung. »Drück das rein!«

»Ohne Kreuzprobe?«

»Ja, verdammt, ohne Kreuzprobe.« Sie riss den Verschluss von einem Beutel, ließ ihn auf den Boden fallen. Der Beutel wölbte sich in ihren Händen, die sie darum gelegt hatte, um das Blut durch die Infusionsschläuche zu pressen. Das Blut war eiskalt, ihre Fingernägel krallten sich in die Haut der andern Hand. Sie zitterte vor Anstrengung. Das Blut muss in die Patientin, dachte sie, das ist ihre Chance zu leben.

»Es reißt immer weiter auf«, sagte Dobrindt. Der Schweiß stand auf seiner Stirn, vermischte sich mit Blutspritzern und lief in die Augenbrauen. »Die Klemmen sind zu scharf, das Gewebe ist mürbe. Arbro, halten Sie den Kreislauf aufrecht, ich brauche Zeit – mehr Zeit!«

Die piependen Herztöne wurden schneller, flossen ineinander. Anstelle des Blutdrucks zeigte das Gerät »Low« an. In Charlottes Kopf vermischten sich die Töne mit einem inneren Echo. Alles war ein Pfeifen, ihre Ohren klangen. »Alles, was ich kann, Dobrindt.« Charlotte ließ den leeren Blutbeutel auf den Boden fallen, steckte den nächsten an. »Alles, was ich kann, Dobrindt – halten Sie die Blutung auf, ich schütte nach, was ich kann.«

»Blutung aufhalten!« Er klang zornig. »Das sagen Sie so einfach.«

»Es hilft nichts, wenn ich oben reinschütte«, Charlotte zeigte auf ihn, »und Sie lassen unten alles wieder herauslaufen.« Der rhythmische Piepston des Geräts schlug in ein gleichmäßiges Pfeifen um. Plötzlich war ihre Aufregung weg, sie wusste genau, was zu tun war, es war antrainierte Routine, das musste es sein, sonst war es nicht zu schaffen.

Charlotte trat neben die Patientin. »Drück weiter Blut rein, Knut, ich reanimiere. Dobrindt, stoppen Sie die Blutung, egal wie, sonst ist es vorbei!« Charlotte tastete den Brustkorb ab, fand die Stelle, legte ihre Handballen auf und drückte kräftig nach unten. Sie fühlte eine Rippe unter ihrer Hand brechen. Ein wenig daneben, dachte sie, das passiert. Ein widerliches Reiben begleitete jeden Stoß ihrer Arme. Das Überwachungsgerät ließ Charlottes Herzmassage hörbar werden, die Töne mischten sich mit dem Rauschen in ihrem Kopf. »Komm wieder, verdammt, komm wieder!« Das Beatmungsgerät mischte Alarmtöne in Dobrindts Fluchen, wenn der Druck durch Charlottes Hände zu groß wurde.

»Ich gebe auf, ich kann nichts mehr tun, es ist alles zerfetzt. Arterien, Venen, alles reißt, alles ist mürbe.« Dobrindt sah mit aufgerissenen Augen zu Charlotte, von seiner blassen Haut leuchteten Blutspritzer.

»Kommt nicht in Frage. Das geht nicht.« Ihre Stimme wurde lauter und leiser mit dem Rhythmus der Herzmassage. »Eine junge Frau. Das Kind. Der Mann. Versuchen Sie es noch einmal. Sie muss wiederkommen.«

»Ich kann nichts mehr tun.« Er stemmte beide Fäuste tief in den Bauch der Patientin. »Es läuft überall heraus. Egal, wo ich drücke oder klemme, es spritzt an zwei neuen Stellen. Es hat keinen Sinn mehr.«

Charlotte wurde übel. Sie hatte gedrückt, bis die Arme erlahmten. Dobrindt hatte daneben gestanden und nur auf die offene Wunde gestarrt. Sie gab auf.

Die Gerüche des Raumes überfielen sie. Das Fruchtwasser, das Blut, die versagenden Schließmuskeln der sterbenden Patientin. Sie schluckte mühsam. Vor ihr lag der bleiche Körper der jungen Frau. Die Haut war warm, die Augen halb geöffnet. Das Gesicht war ausdruckslos, alle mimischen Muskeln entspannt. Tot. Langsam nahm sie die Hände vom Brustkorb und zog das zurückgeschlagene Tuch bis über ihr Gesicht.

Vor dem Kreißsaal musste ihr Mann stehen, der noch hoffte, er könne seine Frau und sein Kind so schnell wie möglich mit nach Hause nehmen. Sie sah zu Dobrindt, er lehnte am Fensterbrett und rieb wieder und wieder die blutigen Handschuhe am Operationskittel. Sein Gesicht war bleich, die großen Augen auf die offene Operationswunde gerichtet. Er kann es ihm nicht sagen, dachte sie. Charlotte zog sich die Handschuhe aus, fuhr sich durch die Haare und hielt ihre Locken einige Augenblicke im Nacken zu einem Bündel gefasst. Sie ging auf das fahrbare Bettchen zu, in dem das neugeborene Mädchen lag. »Hat die Frau einen Namen für das Kind angegeben?«

Die Hebamme nickte und zeigte Charlotte ein rosa Kärtchen am Kopfende des Bettes: »Ann Marie Wermke«. Charlotte nahm das in Tücher gewickelte, schlafende Kind auf den Arm und ging zur Schiebetür und auf den Flur. Der Mann sah sie und kam schnell auf sie zu. »Herr Wermke, ich habe Ihr Baby. Ann Marie, heißt sie so?«

»Ann Marie, ja – kann ich sie nehmen?« Tränen standen in seinen Augen. Er lächelte, die Mundwinkel zuckten, als ob er weinen wollte. Er ließ es nicht zu. »Wie geht es meiner Frau?« Er sah auf das Namensschild auf ihrem Mantel. »Doktor Arbro, wie geht es meiner Frau? Wann kann ich zu ihr?« Sein rundes Gesicht strahlte. Er war genauso groß wie Charlotte. In seinen Armen hielt er ungeschickt und vorsichtig das schlafende Kind. Er senkte den Kopf über das kleine Gesichtchen und berührte eine winzige Wange mit einem riesigen Finger. Er hob den Kopf, lächelte sie an und sagte: »Wie geht es meiner Frau?« Kurz sah er auf seine Tochter hinab und blickte Charlotte erneut mit großen Augen an.

Sie atmete lange aus. »Herr Wermke, Ihre Frau hat sehr viel Blut verloren. Es war extrem schwierig, die Blutung zu stillen.« Er streichelte die Wange des Säuglings, sah Charlotte eine Sekunde nicht an. Er hob den Kopf und forderte stumm Fortsetzung. »Der Frauenarzt hat alles getan, um die Blutung zu stillen, wir mussten große Mengen Blutkonserven geben.«

»Ich will zu ihr.«

Charlotte fuhr sich mit der Hand durch das Haar, ihre Stirn war feucht von kaltem Schweiß. »Sie wird nicht wieder gesund. Es tut mir sehr Leid, es war nicht möglich, die Blutung zu stillen. Der Blutverlust war so groß, dass unsere Behandlung nicht ausgereicht hat, sie zu retten.«

Es war immer noch ein Lächeln auf seinem Gesicht. Langsam trat er von einem auf das andere Bein und sah sie an. »Nein.«

»Herr Wermke, ich muss es Ihnen leider sagen, Ihre Frau ist vor zehn Minuten gestorben.«

Seine Arme schlangen sich fester um das Kind. Seine Lippen sahen aus, als hätten sie niemals gelächelt. Seine Augen hatten keine Tränen mehr. »Nein. Nein!«

Charlotte stemmte ihre Fäuste in die Hosentaschen, zog die Schultern hoch und sagte schneller als normal: »Herr Wermke, Ihre Frau ist gestorben. Wir haben getan, was wir konnten, wir haben gekämpft – aber wir haben verloren.«

Der Mann wich einen Schritt zurück und hob das Kind vor seine Brust. »Das kann nicht sein – ich habe doch gerade noch … nein.«

Sie ging einen Schritt auf ihn zu, wollte ihn berühren, aber er wich aus. Sie blieb mit ausgestreckter Hand stehen und sagte: »Sie hatte eine vorliegende Plazenta, haben Sie das nicht gewusst? So etwas ist sehr gefährlich, die starke Blutung ist die häufigste Komplikation bei dieser Anomalie.« Sie streckte ihren Arm noch einmal zu ihm aus, beugte sich vor, erreichte seine Schulter und fasste sie sanft. »Herr Wermke, es tut mir sehr Leid. Wir haben alles getan, die Blutung war einfach zu stark, es war unmöglich. Ihre Frau ist ohne Schmerzen gestorben.«

Er sah sie aus großen, trockenen Augen an. Kein Wimpernschlag, kein mimischer Muskel rührte sich. Sie hielt seinem Blick stand, sie spürte, wie ihre Augen sich mit Tränen füllten und schämte sich dafür. Er riss seine Schulter nach hinten, das Baby wimmerte leise. »Sie haben alles getan?« Sein Gesicht verzerrte sich in Wut. »Nein, aber nein. Maria tot? Sie war doch gesund, was haben Sie getan? Was ist schief gegangen?«

Charlotte ließ den Arm sinken. »Nein, Herr Wermke, es war alles richtig, da war kein Fehler.«

»Nein? Und warum haben Sie mich hinausgeschickt aus dem Kreißsaal?« Feine Tropfen Speichel flogen durch das Neonlicht. »Natürlich, keine Zeugen. Ich bin doch nicht bescheuert! Erzählen Sie mir doch nichts, mich können Sie nicht betrügen.«

Die Schiebetür glitt auf, Dobrindt trat auf den Gang und schloss die Tür hinter sich.

Wermke ging auf ihn zu. »Ich will zu meiner Frau.«

Dobrindt hatte sich das Gesicht gewaschen, in seinen Haaren und auf der Brille waren noch Blutspritzer. Er blieb vor der Tür stehen und sagte: »Herr Wermke, das ist jetzt nicht gut, warten Sie bitte noch zehn Minuten.« Seine Haut war nicht mehr so blass. Er stand gerade, die breiten Schultern zurückgenommen, breitbeinig vor der Tür, als wenn er niemanden hineinlassen wollte.

»Ich werde Sie alle verklagen! Das Krankenhaus, Sie – unterlassene Hilfeleistung, fahrlässige Tötung, ich nehme mir den besten Anwalt, ich mache Sie alle fertig, Sie werden bezahlen, das schwöre ich Ihnen!«

Charlotte hob die Hand in Richtung Dobrindt. Sie ging hinaus, ohne zu antworten. Sie ging langsam den Gang hinunter und sah ihren nackten Füßen zu, wie sie über die Kacheln gingen. Die Metalltür zum Treppenhaus schlug hinter ihr zu.

Sie ließ sich auf das verstaubte Sofa im Aufenthaltsraum fallen und versuchte, einige Minuten nicht zu denken. Nach einer Viertelstunde gab sie es auf, es funktionierte nicht. Sie überlegte kurz, griff zum Telefonhörer, wählte die Funkernummer von Dobrindt und wartete. Das Telefon klingelte, sie hob ab. »Herr Dobrindt, ich habe Sie angefunkt, ich wollte mit Ihnen über Frau Wermke sprechen, haben Sie Zeit?«

»Es ist kurz vor vier Uhr früh, muss das jetzt sein? Wenn ich Glück habe, bekomme ich noch drei Stunden Schlaf, den Tag über muss ich weiterarbeiten.«

»Jetzt. Treffen wir uns in der Küche der Intensivstation? Da gibt es immer Kaffee.«

»Das können wir doch morgen erledigen, Sie sollten auch schlafen.«

»Ich will jetzt nicht schlafen – bitte, Herr Dobrindt – es ist wichtig.«

»Wir treffen uns morgen. Gute Nacht.«

»Nein! Warten Sie, es ist wichtig, es dauert nicht lange, bitte.«

»Sie werden mich nicht schlafen lassen, stimmt's?« Seine Stimme klang amüsiert, sie hatte ihn, jetzt nicht nachlassen, dachte sie.

»Ich fürchte, nicht. – In der Küche?«

»In der Küche also.« Er seufzte. »Nur eine Viertelstunde – was wollen Sie eigentlich?«

»Das sage ich Ihnen, wenn Sie kommen.«

»Gut. Haben Sie Zigaretten?«

»Ich rauche nicht«, sagte sie.

»Keinen Kaffee ohne Zigarette, ich kaufe welche auf dem Weg.«

Sie fühlte Verlangen aufkeimen. Seit drei Jahren hatte sie nicht geraucht. Schwarzer, starker Kaffee, eine Zigarette, das war ihre Vorstellung von Entspannung gewesen. Seit drei Jahren hatte sie sich das versagt, es gehörte zu sehr zu ihrer Sucht.

Charlotte und Dobrindt saßen im Halbdunkel der Teeküche auf der Intensivstation an einem Tisch mit grellgrüner Plastikdecke. Vor ihnen standen zwei Steingutbecher mit zu starkem Kaffee. Dobrindt hielt eine filterlose Zigarette zwischen den Fingern. Er sah gut aus. Charlotte sah auf die Tischplatte.

»Wollen Sie wirklich keine?«, sagte er.

Charlotte zögerte. Sie wollte nicht nachdenken. »Warum nicht – ja.« Dobrindt klopfte eine Zigarette aus der zusammengedrückten Schachtel und hielt ihr ein rauchendes Benzinfeuerzeug hin. Der Rauch biss ihr in die Kehle, sie atmete ein, glaubte zu spüren, durch welche Arterien das Nikotin ihr in das Gehirn schoss. Plötzlich drehte sich alles. In ihrem Bauch verkrampfte sich etwas. Sie atmete mühsam aus. »Wow, das habe ich lange nicht gehabt. Man sollte immer nur einmal im Jahr rauchen. Was für ein Kick.« Sie rauchte langsam, er nippte Kaffee.

»Also?« Er sah sie an, seine Stimme klang nüchtern, geschäftsmäßig.

»Was hat Wermke gesagt? Hat er sich beruhigt?«

»Wermke? Der Mann der Frau aus dem Kreißsaal? Er wollte seine Frau sehen, hat gefragt, warum sie gestorben ist.« Er blies Rauch durch die Glut seiner Zigarette.

»Und?«

»Und was? Was ich gesagt habe? Das Gleiche wie Sie, ich habe es ihm gesagt, so wie es war. Weiter nichts.« Dobrindt rieb sich die Augen. »Ist immer ziemlich schrecklich, so was.«

»Hat Wermke Ihnen keine Vorwürfe gemacht, den Fehler bei Ihnen gesucht?«

»Natürlich hat er das, das tun sie immer. Man darf sich auf die Diskussion gar nicht einlassen, dann hören sie gleich wieder auf.«

Sie hustete Rauch aus. »Einfach ignorieren?« Sie beugte sich über den Tisch. »Aber man kann doch seine Fragen nicht einfach ignorieren.«

»Sie lassen das zu nahe an sich heran. Sie können nicht um jede gestorbene Patientin trauern, als wäre sie Ihre Mutter. Das hält kein Mensch aus.« Er blies Rauch aus dem Mundwinkel von ihr weg.

Was Dobrindt gesagt hatte, erschien ihr kalt. »Und wenn wir doch etwas falsch gemacht haben? Wenn Sie einen Fehler gemacht haben?«, sagte sie.

Dobrindt nahm die Zigarette aus seinem Mundwinkel und stieß den Stummel in den Aschenbecher. »Moment mal. Sie zitieren mich mitten in der Nacht hierher, wollen mit mir über Gefühlsduseleien reden und dann fangen Sie auch noch an, mir falsche Behandlung vorzuwerfen.« Er stemmte sich aus seinem Stuhl. »Mir reicht es jetzt, ich versuche noch etwas zu schlafen.«

»Jetzt beruhigen Sie sich doch, ich habe doch nicht Ihre Behandlung gemeint, ich will nur nachdenken, was schief gelaufen ist.«

Dobrindt ging in Richtung Tür, drehte sich dann um und sah Charlotte an. »Drehen wir den Spieß um, wie gefällt Ihnen das? Ich will Ihnen sagen, was schief gelaufen ist. Sie haben den Kreislauf nicht erhalten können. Ich hatte keine Zeit mehr, das Problem zu beheben. Wermke hat Ihnen Vorwürfe gemacht? Mir nicht – jetzt raten Sie mal, warum.«

»Was der Mann denkt, ist doch egal, was weiß er schon? Aber

Sie wissen wie ich, dass es blutet, weil Blutgefäße zerschnitten werden. So einfach ist das. Ich war nicht an den Gefäßen dran, oder?« Sie holte tief Luft. »Ich konnte den Kreislauf nicht erhalten, weil … Lassen wir das, ich wollte Ihnen nicht die Schuld an der Misere geben.«

»So? Es klang aber so. Sie haben Angst bekommen, wie das morgen aussehen wird: Patientin tot, Mann klagt womöglich. Jetzt wollten Sie schon gleich nachts klären, wer hier schuld ist.«

»Jetzt setzen Sie sich schon hin und rauchen noch eine, das beruhigt.«

»Aber ich mache nicht mit, meine Liebe. Sie werden schon sehen, was Sie davon haben. Es haben sich schon andere mit mir angelegt.«

Sie stand zu schnell auf, ihr verletzter Zeh stieß an ein Tischbein und erinnerte sie an den Bluterguss, der sich unter dem Nagel gebildet hatte. Der Schmerz nahm ihr für einen Moment das Gleichgewicht. »Scheiße, ich wollte doch nur …« Die Tür fiel ins Schloss. Sie warf die Zigarette in den Aschenbecher, sie prallte ab und blieb auf der Tischdecke liegen. Unter der Glut entstand ein Fleck, der sich von braun nach schwarz verfärbte und größer wurde. Der scharfe Geruch verbrannten Kunststoffs stieg ihr in die Nase. Sie war wütend auf Dobrindt, er war Oberarzt, sie nur Assistentin, das hatte er sie spüren lassen. Er konnte jedem erzählen, sie hätte versagt, ihr würde man nicht glauben. Wer glaubte schon einer Neuen? Bei der Einstellung hatte ihr die Chefin eine Oberarztstelle versprochen. Sie hatte alle Voraussetzungen, deshalb hatte sie sich beworben. Aber sie war erst seit einem Monat angestellt, kaum jemand kannte sie.

Sie wusste, dass sie keinen Fehler gemacht hatte und Dobrindt hatte schließlich die Verantwortung für seine Operation. Sie wollte für ihr Ziel kämpfen. Sie wollte die Oberarztstelle haben, die ihr die Chefin versprochen hatte. Sie wollte die Karriere in der Klinik, für die sie studiert hatte, für die sie fünf Jahre Facharztausbildung an der Uni durchgestanden hatte.

Sie wollte der Chefin bei der Frühbesprechung in ein paar Stunden alles erklären. Noch bevor Dobrindts Anschuldigung zu ihr kommen konnten.

# 2. Kapitel

Eine Stunde später schlief Charlotte in ihrem Dienstzimmer. Fünfzig Meter entfernt tippten Finger ruhig die Zahlen in die Tasten. Drei eins sieben sieben. Das Schloss summte, die Tür sprang unter dem Druck der Schulter auf. Eine weiße Hose, Hemd und Arztkittel wurden auf einen Bügel gehängt, dunkelgrüne OP-Wäsche von exakten Stapeln in einem Regal genommen.

Mit der Zunge angefeuchtete Finger nahmen das aktuelle Blatt des Abreißkalenders neben dem Ausgang der Umkleide: 1. Juli 2002. Sie rissen es ab, falteten es exakt zusammen und steckten es vorsichtig in die Kitteltasche neben eine Zwanzigmilliliterspritze.

Auf dem Gang zu den Operationssälen grüßte eine Putzfrau freundlich: »Guten Morgen.«

»Guten Morgen.« Die Stimme war bekannt hier, geschätzt – unauffällig. Zwei Hände stemmten sich gegen den Griff der schweren Schiebetür zu Saal zwei und schoben sie halb auf.

Geräte summten, leise zischte Gas aus der Beatmungsmaschine. Ein langsames Ticken kam von irgendwo aus der abgehängten Decke. Die Klimaanlage hatte den Raum abgekühlt. Schutz vor Keimwachstum. Es roch nach Desinfektionsmittel.

Die Finger nahmen eine Zwanzigmilliliterspritze vom Edelstahltablett auf der kleinen Ablage neben dem Beatmungsgerät. Der Aufkleber war vorgedruckt. Thiopental, das Narkosemedikament, von Hand war »25 mg pro ml« darunter geschrieben. Der Aufkleber löste sich mit einem kleinen, rauen Geräusch leicht von der Spritze. Die durchscheinend gelbliche Flüssigkeit spritzte scharf in die graue Plastiktüte im Abfallkorb. Die leere Spritze verschwand in der Kitteltasche neben dem Kalenderblatt. Eine Hand holte eine volle Spritze aus der Tasche, klebte den Aufkleber auf die identische Stelle. Alles sah perfekt aus, die Farbe der Lösung, die Spritze war das gleiche Fabrikat. Unschuldig lag sie auf dem vorbereiteten Tablett, schien auf ihren Einsatz bei der ersten Narkose des Tages zu warten. Diese Spritze enthielt nicht, was darauf stand. Zwanzig Milliliter konzentriertes Kaliumchlorid, etwas Lebensmittelfarbe, das perfekte Imitat. Ein tödliches Imitat. Es würde schnell gehen und es würde nicht nachweisbar sein.

# 3. Kapitel

Eine Stunde später saß Charlotte am ovalen Tisch in der Bibliothek der Klinik für Anästhesie des Waldklinikums Heidelberg. Sie war seit einem Monat hier angestellt, noch galt es, sich zu beweisen. Sie hatte von neuem beginnen müssen zu zeigen, dass sie eine gute Narkoseärztin war. Sie war zu früh aufgestanden, ihr tat jede Minute Leid, sie wollte schlafen, döste mit verschränkten Armen.

Ein solariumbrauner Mann mit kurzen schwarzen Haaren und blond gefärbtem Latinobart kam herein. Ole Snekamp. Ein verrückter Kerl, dachte Charlotte, aber er war einer der wenigen, die sie in diesem Laden mochte. Er trug eine weiße Jeans und ein weißes, eng anliegendes, glänzendes T-Shirt mit eckigem Ausschnitt. Die enge Hose ließ Details erkennen, für die sie kein Interesse hegte. Sie vermied es, hinzusehen, um nicht lächeln zu müssen.

»Charlotte! Wieder zehn Minuten zu früh aufgestanden?« Seine Sprechweise war affektiert, aber er konnte den Anflug rheinpfälzischen Dialekts nicht verbergen. »Rechne mal aus, was das in dreißig Jahren Berufstätigkeit ausmacht.« Er strich nur angedeutet durch sein kurzes Haar, auf das zu viel Gel aufgetragen war. »Ach, ich hab wieder viel zu kurz geschlafen. Bin in der Szene versumpft.« Er schien auf eine Nachfrage zu warten. »Ich habe meinen Kater mit Mineralwasser und Aspirin in den Griff bekommen. Oh ich sag dir …«

»Ole, könntest du etwas weniger reden um die Uhrzeit, oder vielleicht wenigstens etwas leiser? Ich habe Dienst gehabt.« Charlottes Augen brannten, und sie schmeckte noch den Knoblauch der Pizza von gestern Abend, den die Zahncreme nicht hatte vertreiben können.

»Komm schon, Charlotte, hab ich jemals leise geredet? – Du glaubst gar nicht, was mir gestern in dieser Print Media Lounge über den Weg gelaufen ist. Wie der aussah!« Er zog das Wort in die Länge und ließ die Hand vornüber kippen. »Das stählerne Pferd vor dem Haus hätte gewiehert, wenn es gekonnt hätte.« Er schwieg eine Sekunde. »Aber er hat schon verdammt knackig ausgesehen«, fügte er nachdenklich hinzu.

Sie hörte Worte, aber den Sinn wollte sie nicht begreifen. Sie war nur müde. Sie warf ein »interessiert mich nicht« in Oles Erzählungen. Er redete weiter. Das affektierte Geplapper ging ihr auf den Geist. Sie sagte: »So ein Quatsch!«, ohne zu wissen, wovon er gerade sprach. Sie wollte nur ein paar Minuten Ruhe. Ihre Augen fielen immer wieder zu. Nur ein wenig Ruhe. Sie hörte sich Ole unterbrechen: »Tuntentratsch«. Ole Snekamp schien von Charlottes Bemerkungen so wenig zu verstehen wie Charlotte von seinen Erzählungen.

Der Tisch hatte sich bis auf wenige Plätze gefüllt. Gespräche flogen quer durch den Raum, Stühle rückten und Operationspläne und Kopien eines Rundschreibens wurden weitergereicht. Charlotte löste mühsam die Verschränkung ihrer Arme, nahm einen Plan vom Tisch und las die zweite Zeile: »Wegener, weiblich, neunundsiebzig Jahre, Kolonkarzinom, Hemikolektomie rechts, Rückenlage, Saal zwei, Dr. Arbro.« Sie war zu einem anspruchsvollen Fall eingeteilt. Ein Vertrauensbeweis, dachte sie, vielleicht eine Prüfung. In jedem Fall eine Chance, sich zu beweisen. Sie wollte sie nutzen, auch wenn sie im Moment nicht wusste, wie sie so lange wach bleiben konnte.

Sie wollte die Chefin noch vor der ersten Operation sprechen. Dobrindt konnte sein Gerücht noch nicht in Umlauf gebracht haben.

Das Rundschreiben lud zu einer Fortbildung ein. Heiner Paschke, der Justitiar der Klinik, wollte über »Richtlinienkonforme Patientenaufklärung« sprechen.

Die Digitaluhr über der Tür klickte und zeigte sechs Uhr neunundfünfzig. Burkhardt, der leitende Oberarzt, trat in den Raum. Die Gespräche wurden gedämpfter. Er legte Wert auf Disziplin und fing damit bei sich selbst an. Er trug makellos gebügelte, weiße Hosen und Hemden und hatte den Arztmantel bis oben zugeknöpft. Sein grauer Haarkranz war kurz geschoren.

Charlotte hatte ihn nicht mehr gesehen, seit er bei ihrem vorletzten Dienst vor drei Tagen mitten in der Nacht unangemeldet in einen Operationssaal gekommen war und einen Bericht über den Patienten von ihr gefordert hatte. Der Kerl ist immer da, dachte sie, hat wahrscheinlich keine Familie. Charlotte schüttelte langsam den Kopf. »Was dieser Beruf aus einem machen kann!«

Ole lehnte sich an ihre Schulter und zischte: »Burkhardt? Um

Himmels willen, der wäre auch ohne den Job so. Läuft den ganzen Tag rum und kneift seine Rosette um anderer Leute Hälse.« Ole schwieg einen Moment. »Aber er hat ja auch niemanden mehr, zu dem er nach Hause kommen kann.«

Charlotte zischte zurück: »Niemanden mehr?«

»Später – und das mit der Rosette ist wirklich unangenehm. Stell dir das mal vor.«

Charlotte kicherte, boxte Ole in die Seite und sagte: »Nein, danke. Ole, du bist ein Schwein – aber ich liebe dich.«

»Eigentlich schade, dass mir das am Arsch vorbei geht, Süße.«

»Drum sag ich es ja, Herzchen.«

Emelie van Wijkem trat ein, ging auf den Kopf der Tafel zu und setzte sich, während Maria Glaser ihr den Stuhl an den Tisch schob. Glaser war eine junge, zarte Frau, eine Ärztin im Praktikum, die immer etwas gebückt ging, als ob sie Angst hätte. Alle Gespräche waren verstummt. Glaser drehte sich um und bediente eine automatische Espressomaschine im Regal hinter der Chefin. Professor van Wijkem nahm den Operationsplan, sie schob die Lesebrille auf die dünne Nasenspitze und las schweigend. Mit der linken Hand fuhr sie durch ihre aschblonden Haare, die am Hinterkopf zu einem Dutt gebunden waren. Im Sonnenlicht sah Charlotte die unzähligen einzelnen Haare Van Wijkems, die sich ungezügelt kräuselten. Die Chefin wischte einige davon aus dem Gesicht und senkte ihre Hand ausgestreckt langsam auf die Tischplatte. Die Pumpe der Maschine erstarb, Glaser nahm die Tasse und stellte sie leise auf die Stelle, der sich die Hand näherte. Glaser ließ zwei Würfel Zucker in die Espressotasse gleiten. Van Wijkems Hand erreichte den Löffel, rührte um, ohne hinzusehen, und führte die Tasse zum Mund. Charlotte folgte fasziniert diesem täglich gleichen Ritual.

»Guten Morgen«, sagte van Wijkem. »Der Plan ist klein heute. Keine Besonderheiten, oder? Erich? Burkhardt? Gibt es etwas aus dem Dienst zu berichten?«

Charlotte richtete sich auf. Sie sollte nicht vor allen Kollegen über Frau Wermke berichten, dachte sie. Burkhardt sah Charlotte an. Vor ihm wollte sie die Sache nicht ausbreiten. Sie schaute auf ihre Hände, die über die Beine ihrer weißen Baumwollhose rieben.

Ole legte ihr eine Hand auf den Oberschenkel und flüsterte:

»Was angestellt? Böse, böse Charlotte.«

Burkhardt schüttelte den Kopf. Erich Brandmann, der Oberarzt der Anästhesie in der chirurgischen Operationsabteilung, sah seine Chefin mit hochgezogenen, buschigen Augenbrauen an. Durch seine spärlichen schwarzen Haare zogen sich ein paar graue Strähnen. Er hielt sein Doppelkinn auf eine rundliche Hand gestützt.

»Ja, habe was angestellt«, flüsterte Charlotte. »Wie immer.«

»Charlotte.« Oles Griff am Oberschenkel wurde fest, er unterstrich jedes Wort mit einem Druck der Hand. »Es gibt nicht viele Normale in diesem Laden. Verschwinde, solange du noch zu denen gehörst.«

»Ich bin hergekommen, um die Karriere zu machen, die ich mir immer gewünscht habe, und das werde ich, verdammt noch mal, tun. Also vergiss es, Ole.« Sie sah ihn an. »Aber danke für den Rat«, sagte sie spöttisch. »Gehörst du eigentlich zu den Normalen?«

»Natürlich nicht, habe ich das gesagt?«, fragte Ole in gespieltem Erstaunen.

»Kann heute jemand«, van Wijkem sah in die Runde, »Leon und Matteo von der Schule abholen?« Niemand rührte sich. Sie sah auf den Plan und sagte: »In der Orthopädie ist heute wenig. Gesine, haben Sie jemanden?«

Die Oberärztin Gesine Reiners räusperte sich. »Sicher, Chefin. Frau Fellbacher, wollen Sie das heute übernehmen?«

Van Wijkem nickte zufrieden und legte den Operationsplan aus der Hand. Gabriele Fellbacher lächelte. Charlotte bewunderte ihre schwarzen Haare, die ihr glatt bis auf die Schultern fielen. Sie hielt sich gerade und wirkte noch größer, als sie war.

»Wenn das die Gewerkschaft wüsste. Spannt ihre Leute für Babysitting ein.« Ole Snekamp schaffte ein Falsett im Flüstern. »Skandal.«

Van Wijkem nahm die Brille ab und sah in die Runde. »Sie wissen, die Finanzlage des Hauses ist schwierig. Uns wurden Bettenschließungen angedroht – als ob das etwas lösen würde. Eine der Perversionen des öffentlichen Dienstes.«

Charlotte bemerkte, dass Oles Hand noch auf ihrem Bein lag und stieß sie weg. »Gehört sich das? Was soll dein Freund denken?«, zischte sie aus dem Mundwinkel.

»Es können daher nicht mehr alle Überstunden bezahlt werden. Das heißt, genauer, ab nächsten Ersten werden keine Überstunden mehr bezahlt.« Ein Gemurmel setzte ein, das van Wijkem offensichtlich nicht störte. Sie sprach weiter. »Bezahlung von Überstunden ist eine Erfindung der Gewerkschaften. Wir sollten uns nicht auf eine Stufe mit dem Reinigungspersonal stellen lassen.« Sie beugte sich vor, Charlotte schien es, als fixierte sie Snekamp. »Fragen Sie die Führungskräfte in der freien Wirtschaft. Da wird nicht eine Überstunde bezahlt. Die würden sich schämen, die werden außertariflich bezahlt, da gibt es solche Kinkerlitzchen nicht.«

Charlotte schnaubte leise. Außertariflich hieß übertariflich. Die Leute, von denen die Chefin sprach, würden für Charlottes Monatsgehalt höchstens eine Woche arbeiten.

Van Wijkem ließ sich mit einer ausladenden Geste beider Arme in den Stahlrohrstuhl fallen. Sie sprach jetzt mit tieferer Stimme. »Das ist ein echtes Signal für uns. Ein Aufbruch. Wir müssen diese Fesseln abwerfen und uns auf unsere Aufgabe als Ärzte besinnen. Wir dürfen nicht zu Sklaven von Gewerkschaftsstrategen werden. Führungskräfte, meine Lieben, lasst uns Führungskräfte sein.«

Burkhardt nickte heftig, beugte sich leicht zu Brandmann und sprach in sein Ohr. Burkhardt saß unruhig, er sah aus, als wollte er aufspringen und applaudieren.

»Endlich ein Schritt in die richtige Richtung!«, rief Brandmann, seine weiche Gestalt geriet durch das Nicken seines runden Kopfes in Schwingungen. Die Assistenzärzte in der Runde sahen sich an, es bildeten sich abwechselnd rechts und links Paare, die sich ins Ohr flüsterten und die Köpfe schüttelten.

»Jetzt ist sie vollkommen übergeschnappt«, sagte Ole so laut aus dem Mundwinkel, dass Charlotte fürchtete, van Wijkem würde es hören. Er setzte sich an die Stuhlkante, fuchtelte aufgeregt mit den Händen vor sich herum und rief: »Endlich ein Schritt in die richtige Richtung, bezahlte Überstunden sind eine Beleidigung des Ärztestandes.« Er sah Charlotte an und nickte ihr lachend zu. »Nieder mit der Gewerkschaft!«

Charlotte grinste. Sie biss sich auf die Zunge, um nicht laut loszulachen. Er war wirklich ein verrückter Kerl.

Van Wijkem hielt das Rundschreiben in die Höhe. »Leute, geht zu dieser Fortbildung heute Nachmittag. Aufklärung, wie es der Staatsanwalt gerne sieht. Könnte ganz interessant sein.«

Sie schlug sich auf die Oberschenkel und rief: »So! Ans Werk, Leute – zeigen wir denen, was gute Narkosen sind!« Sie schwieg wie immer zwei Sekunden, hob dann im täglichen Ritual den Zeigefinger. »Und – hey!« Die Unruhe im Raum erstarb. »Seid mir vorsichtig.« Die Leute begannen wieder zu reden.

Charlotte schob ihren Stuhl weg und drängte sich an Ole vorbei. Van Wijkem ging, flankiert von Brandmann und Burkhardt, auf die Tür zu. Charlotte schob sich durch die redende Menge, stieß mit Ellenbogen, drückte einen Stuhl mit dem Oberschenkel zur Seite. Van Wijkem hatte die Tür erreicht, Burkhardt ging rechts neben ihr, hatte sich vorgebeugt und sprach fast von vorne auf sie ein. Charlotte drängte sich in den Vorraum. Van Wijkem stand zwischen Burkhardt und Brandmann und gestikulierte. Sie ging auf die Gruppe zu, blieb vor der Chefin stehen und sagte: »Frau Professor, ich hatte Dienst, es gibt noch etwas zu berichten.« Sie wollte nicht vor Burkhardt vom Tod der Patientin reden, aber sie musste es der Chefin selbst sagen, bevor sie es als Gerücht hörte.

Van Wijkem sprach zu Ende, wartete Brandmanns Antwort ab und schien Charlotte nicht gehört zu haben. Charlotte stand mit den Händen in den Hosentaschen zwei Meter entfernt und wartete, bis Brandmann zu Ende geredet hatte. Dann sagte sie: »Kann ich Sie einen Moment sprechen, Frau Professor?«

Van Wijkem sah nur kurz in ihre Richtung und sprach weiter zu ihren Oberärzten.

Brandmann machte Charlotte ein Zeichen zu gehen und sagte gepresst: »Los, Charlotte, fangen Sie schon an, Ihre Patientin wartet. Oder soll ich jemand anders die Narkose machen lassen?«

Sie trat zwei Schritte vor. »Frau Professor, kann ich kurz mit Ihnen sprechen, es geht um den Dienst heute Nacht.«

Ohne sich Charlotte zuzuwenden, sagte Van Wijkem: »Ich weiß schon, Charlotte, Sie brauchen es mir nicht zu erklären, gehen Sie zu Ihrer Narkose.«

Charlotte war sich sicher, dass Dobrindt seine Version schon verbreitet hatte, die Chefin kannte nur seine Geschichte. »Frau Professor, es ist nicht so, wie Sie denken. Bitte lassen Sie es mich erklären.« Sie hörte sich wie von außen und fand, es klang wie aus einem schlechten Film.

Van Wijkem drehte sich langsam um. Sie war groß, größer als

Charlotte, ihr fester Körper stand auf leicht gespreizten Beinen. »Charlotte, tun Sie mir einen Gefallen, ja? Nennen Sie mich nicht Professor, klar? Das ist unüblich bei uns. Jetzt gehen Sie zu Ihrer Narkose.« Van Wijkem nickte Burkhardt und Brandmann zu, drehte sich um, warf den Mantel über die Schulter und stürmte auf die Glastür zum Direktionstrakt zu.

Charlotte blieb stehen, ignorierte die wütenden Blicke der Oberärzte und dachte nach. Die Chefin wollte ihre Version nicht hören, Dobrindts Geschichte konnte wirken. Charlotte war die Jüngste in diesem Spiel, die anderen würden sie verlieren lassen. Sie nahm sich vor, das nicht mit sich machen zu lassen. Sie drehte sich abrupt um, ging zur Glastür zum Operationstrakt und riss den Türflügel auf, die Glasscheibe schepperte, als der Rahmen gegen die Wand schlug. Kaum einen Monat am Klinikum und schon hatte sie eine Tote, war mit einem Oberarzt der Gynäkologie aneinandergeraten und die Chefin hatte eine schlechte Meinung von ihr.

Ole Snekamp stand vor der Tür zur Herrenumkleide. »Schrecklich. Jedes Mal, wenn Überstundengeld überwiesen wird, fühle ich mich so unärztlich, so abgewertet, irgendwie wertlos. Das macht mich so traurig.« Ole hob den Arm, ließ die Hand affektiert nach vorne kippen und gab seine PIN ein: Drei eins sieben sieben. »Drei eins sieben sieben, du sollst stets deinen Chef nur lieben – ein schönes Gedicht, nicht wahr? Und so tiefsinnig.« Die Tür summte. »Ciao, Mädels.«

Charlotte tippte ihre Nummer in das Gerät und ging in die Umkleide. Andrea Rieder stand neben den Regalen für die OP-Wäsche und knöpfte ihre Bluse auf.

»Das kam plötzlich«, sagte Charlotte. »Ohne Vorwarnung, trocken aus der Hüfte geschossen. Ohne Überstunden wird das Geld knapp. Hast du was gewusst, Andrea?«

Rieder zog ihre Bluse aus und schüttelte den Kopf. »Emelie ist immer für Überraschungen gut, aber das hier ist schon hart. Schöner Mist. Ich muss wieder mehr Notarztdienste machen, um das auszugleichen.« Sie trug nichts unter ihrer Bluse.

Charlotte musterte die Brüste und sah schon Erich Brandmann, wie er um sie herumtänzeln und rein zufällig Blicke in den Ausschnitt des OP-Kittels werfen würde. Andrea schien das nichts auszumachen, sie trug immer die großen Kittel mit dem tieferen Ausschnitt.

»Im Dienst heute Nacht ist uns im Kreißsaal eine mit Plazentablutung gestorben. Ich habe hypertone Kochsalzlösung gegeben, Blut, alles was ich konnte – sie ist verblutet, einfach unter unseren Händen verblutet. So eine Scheiße ist mir noch nicht passiert.«

Andrea zog die Hose aus dunkelgrüner Baumwolle über ihren Tanga. »War Burkhardt nicht da?« Sie zog die Kordel eng um ihre schmalen Hüften. »Er ist doch sonst immer überall, wo es Ärger gibt.«

»Ich hätte ihn brauchen können.« Charlotte erinnerte sich an den vorletzten Dienst. Burkhardt hatte plötzlich im Saal gestanden, da hatte sie ihn nicht gebraucht. Heute Nacht wäre sie froh gewesen, jemanden gehabt zu haben, der die Verantwortung mit ihr geteilt hätte. »Ist der eigentlich immer in der Klinik?«

»Immer.« Andrea zupfte die Kopfhaube vor dem Spiegel zurecht.

»Hat der keine Familie?«

»Nicht mehr. Geschieden, die Kinder bei einem Unfall umgekommen, blöde Geschichte.« Andrea zog ihr Dekolleté nach unten und sagte: »So, mal schauen, ob heute ein paar knackige Kerls da sind.«

»Und schlafen? Wann schläft der Typ mal?«

»Keine Ahnung. Vielleicht schläft er ja gar nicht.« Andrea dachte einen Moment nach. »Ja, das wird's sein, er schläft nicht.« Andrea nahm mit einem Grinsen eine Gesichtsmaske und ging hinaus.

Aus dem Gang drang Oles Stimme: »Na, Schätzchen, lässt mal wieder tief blicken. Bevor du fragst, nein, ich tausche meinen Patienten nicht mit deiner Patientin.«

»Komm, lass dich drücken, Bursche.« Andrea lachte. »Was hast du für einen knackigen Hintern.«

»Finger weg. Reserviert.«

Charlotte bezweifelte, dass Burkhardt gestern Nacht eine große Hilfe gewesen wäre. Sie zog Maske und Haube über und ging über den Gang der Operationsabteilung zu Saal zwei. Sie schob die schwere Schiebetür auf. Unregelmäßiges Piepsen kam aus dem Überwachungsgerät. Desinfektionsmittel stieg Charlotte in die Nase. Sie trat an die Seite der Patientenliege und umfasste die Hand der alten Frau mit beiden Händen. »Grüß

Gott, Frau Wegener, ich bin Doktor Arbro, Ihre Narkoseärztin. Wie geht es Ihnen?«

»Frau Doktor, ich bin aufgeregt, ich bin doch noch nie operiert worden. Meinen Sie schon, dass alles gut geht, Frau Doktor?« Charlotte hatte Mühe, den breiten pfälzischen Dialekt zu verstehen. Frau Wegener hielt sich an Charlottes Hand fest, die alte Haut kratzte auf ihren Handflächen. Ihre Hände waren kräftig, sie hatte dicke Schwielen.

»Ich verspreche Ihnen, dass ich so gut auf Sie aufpasse, wie ich kann. Wissen Sie, man kann nicht wirklich alles vorhersehen. Sagen Sie, der unregelmäßige Herzschlag, haben Sie den schon lange?«

Frau Wegener ließ Charlottes Hände nicht los. »Schon fünf Jahre, glaube ich. Mein Hausarzt hat gesagt, das ist gefährlich, wenn man eine Narkose bekommt. Stimmt das, Frau Doktor?«

»Jetzt schauen wir mal, dass wir das alles gut hinbekommen. Machen Sie sich jetzt keine Sorgen mehr, wir machen das schon.«

»Guten Morgen, Frau Arbro.« Schwester Juliane Esser redete wie immer zu laut. »Die Standardmedikamente? Welches Antibiotikum bekommt sie denn? Ja, Frau Wegener, nur die Ruhe, jetzt geht es gleich los. Frau Arbro, hat sich heute Morgen der OP-Plan geändert? Sie müssen dann alleine weitermachen, ich muss auch noch Saal drei nebenan versorgen.«

Charlotte überlegte, ob sie der Chefin des Anästhesiepflegepersonals über den Mund fahren konnte. Wahrscheinlich redete niemand im Klinikum so viel wie Juliane und Charlotte fand, mit der quäkenden Stimme sollte sie besser den Mund halten. Sie war froh, dass Juliane in den anderen Saal wollte, auch wenn Ole sie dann dort ertragen musste. Ole stand bei seinem Patienten keine drei Meter entfernt, im Vorbereitungsraum des nächsten OP. Es trennte sie nur ein Paravent.

»Können Sie mir nicht eine Decke geben? Hier ist es ja zugiger als auf einem Bahnhof.« Die Stimme von Oles Patient war ärgerlich.

»Eine Decke, sehr wohl, der Herr.« Ole äffte den Ton seines Patienten nach. »Charlotte, kannst du mal die Tür zumachen, bei uns zieht es wie in einem Bahnhof.«

Charlotte winkte ab, ohne sich zum Paravent umzudrehen. »Ich muss Ihnen noch eine Infusion anlegen. Sticht ein bisschen. Mehr spüren Sie dann aber nicht mehr. Versprochen.« Die Patientin drückte noch einmal ihre Hand und lächelte. Charlotte nahm Staubinde, Kanüle und Desinfektionsmittel und drehte sich zu Frau Wegener.

»Vorsicht.« Schwester Juliane steigerte ihre Stimme zu einem Kreischen. »Sie haben beinahe das Spritzentablett heruntergestoßen.« Sie hielt die Zwanzigmilliliterspritze mit der durchscheinend gelblichen Flüssigkeit zwischen Daumen und Zeigefinger. »Ist Thiopental das Richtige? Wir können auch etwas Schonenderes nehmen. Frau Doktor Arbro?«

»Ich sag schon, wenn ich etwas anderes will«, sagte sie unfreundlich. Sie hoffte, dass Juliane endlich ruhig sein würde. Es war Charlottes Sache, zu bestimmen, welche Medikamente gespritzt wurden. Thiopental war eine Belastung für Wegener, aber sie glaubte, es würde schon gehen – sie würde eben vorsichtig dosieren. Die Patientin wurde bei jedem Satz von Juliane aufgeregter, kein Wunder bei der Lautstärke und dem Tonfall der Schwester.

Die Stahlnadel glitt leicht durch die Haut, Charlotte war überrascht, sie hatte eine lederartige Haut erwartet. Mit einem nur fühlbaren Plopp stach die Spitze durch die Venenwand. Dunkles Blut floss zurück und lief über Charlottes Zeigefinger, ein großer Tropfen taumelte weich unter ihrer Fingerkuppe. Die Wärme des Blutes machte ihn auf der Haut beinahe unfühlbar.

Charlotte hörte Oles Patienten nebenan stöhnen. »Ahh.« Seine Stimme war panisch. »Passen Sie doch auf, das tut schrecklich weh, wie können Sie nur so grob sein?«

»Das muss es. Nur bittere Medizin wirkt.« Ole blieb ruhig, seine Stimme klang gekünstelt ernst.

Charlotte beeilte sich; die Patientin sah sie mit unruhigen Augen an. Sie muss schleunigst schlafen, dachte Charlotte. Juliane und der Nachbarpatient würden sie zum Wahnsinn treiben.

»Es ist alles gut«, sagte sie. »Nur die Ruhe, Frau Wegener. Juliane, wir starten.« Halt den Mund, Juliane, dachte sie, du blöde Kuh.

Schwester Juliane setzte die Spritze mit dem Thiopental an und sah Charlotte an.

»Ja, ja, los schon«, sagte Charlotte und wedelte mit der Hand. Juliane drückte den Kolben der Spritze nach unten.

»Das brennt.« Die Patientin stöhnte. »Passen Sie gut auf, Frau

Doktor.«

Charlotte legte die Atemmaske auf und beatmete Frau Wegener. Sie spürte nicht den üblichen weichen Widerstand, sie schlief nicht richtig. »Juliane, geben Sie ihr den Rest von dem Thiopental.«

»Nein, hören Sie auf, ich gehe in ein anderes Krankenhaus, das ist ja Folter«, rief der Patient von nebenan.

Ole klebte ein Pflaster auf die Einstichstelle. Er sah zu Charlotte und verdrehte die Augen nach oben. Sie lachte, aber sie fragte sich, warum Ole sie plötzlich so konzentriert ansah. Er ließ die Pflasterrolle an der Hand des Mannes hängen und kam durch die Verbindungstür. Er zeigte auf das Überwachungsgerät hinter ihr. Sie drehte sich um. Kammerflimmern.

»Kreislaufstillstand. Juliane, wir intubieren. Ole, du drückst. Juliane, Tubus, dann eine Ampulle Adrenalin.«

»Und was ist mit mir?« Der Patient nebenan hatte aufgehört zu heulen.

Ole stand neben der Patientin und drückte rhythmisch auf den Brustkorb der Patientin. »Mund halten«, rief er seinem Patienten zu. Er stöhnte leise im Rhythmus der Herzmassage. »Scheiße«, sagte er zum Geräusch einer gebrochenen Rippe.

Charlotte führte den Beatmungstubus ein. Die Beatmungsmaschine zischte. Sie drehte den Rotameterknopf der Sauerstoffversorgung voll auf und das Lachgas auf Null. Wo bleibt Juliane mit dem Adrenalin, dachte sie, was ist los? War Thiopental doch zu viel für die alte Dame gewesen?

Juliane kam in den Raum und spritzte Adrenalin.

»Wo bleibt der Defibrillator?«, rief Charlotte.

»Herr Brandmann! Reanimation in Saal zwei!« Julianes Stimme überschlug sich.

»Juliane, holen Sie den Defibrillator«, rief Charlotte.

»Brandmann steht bestimmt ausreichend unter Strom.« Ole lächelte und drückte. »Wozu noch den Defi?«

Die Tür wurde aufgeschoben, Brandmann schob den Defibrillator vor sich her. »Was ist passiert, Charlotte?« Er legte sein Plastiklineal auf das Gerät, drehte den Wählknopf auf zweihundert Joule, gab Gel auf die Elektroden und verrieb es. Mit einem Druck auf einen gelben Knopf begann ein tiefer Pfeifton, der sich zu einem grellen Dauersingen erhob.

»Fünfhundert Milligramm Thiopental, normale Bewusstlosigkeit, dann primär Kammerflimmern, Stillstandszeit maximal eine halbe Minute. Seither Herzdruckmassage und Beatmung mit reinem Sauerstoff. Bisher eine Ampulle Adrenalin.«

»Kurzer Stopp«, rief Brandmann. Ole unterbrach auf das Kommando die Herzmassage. Brandmann presste die Elektroden auf die Brust der Patientin. »Diagnose Kammerflimmern. Weg vom Tisch. Alles weg? Achtung.« Ein Geräusch wie ein Schlag mit einem Brett. Die Rumpfmuskeln verkrampften sich schlagartig, die Patientin schlug hart auf dem Tisch auf. »Noch Kammerflimmern.« Brandmanns Stimme war ruhig, als bestelle er ein Mittagessen. »Laden Sie mit dreihundertsechzig Joule.« Die beiden roten Male auf der Brust der Patientin wurden mit jeder Entladung größer.

Ole fluchte, als er wegen des Elektrodengels von der Brustkorbmitte abrutschte.

»Sie müsste längst wiedergekommen sein«, sagte Brandmann langsam. »Charlotte, legen Sie eine arterielle Kanüle. Ich will Blutgase. War irgendetwas Ungewöhnliches bei der Einleitung?«

»Nein. Das heißt, nach dreihundertfünfzig Milligramm Thiopental hat sie noch nicht richtig geschlafen. Sie hat den Rest auch noch bekommen.«

»Kein Grund für Kammerflimmern. Wie war der Rhythmus vorher?«

»Unregelmäßig. Arrhythmie.«

»Das wäre ein Grund. Juliane, machen Sie ein Blutgas aus der Arterie. Kaliumwert bestimmen.«

Charlotte sah das Blut hellrot aus der arteriellen Kanüle in die Spritze laufen, die Patientin musste genug Sauerstoff haben. Sie fragte sich, warum sie nicht wiederkam, obwohl sie sofort Adrenalin bekommen hatte und defibrilliert wurde. Es war seltsam.

»Sauerstoff, Kohlendioxid sind gut.« Juliane hielt den Ausdruck des Blutgasgerätes in der Hand. »Kalium ist zu hoch mit sechs Millimol pro Liter.«

»Nicht so ungewöhnlich für die Situation.« Brandmann schürzte die Lippen. »Dreißig Minuten Reanimation, zehnmal Defibrillation. Die Patientin hatte ihre Chance, wir stellen ein. Todeszeitpunkt acht Uhr neunzehn.«

Charlotte waren viele Patienten gestorben, das gehörte dazu. In der Notaufnahme, als Notärztin – aber noch nie bei einer normalen Narkoseeinleitung. Ohne Vorwarnung. Charlotte setzte sich auf einen Hocker und lehnte den Kopf an die blauen Wandkacheln. »Schöne Scheiße. Der Tag fängt ja gut an.«

Ole legte die Hand auf ihre Schulter. »Wenn es nicht jetzt passiert wäre, hätte es sie irgendwann erwischt. Schwere unerkannte Herzkrankheit, schätze ich.«

»Charlotte, Sie sind für den Tag freigestellt, ich sage der Chefin Bescheid. Bleiben Sie in der Klinik, es gibt noch Verwaltungskram«, sagte Brandmann ohne hörbare Gefühlsregung.

»Ja, hier wird nicht einfach so gestorben, sterben ist ein aufwändiger Verwaltungsakt.« Ole ging durch die Verbindungstür und sprach mit seinem Patienten. »So, da bin ich wieder. Sehen Sie, so kann es auch gehen. Haben Sie noch Lust auf Narkose?« Er wartete auf eine Antwort, die nicht kam. »Na, dann können wir jetzt loslegen, stimmt's?«

Charlotte legte den Kopf schräg, um zu hören, was der Patient antworten würde. Sie hörte ein leises Wimmern und lächelte.

Eine Viertelstunde später stand sie vor der Umkleide des OP-Traktes. Sie hob beide Hände, sah sie an. Sie zitterten. Was war mit ihr? Sie hatte zwei Patienten in ein paar Stunden verloren. Sie fragte sich, ob sie zur Chefin gehen und die Geschichte erzählen sollte? Ob die Chefin sie hinauswerfen würde? Sie war noch in der Probezeit. Sie würde sie feuern, sie musste es tun. Es gab keinen vernünftigen Grund, sie zu behalten. Zwei Tote in wenigen Stunden, das würde Aufsehen erregen. Dobrindt musste nicht mehr behaupten, er wäre unschuldig an Wermkes Tod. Er brauchte nur zu sagen: ›Die Arbro hat Narkose gemacht.‹ Bedauernde Blicke würden ihn treffen. ›Armer Herr Dobrindt, da haben Sie aber Pech gehabt.‹

Charlotte hob den Kopf, nahm die Schultern zurück und ballte die Fäuste. Nein, dachte sie, das kann ich nicht auf mir sitzen lassen. Sie würde nicht ohne Kampf gehen.

Ein paar Minuten später klopfte sie an der Tür des Sekretariats. Ihre Linke zitterte, während sie vor dem Türblatt schwebte. Die Augen brannten, sie glaubte fürchterlich auszusehen nach nur zwei Stunden Schlaf.

»Herein.«

Sie öffnete die schwere Holztür zum Vorzimmer von Emelie van Wijkem. »Guten Morgen, Frau Rodt. Ich muss dringend die Chefin sprechen, ist sie da?«

»Guten Morgen, Frau Arbro. Emelie spricht gerade am Telefon, ich denke, sie wird schon Zeit haben. Wie geht es Ihnen, wollen Sie inzwischen einen Kaffee?«

»Ich ...«

Ohne Klopfen wurde die Tür geöffnet, sie musste zur Seite treten, sonst hätte die Stahlklinke sie in die Flanke getroffen.

»Sie? Gut, dass Sie da sind.« Burkhardt strich sich über den kurz geschnittenen Haarkranz um den runden Schädel. »Es gibt da noch den Vorfall im Kreißsaal zu besprechen.«

Sie unterdrückte mühsam ein Lächeln, es war Ironie ohne Vergnügen. Sie wusste, dass er es von der Chefin erfahren hatte, es war klar, dass sie heute Morgen nach der Besprechung darüber geredet hatten. Aber er konnte noch nicht wissen, dass Frau Wegener gestorben war. Womöglich fand er es nicht schlimm, dachte sie – lasst doch die Patienten sterben, Hauptsache, sie sterben ohne Insubordination der Assistenten. Sie wollte es ihm jetzt schon sagen, warum warten? »Es gibt da auch den Tod der Frau Wegener zu besprechen.«

»Den Tod?« Frau Rodt, die vor dem Espressoautomaten auf der Fensterbank stand, wandte sich um.

Burkhardt nahm den Blick nicht von ihr, während er einen Operationsplan aus der Tasche des frisch gebügelten Arztkittels zog. Langsam faltete er ihn auseinander, warf einen Blick darauf, faltete ihn exakt wieder zusammen und schob ihn zurück in die Tasche. »Ihre Patientin, Frau Wegener, ist tot? Wie?«

»Als ich die Narkose eingeleitet habe, hat sie Kammerflimmern bekommen, wir haben alles getan.« Sie konnte keine Regung in seinem Gesicht sehen. Einige Sekunden sagte er nichts.

In Charlottes Bewusstsein wirbelten Satzanfänge durcheinander. Im Kreißsaal ... Dobrindt hat ... Frau Wegener hat bereits vorher ... Ich sehe keine Schuld ...

Alles war unbrauchbar. Sie glaubte, er könnte hören, was sie dachte, jeden ihrer Gedanken lesen. Zwei Patienten innerhalb weniger Stunden!

Frau Rodt rettete sie. »Vielleicht gehen Sie einfach rein und warten drinnen. Emelie spricht noch, aber es ist schon gut, gehen Sie hinein.«

Emelie van Wijkem hatte die Füße auf den ovalen Schreibtisch aus dunkel lasiertem Holz gelegt und sprach konzentriert mit dem Telefonhörer: »Matteo hat eine Eins in Mathematik? Warum hast du mir das nicht gestern Abend gesagt?«

Charlotte stand hinter dem linken Stahlrohrstuhl. Burkhardt trat vor den rechten, beugte die Knie und zog mit Zangengriff aus Zeigefinger und Daumen mit einem Ruck die Hosenbeine ein Stück nach oben. Das Knistern des gestärkten Kittels und das Knarren der Ledersitzfläche begleiteten ihn in den Stuhl.

»Siehst du, wenn er nur mal lernt, dann klappt es plötzlich. Er ist klug genug, faul ist er, nur faul. Das muss er von dir haben.« Van Wijkem hörte auf ihren Gesprächspartner. »Ich habe immer viel gelernt, ich wollte einfach alles wissen, also, Faulheit hat er jedenfalls nicht von mir.«

Burkhardt räusperte sich. Charlotte meinte ein kleines Kräuseln zwischen den Augenbrauen der Chefin zu sehen.

»Und wie geht es Leon, Christian? Hat er noch Schnupfen gehabt heute früh? Hast du ihm etwas zu Essen mitgegeben?« Eine Pause, sie nickte. »Heute Mittag kommt Gabriele Fellbacher mit den Kindern von der Schule, wirst du da sein?« Sie wartete auf die Antwort. »Bestell ihnen etwas vom Italiener. Sie sollen um ein Uhr nachmittags liefern.« Van Wijkem hörte in den Hörer, hob langsam die Rechte und streckte sie in Richtung Burkhardt aus. »Herr Burkhardt, wissen Sie, was sich Gabriele Fellbacher in den Diensten zu Essen bestellt?«

Burkhardt schüttelte den Kopf.

»Pizza Hawaii hat sie neulich beim Assistentenabend gegessen«, sagte Charlotte.

»Hast du gehört? Pizza Hawaii, und Matteo musste neulich nach der Pilzsoße spucken, nimm was mit Tomaten. Gut, bis heute Abend … Wann kommst du? Da bin ich schon da … Ciao … Ich liebe dich auch.«

Emelie lehnte sich in die Lederpolster zurück. »Nun, was gibt es?«

»Heute Morgen fand im Kreißsaal ein Notkaiserschnitt mit fatalem Ausgang statt. Frau Arbro hat ein nicht zugelassenes Medikament angewendet«, sagte Burkhardt zügig.

Er ging zum Angriff über, das hatte Charlotte nicht erwartet. Sie fragte sich, woher er wusste, dass sie hypertone Kochsalzlösung gegeben hatte.

»Hypertone Kochsalzlösung ist zugelassen für die Therapie des Blutungsschocks.« Charlotte stemmte sich auf die Armlehnen, beugte sich vor. »Und diese Frau hatte einen Schock, und sie blutete, da gibt es keinen Zweifel.« Charlotte sah abwechselnd Emelie und Burkhardt an.

Van Wijkem tippte mit der Spitze eines Bleistiftes auf die Schreibtischoberfläche und sagte langsam: »Charlotte, warum ist die Frau gestorben?«

Burkhardt sagte: »Es gibt keine Zulassung für hypertones Kochsalz bei schwangeren Frauen.« Er zog ein Papier aus der linken Kitteltasche und entfaltete es. Es war eine Kopie von Charlottes Narkoseprotokoll. »Frau Arbro hat die doppelte Dosis gegeben. Das wird sehr schwer zu begründen sein, wenn der Witwer uns verklagt.« Er strich das Papier auf dem Schreibtisch glatt und zeigte mit einem Finger auf die Stelle auf dem Protokoll.

Van Wijkem sah Charlotte an. »Warum, Charlotte?«

Charlotte suchte eine Antwort. Sie wollte Dobrindt die Schuld geben. Er hatte ihr die Schuld gegeben, sie musste ihre Version durchsetzen. Dobrindt war ein geachteter Oberarzt, sie wusste nicht, wie weit sie gehen konnte. Sie verschränkte die Arme und sagte: »Die Patientin ist verblutet. Ich konnte den Blutverlust nicht ausgleichen, die untere Hohlvene war eingerissen.«

Burkhardt tippte auf das Protokoll. »Es wird ein Leichtes sein, jede Klage des Mannes durchzubringen, wenn das ein Richter sieht«, sagte er. Burkhardt hob die Stimme, betonte jede Silbe. »Es ist nicht zugelassen.«

Van Wijkem hob die Hand und richtete die entspannte Handfläche gegen Burkhardt. »Es wird keine Klage gegen uns geben, Herr Burkhardt«, sagte sie. »Herr Dobrindt hat genau das Gleiche gesagt. Wenn es hier überhaupt so etwas wie Schuld gibt, dann trifft sie den Gynäkologen. Herr Dobrindt hat die Verantwortung übernommen.«

Charlotte schloss die Augen. Das Brennen verstärkte sich, sie kniff die Augen zu, sah weiße Muster tanzen. Er hat mich nicht beschuldigt, dachte sie. Ein Schwindel ließ sie die Armlehnen umklammern.

»Sie können nicht davon ausgehen, dass nicht geklagt wird, Frau van Wijkem«, sagte Burkhardt. Er wandte sich an Charlotte. »Für einen guten Anwalt wird es ein Kinderspiel sein, Sie wie eine katastrophale Ärztin aussehen zu lassen, nachdem Ihnen innerhalb weniger Stunden die zweite Patientin gestorben ist.«

»Frau Wegener ist an Herzrhythmusstörungen gestorben, sie hatte ein krankes Herz.« Charlottes Stimme war ruhig, sie tippte zu jedem Wort mit dem Zeigefinger auf die Stuhllehne. »Und die Frau im Kreißsaal ist verblutet, ich musste dieses Mittel anwenden, es gab keine Alternative.«

Van Wijkem deutete auf das Telefon. »Brandmann hat angerufen wegen der Patientin mit Herzrhythmusstörungen. Ich denke, das können wir jetzt außen vor lassen, Herr Burkhardt.«

Burkhardt winkte ab. »Hier geht es um den Ruf der Klinik.« Er drehte sich zu Charlotte. »Ihre Argumente sind rational, aber sie ziehen nicht, wenn es um etwas Irrationales geht. Es gibt nichts Irrationaleres als den Ruf einer Klinik.« Er sah kurz zu van Wijkem, dann wieder zu Charlotte. »Sie ist verblutet, Frau Arbro. Wenn Sie nicht zugelassene Arzneimittel verwenden, müssen Sie sicher sein, dass es funktioniert. Sie sind alleine, völlig alleine, wenn Sie so etwas machen.« Er drehte sich wieder zur Chefin. »Die Klage wird kommen, Frau van Wijkem. Der Ausgang war letal. Unsere Mitarbeiterin hier hat ein experimentelles Arzneimittel verwendet. Was wirft das für ein Licht auf die Klinik?«

Charlotte atmete durch, um sich zu beruhigen. »Alles andere wäre einfach zu langsam gewesen, es war das Schnellste, es war das, was die Patientin gebraucht hat, es war richtig.«

Burkhardt lachte kurz auf und winkte ab. »Sehen Sie es einmal aus dem Blickwinkel eines Anwalts.« Er sah van Wijkem an.

»Was hat Frau Arbro zur Therapie der Blutung gegeben?«

Charlotte war sich sicher, dass sie ausreichend therapiert hatte. Sie sagte: »Hypertone Kochsalzlösung, Volumenersatzmittel und fünf Blutkonserven. Mehr war in der kurzen Zeit nicht möglich. Keiner hätte mehr geschafft.«

Van Wijkem nickte.

Burkhardt sah Charlotte nicht an, er wies auf das Protokoll vor ihm. »So? Hypertone Kochsalzlösung, das ist alles, was dokumentiert ist, Frau Arbro. Jetzt gebe ich Ihnen das Argument eines geschickten Anwalts.« Er sah unverwandt van Wijkem an. »Das Zeug wirkt nicht. Zumindest ist es nicht bewiesen, denn es gibt keine Zulassung. Sie haben weder Volumenersatzmittel noch Blutkonserven dokumentiert. In Summa haben Sie nichts gegeben außer einem Mittel fragwürdiger Wirksamkeit.

Was sagen Sie?«

Charlotte krampfte ihre Hände um die Armlehnen. Sie sah nur die Chefin an. Sie hatte nicht dokumentiert, sie hatte die Grundregel verletzt. Sie hatte nicht aufgeschrieben, was sie gegeben hatte. Sie dachte an Knut, er war Zeuge. »Natürlich habe ich Blut gegeben, der Anästhesiepfleger kann es bezeugen. Wir haben zusammengearbeitet. Ich habe es nicht aufgeschrieben, aber ich habe es gegeben.«

»Sie haben einen Zeugen, der Ihnen untergeben ist. Das dürfen Sie getrost vergessen, Frau Arbro. Herrn Dobrindt dürfen Sie auch vergessen, er wird auch Beklagter sein.« Er schnippte mit den Fingern. »Schwupps, Zeuge futsch. So einfach ist das, Frau Arbro.« Er nahm das Protokoll und wedelte in Richtung Charlotte. »Wissen Sie, wer dieses Protokoll heute Morgen im Beisein eines Zeugen kopiert hat? Der Mann der verstorbenen Frau Wermke. Und Sie dürfen raten, was er damit vorhat.«

Charlotte wusste, dass man Unterlagen für eine Gerichtsverhandlung kopierte. Das Original konnte sie jetzt nicht mehr verändern, das wäre ein unterschriebenes Geständnis. Sie dachte an Meese. Er war ein Zeuge, er hatte die Konserven selbst in den Kreißsaal gebracht. »Professor Meese war da, er hat die Konserven gebracht. Er kann bezeugen, dass ich sie gegeben habe. Die fehlende Dokumentation kann man doch mit der Situation erklären, das wird doch jeder Staatsanwalt akzeptieren.«

Burkhardt lehnte sich zurück, verschränkte die Arme und sagte: »Was Staatsanwälte akzeptieren und was nicht, das folgt eigenen Regeln. Meese hat die Konserven gebracht?« Er sah van Wijkem an. »Professor Meese spielt Transportdienst. Sehr ungewöhnlich, was denken Sie, Frau van Wijkem?«

Die Chefin knetete ihre Lippen und sah Burkhardt an.

»Ich muss sagen, es wird immer ungewöhnlicher«, sagte Burkhardt.

Charlotte dachte daran, dass Meese gekommen war, nachdem sie ihn angeschrien hatte. Sie hatte ihn sich nicht zum Freund gemacht und jetzt würde sie ihn um eine Zeugenaussage bitten müssen. Das war eine sehr vage Hoffnung, aber ihre einzige, falls Wermke klagen würde.

Van Wijkem holte Luft und sagte zu Burkhardt: »Wenn es eine Klage gibt, wird sie gegen die Klinik gerichtet werden. Ein

Verlust von Image. Sehr unangenehm.« Sie richtete sich auf, beugte sich nach vorne und fixierte Charlotte. »Charlotte, Sie dürfen keinen Kontakt mit Wermke aufnehmen, hören Sie?« Sie wischte mit der Hand über den Schreibtisch. »Sie können sich nur schaden. Entschuldigungen, Beileid, Mitleid, das sind alles Schuldanerkenntnisse in den Augen guter Anwälte.« Ihre Hand schnitt einen Handkantenschlag in die Luft. »Keinen Kontakt. Das ist Dienstanweisung.«

Burkhardt faltete die Hände im Schoß und sagte: »Frau Arbro ist in der Probezeit. Falls geklagt wird, wäre es günstig für den Ruf der Klinik, wenn Frau Arbro dann nicht mehr hier arbeiten würde.«

Charlotte sah Burkhardt stumm an. Er forderte ihre Kündigung. Sie würde nie wieder eine Stelle bekommen, wenn sie in der Probezeit wegen Todesfällen entlassen worden war. Sie musste beweisen, dass sie eine gute Ärztin war.

## 4. Kapitel

Sie hatte den Rest des Tages frei bekommen. Gegen Mittag ging Charlotte nach Hause. Sie war den Weg nach Neuenheim gelaufen, um sich auf andere Gedanken zu bringen. Sie erreichte das Haus, in dem Michael eine Wohnung gekauft hatte, und schloss die schwere, alte Holztür auf. Sie drehte sich um und warf noch einen Blick nach unten zum Neckar, auf dem ein Lastkahn gegen die Strömung kämpfte. Sie ging in das kühle Treppenhaus und stieg die knarrende Holztreppe empor. Die Sonne schien durch das gefärbte Oberlicht. Sie wollte Michael von den gestorbenen Patienten erzählen, sich ausweinen und sich mit ihm zusammen über verrückte Vorgesetzte ärgern.

Sie brauchte Trost. Michael war der Einzige, der ihr den geben konnte. Er würde erst abends aus der Anwaltskanzlei kommen, sie musste warten. Sie blieb stehen und sah nach oben.

Ein verschlungenes Tiffanymuster leuchtete im Deckenfenster des Treppenhauses. Sie fragte sich, warum ihr das noch nie aufgefallen war. Sie ging selten mittags allein die Treppe hinauf. Der Blick nach oben tat ihr gut. Plötzlich war sie weit weg von allem, stand auf der Treppe, reckte sich nach oben und atmete die kühle Luft des Treppenhauses. Unbeschwert. Aber es kam wieder – der Tod der Patientinnen, der Streit in van Wijkems Büro.

Charlotte wiederholte das Gespräch in Gedanken. Die Chefin hatte nicht auf Burkhardts Forderung geantwortet. Sie sollte Charlotte entlassen, hatte er gesagt. Aus seiner Sicht war es vernünftig. Van Wijkem konnte es tun – im Interesse der Klinik. Aber es würde bedeuten, dass Charlottes Karriere an diesem Krankenhaus und an jedem anderen beendet war. Durch einen Prozess käme sie sogar in die Zeitung, man würde ihr Gesicht kennen.

»Also kämpfen«, sagte sie und war überrascht über die Wut in ihrer Stimme. Sie senkte den Kopf, fischte den Schlüsselbund aus ihrer Handtasche und schloss die Wohnungstür im zweiten Stock auf.

Der Flur hallte vom Klappern ihrer Schuhe, die sie von sich warf, und des Schlüssels auf dem Glastischchen. Das Parkett kühlte ihre brennenden Füße. Michael würde erst heute Abend kommen. Sie wollte so gerne reden.

Sie knipste den Espressoautomaten auf dem Marmortresen der Wohnküche an und setzte sich davor. Sie hörte auf das Fauchen und Mahlen der Maschine, die Vorfreude auf den Geschmack lenkte sie ab. Hier sollte sie öfter sitzen und sich verwöhnen, dachte sie, anstatt jeden Tag nach Geld und Anerkennung zu jagen. Geld, das man brauchte, um sich eine solche Küche, eine solche Wohnung leisten zu können. Anerkennung, die süchtig machte und verhinderte, dass man das Erreichte genoss.

Der Anblick der hellbraunen Schaumschicht auf dem Kaffee, das Geräusch der Pumpe, das Zischen des Dampfes ließen Charlotte den Kaffee im Magen spüren, bevor die Tasse voll war. Sie nahm eine Tafel Schokolade aus dem Schrank über ihr. Sie zog die Aluminiumfolie langsam auf, sie liebte den Geruch der Bitterschokolade. Die dünne Tafel brach splitternd, das erste Stück schmolz auf ihrer Zunge, der Geschmack vermischte sich mit dem Kaffee. Die Mischung brannte süß auf ihrem Gaumen. Sie schloss die Augen und genoss den Augenblick.

Spät am Nachmittag drehte Charlotte den Wasserhahn der Badewanne auf. Sie streifte Bluse und Jeans ab. Das heiße Wasser umfing sie. Der Schaum duftete nach Kräutern. Die Bläschen ließen ein millionenfaches Knistern hören. Die ätherischen Öle brannten ein wenig in den Augen, Charlotte schloss sie und sah durch die Lider den roten Sternenhimmel der Halogenleuchten. Sie fühlte sich geborgen, sicher, zu Hause.

Eine Stunde später saß sie auf dem schwarzen Ledersofa und las zum dritten Mal ein Gedicht von Hermann Hesse. Der Rhythmus der Verse wollte nicht schwingen, es passte nicht. Sie legte das Buch auf den Boden und reichte hinter sich, um die Stehlampe anzuschalten. Wo blieb Michael?

Schlüssel klapperten an der Wohnungstür. »Hallo, Schatz«, rief eine Männerstimme.

Charlotte sprang auf und ging in den Flur. »Michael, du bist spät heute, was war denn los? Gab es Probleme in der Kanzlei?«

»Wir haben die Ascos-Sache versiebt.« Er gab ihr einen flüchtigen Kuss auf die Wange. Seine schwarzen Bartstoppeln kratzten auf ihrer Haut. Er ging an ihr vorbei in die Küche. »Fünfhunderttausend Euro Erfolgsprämie sind flöten. Ich habe lausig plädiert.« Er fuhr sich durch die schwarzen Haare, strich eine Locke aus der Stirn.

Charlotte setzte sich ihm gegenüber an den Küchentresen. »Du hast noch nie lausig plädiert. Manche Sachen kann man nicht gewinnen.«

»Hier war ich nicht gut genug. Die Partner sind stinksauer. Allen voran der alte Bernreuther.«

»Wie ich euch kenne, habt ihr den Vertrag so gemacht, dass ihr immer noch genug verdient«, sagte Charlotte.

»Klar, aber fünfhunderttausend sind fünfhunderttausend.« Michael Parbrook nahm ein Stück abgepackten Leberkäse aus dem Kühlschrank.

»Mir sind heute zwei Patientinnen gestorben.« Sie war froh, dass sie es gesagt hatte.

»Theoretisch können sie mich sogar für den Verlust haftbar machen. Es gibt einen Paragraphen in unserem Gesellschaftsvertrag«, sagte Michael gepresst, während er die Plastikverpackung aufriss.

»Hat einfach angefangen zu flimmern«, sagte Charlotte. »Wir konnten sie nicht mehr zurückholen. Eine Mutter im Kreißsaal ist einfach verblutet, ich konnte nichts ausrichten. Zwei. Zwei an einem Tag, Michael.«

»Ein Kollege musste nach zwei solchen Stunts gehen, wenn …« Er warf ihr einen Blick zu, bevor er das Senfglas aus dem Regal nahm. »Wie? Wen konntest du nicht zurückholen?«

»Es sind zwei Patientinnen von mir gestorben. Eine Mutter ist im Kreißsaal verblutet und eine alte Frau ist während der Einleitung gestorben und ich weiß nicht, warum.«

»Nur einmal und zum letzten Mal die Frage: Hast du Schuld?«

»Ich weiß nicht, ich …«

»Schlechte Antwort. Hast du mit jemandem darüber geredet?«

»Nur mit meiner Chefin und den Oberärzten. Und mit dem Mann der Frau aus dem Kreißsaal.«

»Lass es dabei. Egal, was du sagst, man kann es später gegen dich auslegen. Beschuldigt dich jemand?«

»Nein, aber darum geht es nicht – das heißt ja, der Mann hat so etwas gesagt.«

Michael stand ihr gegenüber hinter dem Tresen, tauchte ein Stück Leberkäse in den Klecks Senf und schob die Gabel in den Mund. »Wichtig ist dein Gefühl der völligen Unschuld.« Er kaute und sprach gleichzeitig. »Du darfst niemandem gegenüber auch nur den Hauch von Schuldbewusstsein zeigen. Am besten sogar dir selber nicht.«

»Ich fühl mich Scheiße. Die alte Frau ist tot und ich weiß nicht, ob ich etwas dafür kann – Michael, kannst du nicht mal etwas anderes essen als immer dieses Junk Food? Das ist ekelhaft.«

Er hob die Schultern. »Schatz, ich muss jeden Tag mit Kunden in diese Edelkneipen gehen und Häppchen vom Roastbeef an Soße von Eiern vom Stör essen, es kotzt mich an. Ich brauche was Anständiges. Wenigstens zu Hause.«

Sie bemühte sich, seine Kaugeräusche zu überhören. »Ich würde gerne mit dir tauschen. Iss mal in unserer Kantine.«

»Kunden müssen gehätschelt werden. Da tut es nur das Feinste. Alles ist ›von‹ irgendetwas. Alles ist ›an‹ einer Soße ›von‹. Bällchen von Bullshit an einer Crème von Pappmaché.«

Wieder schob er sich ein Riesenstück in den Mund. Eine Spur Senf hing an seinem Mundwinkel. Es ekelte Charlotte.

»Und genau das, Charly, das darfst du gar nicht erst denken: ›Die alte Frau ist tot und ich weiß nicht, ob ich was dafür kann.‹ Nein. Ende. Alte Menschen sterben. Und Schluss. Im Kreißsaal verblutet, sagst du? Dann müsste der Gynäkologe dran sein, wenn es ein Problem gibt.«

»Ohne die Operation, ohne die Narkose wäre sie nicht gestorben.«

»Weißt du, wie viele Menschen um die Ecke gebracht werden, ohne dass jemals einer auf die Idee kommt, da wäre was Krummes gelaufen?« Michael schmatzte beim Sprechen.

»Verdammt, Michael, mir geht es schlecht mit dieser Sache. Ich brauche nicht deinen juristischen Rat. Ich will mit dir reden, verstehst du das?« Sie hob ihre Hand und bewegte sie, als redete sie vor ihrem Gesicht. »Reden, nicht plappern, kapiert? Und hör endlich auf zu schmatzen, vielen Dank.« Sie stand auf und ging ein paar Schritte auf und ab.

»Du willst Medizin, nicht Jura machen, ich weiß. Vergiss es, Schatz. Medizin ist praktische Jura. Ihr bräuchtet alle ein Doppelstudium. Was du da den ganzen Tag anstellst, ist Körperverletzung mit Einverständnis des Patienten.« Er nahm eine Flasche Rotwein aus dem Drahtregal an der Wand. »Von deinen schriftlichen Aufklärungen könnte jeder Anwalt neunzig Prozent in der Luft zerfetzen.« Er besah sich das Etikett der Flasche. »Ich denke, ich würde hundert Prozent schaffen.« Er klang zufrieden.

»In den sechs Jahren an der Uni ist mir nicht ein Patient während der Narkoseeinleitung gestorben. Jetzt bin ich gerade mal einen Monat an der Klinik und habe schon zwei auf dem Gewissen. So was spricht sich rum, Heidelberg ist nicht groß.«

»Achte auf das Schuldbewusstsein.« Er zog den Korken aus der Flasche. In das schmatzende Geräusch hinein sagte er: »Den nächsten Auftrag muss ich hinbekommen, ich muss alles perfekt planen, bloß keinen Lapsus.« Michael ging hinter Charlotte ins Wohnzimmer, setzte sich auf die Couch und stellte Glas und Flasche auf den Tisch.

»Wenn ich nur die Bilanzzahlen im Kopf gehabt hätte. Das hat einen schwachen Eindruck gemacht.« Er legte die Füße auf den Glastisch.

Charlotte setzte sich neben ihn und lehnte den Kopf an seine Schulter. »Die müssen doch denken, ich bin gefährlich. Nach einem Monat! Der arme Mann, er war so wütend, aber so hilflos. Er hat ein Baby, eine kleine Tochter. Allein.«

»Der nächste Fall muss sitzen, bloß keine Schwäche zeigen. Charlotte, kein Schuldbewusstsein zeigen. Ich muss mir den nächsten Fall gut aussuchen.« Er bückte sich, um das Buch aufzuheben. »Hesse. Die Gedichte. Die Zeit hätte ich auch gerne.« Er warf den Band auf den Tisch.

»Die Chefin hat mir bei der Einstellung eine Oberarztstelle in Aussicht gestellt.« Charlotte versuchte wieder Halt an der Schulter zu finden. »Eine Stelle ist frei. Ich müsste sie darauf ansprechen, aber ich traue mich nicht, zu fragen – jetzt, nachdem das passiert ist.«

»Gerade jetzt, am besten morgen.« Michael trank das große Rotweinglas in einem Zug leer und schenkte nach. »Fünfhunderttausend Euro. Mensch, ich darf gar nicht dran denken. Fünfzigtausend wären das für mich gewesen. Ich wollte mir das BMW Coupé kaufen. Das kann ich mir abschminken.« Er stand auf, um die Fernbedienung zu holen.

»Kannst du nicht mal über etwas anderes reden als über Geld oder die Kanzlei?« Sie stand auf und ging an ihm vorbei. »Es kotzt mich an.«

Er starrte auf den Bildschirm. »Schau dir den an, Charlotte. Bei der Zweihundert-Euro-Frage ausgeschieden. Wie viel Bytes sind in einem Kilobyte? Das ist doch kindisch einfach. Und noch alle Joker übrig.« Er trank einen großen Schluck und drückte auf die Fernbedienung. Das Bild wechselte.

Wenn er zu viel trank, war er anders. Er war dann nicht mehr der Mann, in den sie sich verliebt hatte.

»Die zetteln noch einen Weltkrieg an.« Michael goss den letzten Wein ein. »Überall führen sie sich auf wie die Eigentümer der letzten Wahrheit. Scheißnachrichten, ich kann es nicht mehr hören.«

Sie war auf dem Weg ins Schlafzimmer und rief ohne Interesse über ihre Schulter. »Dann lass doch die Kiste aus.« Er antwortet nicht. Ihre Augen brannten, die Augenlider zuckten vor Müdigkeit, doch sie glaubte nicht, dass sie einschlafen konnte. Sie zog sich aus und roch die Kräuter des Schaumbades an ihrem Körper. Die Baumwolle der Bettwäsche kühlte ihre Haut.

Raschelnd zog sie die Decke um sich. Sie verströmte Waschmittelaroma. Charlotte sog die Luft ein, ein kleiner Schwindel, sie schloss die Augen.

Noch einmal tauchte sie aus dem Traum auf, bemerkte, dass sie eingeschlafen war, und ließ sich wieder fallen.

Charlotte erwachte aus einem chaotischen Durcheinander aus Formen und Farben, sie hatte Angst, sie wollte schreien – ihr gelang nur ein Stöhnen. Das Bett schaukelte, als Michael sich darauf fallen ließ. Ächzend zog er sich aus. Wenigstens hat er das Licht nicht angemacht, dachte sie.

Endlich hatte er es geschafft. Sein Atem ging schwer, Charlotte roch den Rotwein. So hellwach, wie sie plötzlich gewesen war, so schnell sank sie zurück in die dunkle Schwere. Sie fürchtete, ihr Traum würde zurückkehren.

»Halt mich«, sagte sie.

Er legte sich unter ihre Decke und schmiegte sich an sie. Seine Haut war kalt. Er ließ seine Hände über ihren Körper wandern, aber seine Bewegungen waren müde und langweilig. Bald erlahmten sie und Charlotte hielt seine Hände auf ihrem Bauch fest. Seine Atemzüge wurden langsam und tief.

Charlotte öffnete langsam die Augen. Es war, als hätte sie nicht geschlafen, nur eben ein wenig die Lider geschlossen, um sich auszuruhen. Die roten Ziffern des Radioweckers zeigten einige Minuten vor sechs Uhr. Sie war nicht müde wie sonst am Morgen. Sie fror nicht, es war nicht zu warm. Es war vollkommen, so wie es war. Die Bettwäsche fühlte sich an wie frisch gebügelt, jede Bewegung rieb angenehm auf ihrer Haut.

Sie drehte sich nach links und sah Michael ins Gesicht. Völlig entspannt, langsam atmend lag er mit eben geöffnetem Mund und gefiel Charlotte. So kannte sie ihn, so liebte sie ihn. Sie hatte ihn im Studium kennen gelernt und sich in seine Unbekümmertheit und Entspanntheit verliebt. Er hatte ihr das Gefühl der Sicherheit gegeben, ohne väterlich zu sein, indem er jede Widrigkeit verachtete und die meisten beiseite schaffte.

Sie strich mit der Fingerkuppe ihres Zeigefingers über seine Oberlippe und spürte die zarte Haut des Lippenrots, erkannte die Wölbung der Oberfläche, bevor ihr Finger sie meldete. Sie schob sich auf ihn zu und küsste ganz leicht seinen Mund, küsste ihn wieder, sah ihn an und küsste ihn noch einmal. Sie küsste seine Wangen, spürte den kratzenden Bart, sie küsste den Hals, rieb ihre Lippen kaum spürbar an seiner Schulter.

Eine Hand erwachte und suchte ihre Nähe. Sie strich über ihr Bein, verharrte auf dem höchsten Punkt der Hüfte und fuhr langsam ihre Taille hinab. Charlotte schloss die Augen und ließ sich langsam in ihr Kissen fallen, wo die eigene, gespeicherte Körperwärme sie empfing. Die eine Hand wurde zu zweien, die vorsichtig erkundeten. Die Hände kannten Charlottes Körper und wussten, wo sie erwartet wurden und taten doch so, als wären sie das erste Mal auf Entdeckungsreise.

Sie öffnete die Augen und sah in Michaels Gesicht, das sie ansah, wie aus einer Vergangenheit, die für den Moment Gegenwart und Zukunft und alle Zeit werden wollte.

Er legte sein Gesicht in ihre Locken und sog die Luft ein, einatmend strich er über ihre Stirn und liebkoste ihr Gesicht, ihren Hals, ihre Brüste. Lange verharrte er und sie genoss sein Spiel mit ihren Brustwarzen.

Er ließ sein Spiel weitergehen, biss bald zärtlich ihre Bauchhaut oder streichelte minutenlang eine Stelle, so dass Charlotte glaubte, es nicht mehr ertragen zu können. Doch Michael wusste immer schon kurz zuvor, wann er weiter musste, weiter wollte. Sie zog ihn zu sich, wollte ihn jetzt haben – er tat so, als verstünde er nicht und ließ sie warten, sie drängte ihn, er spielte mit ihr und ergab sich schließlich atemlos wie sie.

# 5. Kapitel

Charlotte war ungern zur Arbeit gegangen, aber sie glaubte sich zwingen zu müssen. Nach ein paar Stunden würde wahrscheinlich alles wieder so sein wie früher.

Sie schob die Schiebetür zu Saal zwei auf, hier war Frau Wegener gestorben. »Grüß Gott, Herr Wegener, ich bin Doktor Arbro, Ihre Narkoseärztin. Wie geht es Ihnen?« Ungefähr das Gleiche hatte sie vor vierundzwanzig Stunden schon einmal gesagt. Sie fragte sich, ob es etwas bedeutete. Es war eine Phrase, es interessierte sie nicht, wie es dem Patienten ging, sie wollte ›gut‹ hören, ihm die Hand geben und anfangen zu arbeiten.

»Gut, Frau Doktor. Ich heiße nicht Wegener, Schur ist mein Name.«

»Herr Schur, Verzeihung. Gut? Hat der Chirurg denn überhaupt mit Ihnen gesprochen? Hat er Ihnen erklärt, was er machen wird?«

»Frau Doktor, ich weiß wirklich nicht ... Er wird schon wissen ... Ich will das gar nicht so genau wissen.«

Das ist es eben, dachte sie. Charlotte war wütend. Wütend auf diesen Patienten. Wütend auf den Chirurgen.

»Der Stationsarzt hat gesagt, ich habe einen Tumor an der Bauchspeicheldrüse und der wird weggemacht. Aber ...« Der Patient sah abwechselnd sie und den Pfleger an.

Charlotte fasste die Hand des Patienten fester. Ihre Wut ließ sie nicht los. Sie überlegte, ob sie ihn aufklären sollte, was geschehen würde. Der Chirurg würde die Hälfte seines Magens, seinen Zwölffingerdarm, seine Bauchspeicheldrüse und jede Menge Lymphknoten herausschneiden. Sie holte Luft, um zu sprechen.

»Aber ich will gar nicht genau wissen, was gemacht wird, das habe ich dem Doktor auch schon gesagt. Könnten Sie nicht einfach anfangen, Frau Doktor Arbro?« Er bewegte seine und ihre Hand kurz auf und ab.

»Und dann haben Sie etwas unterschrieben, von dem Sie gar nicht wissen, was es bedeutet.« Sie fixierte Schurs braune Augen. »›Vorgehen nach Befund‹. Erinnern Sie sich? Sie müssten genau wissen, was das bedeutet.« Sie wollte, dass er wusste, was ihm bevorstand. Vielleicht erwartete ihn der Tod. Man konnte es nicht wissen. Alles durfte er tun, der Chirurg, alles, was er wollte.

»Charlotte, jetzt reicht es aber, was ist denn los mit dir?« Knut Tarler stand auf der anderen Seite der Patientenliege und schüttelte den Kopf. »Herr Schur will es nicht wissen, das hast du doch gehört. Könnten wir jetzt anfangen?«

Sie dachte einen Moment nach. Es half ihr, aggressiv zu sein, aber es war unfair. »Entschuldige, du hast Recht. Entschuldigen Sie, Herr Schur.« Sie nahm seine Rechte zwischen ihre Hände. »Gut. Sie wissen, wir werden jetzt zuerst eine Periduralanästhesie anlegen, bevor wir die Vollnarkose beginnen. Wir werden Sie bitten, sich hinzusetzen, ich betäube die Haut am Rücken und führe dann die Nadel ein. Kurz vor dem Rückenmark mache ich Halt und schiebe durch die Nadel einen dünnen Plastikschlauch, durch den wir das Schmerzmittel geben können.«

»Der Arzt gestern hat gesagt, die Frau Professor würde das tun, was Sie gerade beschrieben haben.«

Knut wedelte mit einem rosa Zettel. »Herr Schur ist Privatpatient.«

»Privatpatient. Gut. Weiß Emelie Bescheid, Knut?« Bei ihrem Namen musste Charlotte an die Besprechung denken, die Chefin konnte es sich über Nacht überlegt haben. Sie konnte Burkhardts Vorschlag folgen. Charlotte war in der Probezeit, man konnte sie ohne jedes Problem und ohne Aufsehen entlassen. Falls Wermke klagte und das Krankenhaus den Prozess verlöre, könnte das Krankenhaus eine reine Weste vorweisen. Das Problem war entlassen, es gab kein Problem. Charlotte wusste: Sie würde nicht freiwillig gehen.

»Frau Rodt hat eben hier angerufen und sich erkundigt«, sagte Knut. »Es müsste alles organisiert sein.«

»Herr Schur, ich fange erst mal an. Frau Professor kommt dann für die wesentlichen Sachen. Einverstanden?«

»Wie Sie meinen, ich muss mich doch auf Sie verlassen.« Seine Stimme zitterte.

Herr Schur saß von Knut Tarler gehalten stumm auf der Liege und wandte ihr den Rücken zu. »Ich desinfiziere Ihre Haut und decke dann sterile Tücher über den Rücken. Sie dürfen bitte nicht mehr nach hinten fassen. Am besten bleiben Sie einfach ruhig sitzen.«

Keine Antwort.

»Jetzt wird es etwas stechen, dann gibt es einen Druck, ein Brennen. Ich betäube Ihre Haut. Es ist gleich vorbei.«

Die Haut bot der feinen Nadel keinen fühlbaren Widerstand. Charlotte zog an der Spritze, injizierte dann das Lokalanästhetikum. Die Haut quoll auf, wurde blass, aus der Injektionsstelle floss Blut, unterbrochen durch die klare Lösung des Medikaments. Der Geruch des Desinfektionsmittels kam gedämpft durch Charlottes Gesichtsmaske, im Hintergrund klapperten die Schwestern mit dem OP-Instrumentarium. Charlotte war weit weg hinter der Barriere aus Handschuhen, sterilem Operationskittel und Maske. Reste des Desinfektionsmittels brannten unter den Handschuhen. Ihre Welt bestand aus einem zwanzig Zentimeter breiten Viereck rasierten und desinfizierten Rückens.

»Schlimm?«

Schur reagierte nicht auf ihre Frage.

Die Schutzhülle löste sich schwer von der zehn Zentimeter langen Nadel. Die Seele der Nadel war leichtgängig, der Schliff schien in Ordnung zu sein. Emelie kann kommen, dachte Charlotte. Sie presste mit der Kraft beider Daumen die Spitze der Nadel durch das winzige Loch in der Haut und brachte das Rinnsal aus Blut und Medikament zum Stehen. Die Lokalanästhesie wirkte, der Weg durch das Fett war leicht, die Nadel kam auf Knochen zu einem abrupten Halt. Sie korrigierte die Richtung und spürte das typische Knirschen der Nadel auf ihrem Weg durch die Bänder zwischen den Wirbeln. Spürte sie es? Hörte sie es? Ihre Finger waren Ohren, es gab nichts außer dieser Nadel, den Knochen, den Bändern. Die Markierung zeigte sechs Zentimeter, die Nadel glitt wieder ruhiger durch das Gewebe, gleich musste die letzte Schicht kommen. Da war sie. Sieben Zentimeter. Sie musste mit beiden Daumen drücken, um die Nadel zu bewegen. Es fehlte noch ein halber Zentimeter. Wo blieb Emelie?

»Guten Morgen, Charlotte, Sie haben schon angefangen, sehr gut. Guten Morgen, Herr Schur, alles in Ordnung? Gleich sind wir fertig.«

Charlotte fragte sich, ob die Chefin beiläufig ›Sie sind entlassen‹ sagen würde, sobald der Patient schlief. Sie hatte freundlich gesprochen, sie klang, als wäre nichts weiter zu besprechen. Charlotte legte die Hände auf den Rücken neben der Nadel. Für eine Sekunde spürte sie den stummen Kampf zwischen Knut und dem Patienten. Er hatte erwartet, dass sich der Patient zu Emelie umdrehen wollte und hielt ihn eisern fest. »Herr Schur, nicht bewegen, nur nicht bewegen, immer daran denken. Danke, Knut.«

Emelie streifte sterile Handschuhe über. »So, lassen Sie mal sehen. Sie sind im Ligamentum flavum?«

»Ich schätze, noch ein halber Zentimeter. Hier ist der Katheter.«

Emelie drückte den Griff der Nadel ein wenig weiter, fädelte den Katheter ein und zog die Nadel heraus. Es hatte nur eine halbe Minute gedauert. »Gut. Erledigt. Herr Schur, die Nadel ist wieder weg. Es ist nur dieser dünne Plastikschlauch drin, darüber können wir die Medikamente geben.« Sie zog die Handschuhe aus, hielt sie wie eine Schleuder und zog mit der Linken kräftig nach hinten. Die Handschuhe flogen in einer geraden Linie zwischen dem Patienten und Charlotte in den geöffneten Mülleimer. »Machen Sie fertig, Charlotte? Knut, sind alle Unterlagen da?«

Er zeigte mit einer Hand auf die geöffnete Patientenakte. Emelie unterschrieb auf dem rosa Zettel und auf dem Narkoseprotokoll. Diese drei Minuten Arbeit mochten ihr vierhundert Euro eingebracht haben. Charlotte bekam für ihre Mitarbeit bei den Privatpatienten hundert Euro im Monat. Marx muss Arzt gewesen sein, dachte sie.

»Charlotte?«, sagte Emelie und drehte sich zu ihr.

Jetzt würde sie es sagen, glaubte Charlotte, sie würde ihr den Termin nennen, bis wann sie ihre Unterlagen abzuholen hätte. Burkhardt hatte sich durchgesetzt.

»Wenn noch einmal etwas passiert, werde ich Mühe haben, Sie zu halten. Passen Sie auf, klar?« Sie zischte es mehr, als dass sie es sagte. Weder Knut noch der Patient konnten es gehört haben.

Charlotte fiel keine Antwort ein. Das hatte sie nicht erwartet. Emelie schützt mich, dachte sie, warum? Sie war auf Kampf eingestellt gewesen, sie musste nach Worten suchen. »Klar«, würgte sie hervor, »klar, danke, Chefin.«

Eine halbe Stunde später setzte sich Charlotte auf den Hocker im OP-Saal und füllte das Narkoseprotokoll aus. Unter ›Hauptverantwortlicher Anästhesist‹ stand ›van Wijkem‹. Als Privatpatient hatte Schur ein Recht darauf, dass die Chefin dabeiblieb, was sie aber nie tat. Die Kasse zahlte nicht, wenn ihre Unterschrift fehlte. Als Knut das Thiopental gespritzt hatte, war ihr mulmig geworden, sie hatte sich gewünscht, dass Emelie in der Nähe geblieben wäre, aber die Chefin war gegangen, sobald Schur nichts mehr wahrnehmen konnte. Die Narkoseeinleitung war ohne Komplikationen verlaufen. Herr Schur war jetzt in tiefer Narkose, alle Parameter zeigten stabile Verhältnisse an.

»Wo bleibt er jetzt, der Marschullek?«, sagte die Schwester am Instrumententisch und trommelte mit einer Schere einen Samba auf eine Nierenschale aus Edelstahl.

»Der Herr Oberarzt vertraut auf die Heilkräfte der Natur.« Charlotte war aufgestanden und lachte die Schwester an. »Vielleicht geht der Tumor von alleine weg.«

»Wo denken Sie hin, Frau Arbro, hier wird operiert, hier liegt ein Privatpatient – die unerschöpfliche Quelle des Reichtums von Professor Hochstöcker. Da darf man der Natur nicht ihren Lauf lassen.«

Die Tür zum Waschraum glitt auf, Marschullek kam herein. Die Hände waren erhoben, Desinfektionsmittel tropfte herab. »Morgen. Ist das der Whipple von Station F?« Marschulleks Stimme war laut. Er füllte den Türrahmen aus. Seine Beine standen schulterbreit auseinander. Sein massiger Oberkörper hob und senkte sich mit dem Atem. Er dominierte den Raum.

Charlotte ärgerte sich über ihn, er kannte Herrn Schur wahrscheinlich nur von Röntgenbildern oder hatte ihn bei einer Spiegelung von innen gesehen. »Das ist Herr Schur.« Sie betonte den Namen. »Und er lag bisher auf Station F«, sagte Charlotte unfreundlich.

»Na, wunderbar«, sagte Marschullek ironisch und ließ sich anziehen. »Können wir, Frau Arbro?« Er sah Charlotte aus hellblauen Augen an. Unter der OP-Haube ragte eine dunkelblonde Strähne auf die Stirn. Er stand neben dem Patienten, hatte die Skalpellklinge auf die Haut gesetzt. Ein dunkelroter Tropfen Blut tauchte auf, wurde größer. Charlotte nickte. Ihr Kopf bewegte sich noch, als Marschullek schon einen vierzig Zentimeter langen Schnitt vom Rippenwinkel bis zum Schambein gemacht hatte. Eine Sekunde lang lag gelbes Fettgewebe offen, bevor Blut die Wunde füllte.

Nach fünfundvierzig Minuten Operation und Ruhe, die nur von knappen Kommandos an die Schwester unterbrochen worden waren, streckte sich Marschullek stöhnend. »So, Hochstöcker soll kommen. Frau Arbro, könnten Sie im Büro von Professor Hochstöcker anrufen? Die Sekretärin soll den Chef herunterschicken.«

Nach ein paar Minuten Schweigen streckte er sich wieder, stöhnte leise und sagte: »Was war denn gestern, Frau Arbro?« Marschullek stand mit verschränkten Armen vor dem offenen Bauch. Charlotte hatte nach einigen Sekunden noch nicht geantwortet. »Ist ganz schön schief gegangen, was? Narkose ist eben doch gefährlich, habe ich schon immer gesagt.«

Wie kann dieser Lackaffe über meine Narkose urteilen, dachte sie. Sie mischte sich auch nicht ein, wenn es mehr als sonst blutete. »Die Patientin muss eine Herzerkrankung gehabt haben, die Sektion wird uns weiterhelfen.«

»Herzkranke Patienten operieren wir hier doch jeden Tag, die sterben doch auch nicht. Kommen Sie, was war denn los? Ich meine, wir haben doch alle unsere Leichen im Keller.«

»Was soll das, Herr Marschullek? Nichts war los. Ich kann Fehler zugeben, aber hier war alles in Ordnung.«

»Schauen Sie, hier stirbt keiner im OP.« Er sprach in vertraulichem Ton. »Das ist so etwas wie ein Gesetz, eine goldene Regel. Ich bin seit mehr als fünfzehn Jahren hier, und ich habe noch keinen bei der Narkoseeinleitung sterben sehen. Manche sind nicht zu retten, aber hier – ohne guten Grund?«

»Sie wollen von mir hören, ich wüsste, warum Frau Wegener gestorben ist?« Sie zwang sich zur Ruhe. »Sie wollen hören, ich hätte einen Fehler gemacht? Tja, habe ich nicht, Herr Marschullek, so einfach ist das. Auch wenn es Ihnen Leid tut, aber alles war wie immer.«

»Leid ist wohl das falsche Wort. Apropos ›wie immer‹, Sie sind seit einem Monat hier und haben schon einen auf dem Gewissen. Ihre Kollegen, die seit Jahren hier sind, haben da eine bessere Bilanz.«

»Was wissen Sie denn über meine Bilanz?« Sie war froh, dass er anscheinend nichts über den Kreißsaal wusste. »So ist das Schicksal eben, es hätte jeden treffen können. Frau van Wijkem hätte die Narkose machen können, sie wäre trotzdem gestorben. Frau Wegener hatte ein krankes Herz, die Sektion wird es zeigen.«

»Hört, hört.« Er beschrieb eine Spirale zur Decke mit den behandschuhten Händen. »Sie können es also besser als Ihre Chefin. An Selbstbewusstsein fehlt es nicht. Eine gute Voraussetzung für eine große Karriere, aber ob die hier stattfinden wird?«

Charlotte verschränke die Arme vor der Brust. »Lassen Sie das. Sie wissen sehr gut, dass ich das nicht gesagt habe.«

»Was? Dass Sie am berühmten Heidelberger Waldklinikum Karriere machen wollen? Wollen Sie wohl gar nicht, was?« Er lachte und genoss offensichtlich das Gespräch.

»Jetzt wird mir das zu albern, Herr Marschullek …«

»Albern?« Seine Stimme wurde scharf. »Albern ist es, die Probleme nicht beim Namen zu nennen. Es ist ein Problem, wenn Patienten sterben, sind wir uns da einig?«

»Natürlich ist das ein Problem, aber …«

»Sehen Sie, Frau Arbro, Sie sind ja nicht uneinsichtig. Es ist für den Ruf des Klinikums nicht unerheblich, wie viele Patienten sterben, sind wir uns da auch einig?«

»Lassen Sie das«, sagte sie kühl.

»Und wenn eine Ärztin diese Zahl erhöht«, sagte Marschullek schnell, »dann ist diese Ärztin ein Problem.«

Sie war wütend. »Warum reden Sie über Sachen, über die Sie nichts wissen? Sie waren nicht dabei, Narkose ist mein Fachgebiet. Ich erhöhe die Zahl der Todesfälle nicht, es war Zufall.«

»So?« Marschullek lachte kurz. »Wir werden sehen.«

Die Tür zum Waschraum glitt auf, Professor Hochstöcker trat ein. Seine Hände waren in die Taschen des OP-Kittels gestemmt. Er war ein hagerer, kleiner Mann. Hinter der OP-Maske sah Charlotte suchende Augen, umgeben von Runzeln in gegerbter Haut. Seine buschigen, grauen Augenbrauen hoben sich, als er sagte: »Guten Morgen, Marschullek, Sie brauchen mich?«

Marschullek gab der Hilfsschwester ein Zeichen. »Die Whipple'sche Operation, Herr Professor. Privatpatient.«

»Ach so. Dann mal los.« Er ging auf die Instrumentierschwester zu und streckte die Arme aus. »Den Kittel, die Handschuhe.«

Die Hilfsschwester zog an Hochstöckers Ärmel. »Herr Professor, Sie müssen noch die Hände desinfizieren.« Ihre Stimme war hoch und leise.

»Natürlich, das müssen Sie mir nicht sagen.« Er machte sich mit einem Ruck frei vom Griff der Schwester und ging in den Waschraum.

Marschullek sah die Hilfsschwester an und hob und senkte die ausgestreckten Hände. »Ich glaube, Sie kennen den Chef noch nicht, Arbro?« Er drehte sich zu Charlotte um. Alle Aggressivität war aus seinem Ton gewichen. »Wundern Sie sich nicht, reden Sie am besten nicht viel mit ihm.«

»Ich bin ihm schon begegnet, Herr Marschullek«, sagte sie knapp. Charlotte hatte Hochstöcker während einer Fortbildung getroffen. Er hatte sie nach dem Weg gefragt, obwohl die Veranstaltung im Waldklinikum war.

Hochstöcker erschien in der Tür zum Waschraum, die erhobenen Hände glänzten feucht. Die Instrumentierschwester half ihm in den sterilen Operationsmantel und zog ihm die Handschuhe über.

Hochstöcker stand gegenüber Marschullek an der Seite des Patienten. »Eine Mastektomie, Marschullek?«

»Whipple'sche Operation, Herr Professor. Es ist alles vorbereitet, wir müssen noch das Präparat entnehmen.«

Hochstöcker drehte sich nach links, sah Charlotte an. »Guten Morgen, Frau ...«

»Arbro, Herr Professor.«

»Gerade Schere für Herrn Professor.« Marschullek deutete tief in die Wunde. »Herr Professor, wenn Sie hier ansetzen, dann hier, dann sind wir gleich fertig.«

Hochstöcker nahm das Instrument. »Früher war es wirklich einfacher. Niemand kam auf die Idee, seinen Arzt zu verklagen. Man hat uns vertraut, wir waren wichtig für die Menschen, nicht, Marschullek?« Er führte die Schere in Richtung des Dickdarms. Marschullek schob die Hand Hochstöckers zehn Zentimeter in die Mitte.

»Ach ja.« Hochstöcker trennte den Zwölffingerdarm mit einem gebogenen Schnitt.

»Sie werden gebraucht, Herr Professor«, sagte Marschullek. »Ihre Sekretärin hat darum gebeten, dass Sie so bald wie möglich wieder ins Büro kommen. Ein Termin mit dem Dekan.« Marschullek sah Charlotte an.

Sie hob die Augenbrauen. Die Sekretärin hatte nichts von einem Termin erwähnt. »Sie hat nichts ...«, sagte sie, verstummte aber sofort, als Marschullek den Kopf schüttelte.

»Marschullek, machen Sie zu? Ich sehe mal nach dem Rechten im Büro. Den Dekan soll man nicht warten lassen.« Er zog Handschuhe und Mantel aus und ging hinaus.

»Bis er oben ist, hat er den Dekan schon vergessen«, sagte Marschullek und begradigte die Schnittkanten des Darms. »Im Grunde hat er es gut. Ein sorgenfreies Leben.«

## 6. Kapitel

Charlotte saß neben Ole in einer der hinteren Reihen des steil abfallenden Hörsaals. Weit unter ihnen saßen Emelie, Burkhardt und Brandmann nebeneinander. Burkhardt sprach auf Emelie ein, Brandmann nickte dazu. Auf der anderen Seite der Mitteltreppe saßen Hochstöcker und Marschullek stumm nebeneinander.

Ole lehnte sich zu Charlotte. Sein Klappsitz knarrte, als ob er zusammenbräche. Er sprach in ihr Ohr. »Das ist deine erste Gruselstunde?«

»Gruselstunde?« Charlotte flüsterte zurück. »Die pathologische Demonstration?«

»Hoffmannsrieths Gruselstunde. Sinnlos wie eine Narkose ohne Operation. Tot ist tot. Aber Pathologen wollen auch leben.«

»So sinnlos vielleicht nicht. Wenn er herausfindet, woran Frau Wegener gestorben ist, hat er etwas gut bei mir.«

»Ein Ausnahmefall, wenn er was findet.« Der Stuhl knarrte erneut. »Brandmann hat heute einen Anfall gehabt – ich habe mit einem Patienten geflirtet, kannte ihn aus der Szene. Er hatte etwas dagegen.«

»Kann mir nicht vorstellen, was.« Charlotte kicherte.

»Brandmann musste beinahe in die Hose pinkeln vor lauter Überdruck. Beinahe wäre er geplatzt.«

»Hat er schön vor deiner Nase rumgefuchtelt mit seinem Lineal? Kann ich nicht ausstehen, wie er mir damit zu nahe kommt.«

»Das hat er einmal gemacht, Charlotte. Ist drei Jahre her, seitdem nie wieder. Ich habe ihm ohne Zeugen angedroht, ich schöbe ihm das Ding in den Arsch, dass er es nie wieder fände. Und dass ich dabei vermutlich auch noch Spaß hätte. Seitdem lässt er das mit dem Lineal.«

»Schöbe und fände«, ahmte Charlotte Oles affektierte Sprache nach. »Gute Idee. Wenn es mal so weit kommt, sag mir Bescheid, ich will dabei sein.«

Eine hölzerne Doppeltür wurde geöffnet und ein untersetzter Mann schob einen Edelstahlwagen in das Forum unter den Sitzreihen.

»Nicht sehr viel übrig von deiner Frau Wegener, was, Charlotte?«, sagte Ole.

Sie war froh, dass nur die inneren Organe auf dem Tisch lagen. Der Dicke ging zum entfernten Rand der untersten Sitzreihe, stellte sich schräg angelehnt davor und legte einen Ellenbogen auf ein Pult. Eine kleine Tür auf der anderen Seite des Forums öffnete sich und ein hagerer Mann in einem auf dem Rücken geknöpften Arztkittel trat ein. Die Gespräche verstummten.

»Professor von Hoffmannsrieth – Graf Grusel. Grusels Stunde.«

Charlotte trat Ole auf den linken Fuß und zischte: »Mund halten.«

Professor von Hoffmannsrieth trat vor den Edelstahlwagen, nahm die Hände auf den Rücken und das Kinn auf die Brust. Die letzte gezischte Unterhaltung in der letzten Reihe erstarb. Hoffmannsrieth wartete noch einige Sekunden, holte Luft und machte eine ausholende Armbewegung über die erste Stuhlreihe. »Wer wird berichten?« Seine Stimme füllte den Raum.

»Frau Wegener, eine …« Brandmann sah Emelie an und räusperte sich.

Emelie stand auf und trat auf von Hoffmannsrieth zu. »Frau Wegener«, sie sprach abwechselnd zu den Stuhlreihen und zu von Hoffmannsrieth, »eine neunundsiebzigjährige Patientin, die sich wegen Kolonkarzinoms einer Laparotomie unterziehen sollte. Bekannt waren Herzrhythmusstörungen, sonst keine Herzerkrankungen, keine weiteren Organerkrankungen. Nach der Narkoseeinleitung Herzstillstand. Leider erfolglose Reanimationsbemühungen.«

Von Hoffmannsrieth nickte, trat vor und sagte: »Wie lauten Ihre Fragen an uns?«

»Ist der plötzliche Herztod durch eine Gefäßkrankheit des Herzens, einen Herzinfarkt oder eine Thrombose in den Herzhöhlen zu erklären? Lag eine Lungenembolie vor? Gibt es zu Lebzeiten unerkannte Organerkrankungen? Welches ist die genaue Todesursache?«

Ole neigte sich zu Charlotte. »Jedenfalls ist sie tot, sieht man doch, was?«

Charlottes Blick flackerte nur kurz zu Ole. »Wie?« Was wird von Hoffmannsrieth finden, dachte sie, vielleicht hab ich doch Schuld an diesem Tod? Die Bilder der Narkoseeinleitung spiegelten sich wieder. Sie fragte sich, ob sie etwas übersehen hatte.

Von Hoffmannsrieth streckte die Hand aus, ohne zur Seite zu sehen. Der Assistent legte den Holzgriff eines langen, schmalen Messers hinein. Der Pathologe nahm das Gehirn Frau Wegeners in die nackte linke Hand und teilte es mit einem Schnitt quer in zwei Hälften.

Charlotte hob die Schultern und sog hörbar Luft durch die zusammengebissenen Zähne.

»Kopfschmerzen?« Ole grinste hinter den Fingern der Hand, in die er sein Kinn gestützt hatte.

»Wir sehen punktförmige Blutungen in der grauen, aber vor allem in der weißen Substanz des Gehirns.« Er schnitt eine zentimeterdicke Scheibe ab. »Keine größeren Blutungen, keine alten Infarkte. Zeichen der altersbedingten Atrophie, nichts Ungewöhnliches. Die kleinen Blutungen entstehen in der Agonie, tragen nichts zur Klärung der Todesursache bei.« Ohne zu sprechen teilte er die Gehirnhälften in weitere Scheiben, bis das Organ wie ein angerichteter Kuchen vor Emelie, Burkhardt und Brandmann lag. »Nein, nichts Auffälliges im Gehirn.«

Er nahm das Herz in die Linke und wiegte es abschätzend, während er es einige Male drehte und sich besah. »Äußerlich keine Auffälligkeiten. Das Herz ist weder zu groß, noch zeigt es Infarktnarben auf der Oberfläche. Wir sehen in der aufsteigenden Aorta alterstypische Verkalkungen. Die Ursprünge der Herzkranzgefäße sind offen. Ich schneide sie entlang des Verlaufs auf ...« Er beugte sich über das Herz und öffnete mit einer kleinen Schere in einem Zug die Arterien.

Die Herzkranzgefäße – hier muss das Problem liegen, dachte Charlotte. Die unerkannte Herzkrankheit würde sie entlasten. Alle alten Menschen hatten dort Verkalkungen, man konnte die Herzrhythmusstörungen auf die schlechte Durchblutung schieben, das musste es sein.

»Erstaunlich gut für das Alter der Patientin.«

Charlotte wischte sich über die Augen.

»Sehen Sie selbst.« Von Hoffmannsrieth ging mit dem Herz in der Hand die erste Reihe entlang. »Es gibt kaum eine Spur von Gefäßverkalkung. Frau Wegener hatte für ihr Alter ungewöhnlich gesunde Herzkranzgefäße. Durchblutungsstörungen, einen Herzinfarkt sollten wir vorläufig ausschließen.«

Formalin stach Charlotte in die Nase, ihre Augen tränten. Sie hoffte, der Herzrhythmus konnte durch eine Krankheit gestört worden sein, die Hoffmannsrieth nicht mit bloßem Auge sehen konnte. Das Herz muss krank gewesen sein, dachte sie. »Sie hatte doch Rhythmusstörungen«, sagte sie durch die Zähne. Sie strich mit den Fingerkuppen immer wieder über die abgeschliffene Kante der Stuhllehne vor ihr.

Von Hoffmannsrieth sezierte die Lungen, den Darm, die Nieren. An keinem Organ fanden sich ungewöhnliche Befunde.

Charlotte spürte immer wieder einer Faser der Holzmaserung in der Stuhllehne nach, die Fingerkuppe brannte leicht. Warum hatte Frau Wegeners Herz aufgehört zu schlagen?

Etwas berührte ihre Schulter – sie schreckte hoch. Ole stand neben ihr und hatte die Hand auf ihre Schulter gelegt. Burkhardt und Brandmann gingen die Treppe empor. Sie senkte den Kopf, sah auf ihre Hand.

»Das bedeutet nichts.« Ole setzte sich wieder zu ihr. »Er wird die Organe noch mit dem Mikroskop untersuchen. Selbst wenn er auch dann nichts findet, sagt es doch nicht, dass du schuld bist. Niemand sagt das.«

»Niemand sagt es, aber was denken sie? Und was soll ich denken?«

Ole nahm ihre Hand zwischen seine. »Jetzt bleib auf dem Teppich. Es gibt doch überhaupt keinen Anhalt, dass du etwas falsch gemacht hast. Wie viele Menschen hast du schon sterben sehen?«

»Mehr als genug, Ole, mehr als genug.«

»Du kannst nicht bei jedem denken, dass du schuld bist. Du musst weiter gehen, den Kopf frei kriegen, sonst wirst du nicht mehr gut sein, hörst du?«

»Es hat immer einen Grund gegeben, es war immer so klar.«

»Du hast alles getan, Brandmann ist da gewesen, ich bin da gewesen, Brandmann hat die Reanimation beendet, nicht du.«

Brandmann hatte ihr keinen Vorwurf gemacht, Emelie hatte es abgewickelt wie eine Buchhalterin eine Auszahlung. Sie war die Einzige, die sich Vorwürfe machte. Sie richtete sich auf, strich sich durchs Haar und sagte: »Du hast Recht, jetzt lass uns hier verschwinden.«

Sie stiegen die Stufen hinauf. Als sie hinausgingen, quietschten die schweren Flügel des Holzportals, bis sie mit einem dumpfen Ton ins Schloss fielen.

## 7. Kapitel

Es war Nacht, kein Betrieb im Operationssaal. Er wusste, es stand kein Notfall an, er würde ungestört sein. Auch wenn jemand käme, würde niemand Verdacht schöpfen. Er legte die Ecken des Kalenderblatts akkurat aufeinander, faltete den Zettel einmal in der Mitte und schob ihn glatt in die Tasche des OP-Kittels.

Es war so unauffällig, so lächerlich einfach. Er öffnete die Tür der Umkleide, er überlegte, ob er warten sollte, bis jemand kam. Der Gedanke reizte ihn, machte ihn lächeln. Das letzte Mal hatte niemand Verdacht geschöpft, diesmal war es noch einfacher, noch unauffälliger. Nie würde jemand ihn verdächtigen. Es war zu lächerlich. Er? Nein.

Er schob die Tür zum Operationssaal zwei auf. Die Tür glitt ungebremst bis zum Anschlag. Der Operationssaal zwei war es auch das letzte Mal gewesen. Sollte er hier noch einmal …? Er stand in der Tür und malte sich die Situation aus, er wollte verstehen, was morgen geschehen würde.

Die Narkose würde eingeleitet, alles wäre gut, niemand würde Verdacht schöpfen. Die Arbro war morgen nicht hier eingeteilt. Es sollte ein normaler Tag werden, alles wie immer. Nach ein paar Stunden, vielleicht erst beim zweiten Patienten, würden die Schwestern seine Infusionsflasche nehmen. Das Adrenalin würde die Arterien verkrampfen, das Herz anpeitschen, bis ein Gehirnschlag, ein Herzinfarkt, irgendeine Schwachstelle den Patienten nach ein paar Stunden sterben ließ. Adrenalin war ein körpereigenes Hormon, man würde nichts in der Sektion nachweisen können. Bis zum Tod des Patienten wäre das Adrenalin abgebaut, nichts wäre nachweisbar, die Flasche längst entleert im Papierkorb.

Ja. Der Operationssaal zwei. Warum nicht? Es war ein Risiko, vielleicht schöpfte jemand Verdacht, aber der Plan war perfekt. So einfach, so genial. Wer sollte ihm das Wasser reichen? Er war zu klug für die anderen, sie würden ihn nicht überführen.

Er ging in den Vorraum. Die Lüftung des Überwachungsgeräts summte, Gas zischte leise aus einer winzigen Undichtigkeit. Dieses eigenartige Ticken aus der Decke. Das Ticken. Er lächelte. Das Ticken. Ein Kichern mischte sich in die technischen Geräusche. Das Ticken einer Zeitbombe. Desinfektionsmittel stach ihm in die Nase.

Lange genug hatte er sich zurückgehalten. Patienten würden sterben, bis er seinen Willen hatte – freiwillig oder unfreiwillig.

Er öffnete die Tür, nahm die Flasche mit Elektrolytlösung und löste vorsichtig die Plastikkappe einen halben Millimeter. Gerade genug für eine fünf Zentimeter lange, dünne Stahlnadel. Fünfundzwanzig Milliliter Lösung flossen in das Waschbecken, fünfundzwanzig Milliliter konzentriertes Adrenalin wurden eingefüllt. Genug, um einem Elefanten den Schädel zu sprengen. Er biss sich auf die Zunge, um nicht zu lachen.

Das war Macht. Was sollte ihm geschehen? Die Schiebetür zum Flur stand weit offen. Er zog die Nadel aus der Flasche und besah sich das Resultat. Nichts würde den flüchtigen Betrachter auf die Manipulation aufmerksam machen.

Eine Tür schlug zu.

Zwei Frauen lachten. Etwas schepperte in einem Eimer. Die Putzkolonne.

Er schob lächelnd die ersten Flaschen aus der Reihe und stellte seine hintan. Die Reihe der Flaschen strahlte Ordnung und Symmetrie aus. Schön – so musste es sein. Die Stimmen waren nur wenige Meter entfernt. Sollten sie ihn sehen? Was konnte es schaden? Er war unangreifbar. Langsam schloss er die Tür und drehte sich um. Die Putzfrauen kamen vorbei. Die ihm nähere hielt sich die Hand vor den Mund und lachte, er lächelte und ging auf die beiden zu.

»Guten Abend. Wie geht es Ihnen? Alles in Ordnung?«

»Herr Doktor!« Die Frau redete zu laut und lachte noch im Sprechen. Sie rollte die ›r‹ ausgiebig. »Ja, alles gut, danke schön. Gute Nacht, Herr Doktor.«

Die zweite hatte ihn nicht angesehen. Sie lachten wieder und zogen ihre Eimer mit tiefen Wagen auf Plastikrädern hinter sich her.

## 8. Kapitel

Halb acht Uhr morgens, Ole Snekamp war in Operationssaal drei eingeteilt. Er reichte dem Patienten die Hand. »Guten Morgen, Herr Bauer. Snekamp ist mein Name. Ich bin Narkosearzt. Alles klar? Wie geht es?«

Der Mann vor ihm quoll zu beiden Seiten von der Operationsliege herab. Sein Gesicht leuchtete rot. Er keuchte beim Sprechen. »Ach, wie man sich so fühlt vor einer Operation.«

Ole drehte sich zum Infusionsschrank und nahm die erste aus der Reihe der Flaschen.

»Habe kein Auge zugetan die ganze Nacht.« Herr Bauer holte wieder Luft. »Und dann dieser schwule Nachtpfleger. Der wollte mir die Temperatur messen.« Ein schwerer Atemzug. »Da hat er sich aber geschnitten, der kommt mir nicht in die Nähe von meinem Arsch.« Bauer schnaufte.

»Der Pfleger hat sicher das Gleiche gedacht«, sagte Ole so leise, dass Bauer es nicht hörte. Was für ein Kotzbrocken, dachte er. Vielleicht konnte er ein wenig bei der lokalen Betäubung der Haut sparen? »Herr Bauer, wir machen zuerst eine Periduralanästhesie. Sie müssten sich hinsetzen, es dauert nicht lange.«

Der Patient wuchtete sich hoch. Ole trat hinter ihn und suchte Knochenvorsprünge unter der Haut. Es war nichts zu finden außer dicken alten Mitessern und hochroten Pickeln.

»Können Sie sich das vorstellen? Wollte der Typ doch, dass ich mir sein Thermometer in den Arsch schiebe. Keine Ahnung, was er sich dabei gedacht hätte, ich will es auch gar nicht wissen.«

»Ruhe jetzt, Herr Bauer. So kann ich nicht arbeiten. Ich versuche mich zu orientieren und Sie zappeln herum wie ein Wakkelpudding.« Ole fand, er hätte ihn widerlicher, homophober Sack nennen sollen. Konnte man sich einen Wackelpudding mit dicken, schwarzen Mitessern denken?

»Verdammt, wen nennen Sie hier Wackelpudding? Was ist das für ein Krankenhaus hier? Ich wusste es, es war ein Fehler, hierher zu kommen.«

Es war ein Fehler, diesen Kerl in ein Krankenhaus zu lassen, dachte Ole. Krankheit konnte auch eine Gnade der Natur sein. Er zog die Handschuhe aus. »Herr Bauer, ich könnte mir vorstellen, dass Sie sich nie eine Narkose von einem schrecklich schwulen Menschen machen lassen würden.«

»Was soll denn diese Frage?« Der Rücken vor Ole vibrierte. »Gibt es hier noch mehr Perverse in diesem Krankenhaus? Ich würde mich nie von einem Schwulen anfassen lassen.«

»Legen Sie sich ruhig wieder hin, es wird sich schon jemand finden für Ihre Narkose.« Ole hielt die Plastikhandschuhe zwischen Daumen und Zeigefinger, spreizte den kleinen Finger ab und ließ die Hand nach unten kippen. »Auf Wiedersehen der Herr.« Die Handschuhe fielen auf Bauers Beine.

Der Kaffee war frisch, die Hitze der Tasse in Oles Hand eben noch auszuhalten. Der erste Schluck wärmte seinen Gaumen. Er griff nach der Seite des *Mannheimer Morgen* mit der Glosse. So schlecht ist dieser Tag doch nicht, dachte er.

»Ole, was fällt Ihnen ein!« Brandmann stand in der Tür der Küche und schrie. Er hielt sein durchsichtiges Plastiklineal in der Rechten wie einen Dolch. »Ihr Patient liegt in Einleitung drei und hat eine Geschichte erzählt, die ich nicht glauben kann.«

Brandmann erinnerte Ole an einen überhitzten roten Dampfdrucktopf. »Oh, das dürfen Sie schon glauben, Herr Brandmann.

Herr Bauer wollte nicht von mir betäubt werden. Nun, alle anderen Patienten waren schon versorgt. Ich dachte, ich mache eine Pause.« Er wandte sich wieder seiner Zeitung zu.

»Sie machen eine – Pause? Ole, was bilden Sie sich ein? Glauben Sie nicht, dass das ohne Folgen bleibt! Dieser Operationssaal steht leer und kostet einundzwanzig Euro pro Minute und Sie verhindern, dass er Geld einfährt.«

Brandmann kostet sechzig Euro die Stunde und bringt niemandem etwas ein, dachte Ole. »Da sehen Sie mal, wie günstig ich bin.« Mit jedem Wort wurde seine Stimme lauter. »Mich bekommt man für vierzig Euro die Stunde, das ist ja geradezu geschenkt.« Er stand auf. Dieser Pedant wird eines Nachts auf dem Parkplatz von hinten erschlagen, dachte er. »Brandmann, stellen Sie mich hin, wo sie wollen, aber diesem Menschen mache ich keine Narkose.«

Einige Sekunden standen Ole und Brandmann einander gegenüber und sahen sich an. Brandmanns Kiefermuskeln pressten rhythmisch.

Ole setzte sich, nahm Zeitung und Kaffee und sagte ruhiger: »Er will nicht von mir behandelt werden. Ich setze mich nicht über seinen Wunsch hinweg.«

Brandmann fuchtelte mit seinem Plastiklineal herum. »Das hat Folgen, Ole. Glauben Sie nicht, dass das unter uns bleibt.«

Je weniger unter uns bleibt, umso besser ist es, dachte Ole.

Brandmann drehte sich ruckartig um, verschränkte die Hände hinter sich und ging aus der Küche. Dabei schlug er mit jedem Schritt einmal das Plastiklineal flach auf den Rücken.

Ole sah ihm nach. Das sind die Normalen, wie Herr Bauer sie mag, dachte er. Sollten die beiden ihr Vergnügen miteinander haben, solange sie ihn dabei aus dem Spiel ließen. Er wandte sich dem *Morgen* zu und versuchte, die Zeitung mit der Rechten zu bändigen, während er mit der Linken die heiße Steinguttasse mit dem Reklameaufdruck für Thiopental umfasste. Das Geräusch der schmauchenden Kaffeemaschine und die Zeitung erinnerten ihn an einen Samstagmorgen zu Hause. Die Glosse spießte einen Minister auf, der letzte Woche mit haarsträubendem Unsinn aufgefallen war. Der Autor zeigte, dass die Aussage seiner Dreißigminutenrede in einem Satz zusammenzufassen war. Dass er dreißig Minuten dafür brauchte, zeigte, dass er die Aussage, die seine Partei ihm vorgeschrieben hatte, selbst nicht verstanden hatte. Das war aber nicht tragisch, da die Partei mittlerweile das Gegenteil behauptete, weil die Opposition ihr zugestimmt hatte.

Ole sog den Duft des schwarzen Kaffees ein, streckte den Rücken und suchte nach einem interessanten Artikel. Er nahm nur einen winzigen Schluck, um sich die Zunge nicht zu verbrennen. Er liebte den Geschmack frischen, heißen Kaffees.

»Hallo, Ole.« Andrea Rieder stand an den Türrahmen gelehnt und stemmte eine Hand auf die herausgeschobene Hüfte. Er wusste, das würde die Pause beenden, Andrea konnte hartnäckig sein. Er versuchte dennoch, mit sich und der Zeitung alleine zu bleiben.

»Hallo.« Er hob die Zeitung und nahm noch einen Schluck Kaffee.

Ihre Schritte näherten sich, ein Stuhl wurde herangeschoben. »Brandmann ist völlig wirr. Er hat dich erwähnt, was hast du denn schon wieder angestellt?«

Ein Hinweis auf dem Titelblatt kündigte für Seite drei einen Artikel über den Christopher-Street-Day an, den er sich ansehen wollte. Aber er befürchtete, Rieder würde nicht locker lassen, und legte die Zeitung weg. »Ich habe nichts angestellt. Ein Patient wollte keine Narkose von mir, da kann ich nichts dafür. Brandmann war aber ziemlich amüsant, ich habe gedacht, er würde tatsächlich endlich platzen. Hast du ihm mal den Blutdruck gemessen?«

»Ich? Ich fass ihn nicht an.« Rieder stütze ihr Kinn in beide Hände und sah Ole an. »Würdest du«, sie senkte die Stimme, »ihn denn anfassen?«

Rieder war in zwei Sätzen bei ihrem Lieblingsthema gelandet. Wie langweilig, dachte er, aber vielleicht war ein Spiel unterhaltsam? »Brandmann anfassen? Ich könnte mir Schöneres denken. Aber – wenn du darauf hinauswillst – ich bin offen in alle Richtungen.«

Rieder biss an. Ihre Augen öffneten sich einen Moment etwas weiter, dann hatte sie sich gefasst, sie hatte es ihm abgekauft. Sie beugte sich noch weiter über den Tisch. Ole konnte nicht vermeiden, in ihren Ausschnitt zu sehen, und sie genoss es offensichtlich. Er fand nicht interessant, was er sah. Ziemlich große, feste Brüste. Die Warzenhöfe waren eben noch sichtbar. Ihm fehlten an ihr die Muskeln, die Straffheit. Rieder schien hinter allem her zu sein, was anderen Geschlechts war. »Wir könnten ja einmal ausgehen, Andrea, wir könnten ...«

»Wir könnten ausgehen, wir könnten aber auch zu Hause bleiben«, sagte Andrea. Sie beschrieb mit einem Fingernagel konzentrische Kreise auf der Tischplatte. »Ich könnte etwas kochen, wir würden es uns gemütlich machen.« Sie schlug die Augen auf, sah ihn von unten an, obwohl sie auf gleicher Höhe waren.

»Ich habe gedacht, es wäre besser, wenn wir gemeinsam etwas unternehmen«, sagte Ole. »Wie wäre es denn, wenn wir«, Ole zeigte auf ein Bild auf Seite drei, »zusammen zum Christopher-Street- Day gingen? Mein Freund tanzt auf einem der Wagen.«

Eine Sekunde später stand sie und schlug mit der flachen Hand auf den Tisch. Oles Tasse sprang. Sie suchte nach Worten, aber brachte nichts heraus.

Volltreffer, dachte Ole. »Jetzt pack deine Titten ein und lass mich endlich meinen Kaffee trinken und die Zeitung lesen.«

Brandmann kam in die Küche. »Wie wäre es, wenn die Herrschaften wieder zur Arbeit ...« Er stand in Rieders Weg, sein Gesicht war nur Zentimeter von ihrem Ausschnitt entfernt. Das Lineal in seiner rechten Hand begann an seine Hosennaht zu schlagen.

»Nicht hineinfallen«, sagte Ole, nahm seine Zeitung und nippte am Kaffee, der nicht mehr heiß genug war. Schade, dachte er.

Brandmann trat zur Seite. Rieder blieb noch stehen, griff mit beiden Händen an ihre Brüste und schob sie nach oben. Brandmann starrte in ihr Dekolleté. Sie zog ihr Hemd zurecht, drehte sich kurz zu Ole um und ging mit einem Lächeln hinaus. Ole hob seine Tasse zum Gruß.

»Wenn Sie jetzt so freundlich wären, wieder zur Arbeit zurückzukehren, Ole.« Brandmann stand seitlich in der Tür und zeigte mit seinem Lineal hinaus. Die Spitze zitterte.

»Ich bin seit zehn Minuten hier. Wenn ich vielleicht meinen Kaffee austrinken dürfte?«

»Ole, Ihre permanente Insubordination wird Sie noch Kopf und Kragen kosten. Ich lasse mir das nicht länger von Ihnen gefallen.« Das Lineal wies auf Ole.

»Kopf und Kragen?« Ole war ruhig. Er trank einen Schluck

Kaffee und nahm die Zeitung hoch. »Weil ich auf meine regelmäßige Pause hinweise?«

»Ole, treiben Sie es nicht zu weit.« Die Spitze kam näher.

Die Tasse knallte auf den Tisch, Kaffee spritzte auf die Zeitung. Ole sprang auf und riss das Lineal an sich. »Jetzt hör zu – ich habe es schon einmal gesagt, ich sage es das letzte Mal.« Das Plastik brach in seinen Händen. »Du bleibst mir vom Leib, sonst rücke ich dir auf den Pelz. Letzte Warnung, kapiert?« Die Hälften des Lineals in Oles Hände zitterten.

Brandmanns Mund klappte auf und wieder zu. Seine Lippen wurden schmal, er drehte sich um und ging hinaus.

Ole setzte sich. Er warf die Reste des Lineals gegen die Wand über dem Mülleimer. Er fragte sich, ob denn alle in diesem Laden verrückt waren. Ein Plastikstück prallte vom Rand des Papierkorbs und drehte sich in der Luft, taumelte zu Boden.

Der Kaffee war kalt geworden. Ole stand auf und ging in Richtung Saal zwei. Er zog den Mundschutz hoch und zerrte im Vorbeigehen eine Kopfhaube vom Regal neben der Tür.

Brandmann stand im Flur vor der Schiebetür und drehte ihm den Rücken zu. Ole bog von seinem Weg ab, ging zum Tisch mit dem dicken Wälzer, in den alle Operationen eingetragen wurden. Er nahm das Lineal der leitenden Schwester von den aufgeschlagenen Seiten. Er ging wortlos zu Brandmann, steckte im Vorbeigehen das Lineal in seine Hosentasche und schob die OP-Tür hinter sich zu.

Er warf einen Blick auf die Unterlagen und begrüßte den Patienten. Ein fünfzigjähriger Patient. Bluthochdruck, ansonsten gesund. Eine Blinddarmoperation. Das hätte auch ein Jüngerer machen können, dachte Ole. Brandmann wusste, wie er ihn ärgern konnte. Er hob die Hand in Richtung der Anästhesieschwester, die eine Infusionsflasche öffnete. »Guten Morgen, Regina.«

Regina war eine zierliche Frau mit dunklem Teint und schwarzen Haaren, die sie immer zu einem Knoten unter der OP-Haube hochgesteckt hielt. Ole beneidete sie um ihre makellose Haut.

»Grüß Gott, Herr Razum. Ich bin Doktor Snekamp, ihr Narkosearzt. Geht es Ihnen gut?«

»Ein bisschen aufgeregt, aber das ist wohl normal.«

Razums Gesicht war hochrot. Er war mehr als ein bisschen aufgeregt. Das Überwachungsgerät zeigte einen Blutdruck von zweihundert zu neunzig. Ole hätte die Operation absetzen können, der Blutdruck war nicht ausreichend eingestellt. Brandmann würde platzen. Besser nicht, dachte er. Für heute war es genug.

»Ja, das ist normal, haben Sie keine Angst. Das hier ist Routine, das machen wir jeden Tag, lassen Sie es einfach geschehen.« Er legte die Atemmaske auf und sagte: »Ganz ruhig durchatmen, keine Angst, das geht sehr schnell. Ist nicht unangenehm.« Er sah die Anästhesieschwester an. »Fünf Milligramm Atracurium, null Komma zwei Fentanyl.« Er drückte die Maske sanft auf das Gesicht des Patienten. »Fentanyl ist was Feines, Herr Razum. Reinrassiges Opiat. Sie werden sehen. Auf der Straße bezahlt man sicher hundert Euro für Ihre Dosis. Vierhundert Milligramm Thiopental, Regina.«

Alles war wie immer. Herr Razum schlief, der Lidreflex war erloschen, er ließ sich leicht mit der Maske beatmen. »Noch fünfundvierzig Milligramm Atracurium.«

Er würde auf Marschullek warten, der immer zu spät kam. Nichts würde passieren. Ein langweiliger Appendix – wie immer. Er führte den Beatmungsschlauch ein, stellte das Narkosegas an und verstellte ein paar Knöpfe an der Beatmungsmaschine. »Lagerungspfleger!«, rief er. »Saal zwei – einfahren!«

Eine halbe Stunde später lehnte Ole stehend an der Beatmungsmaschine im Operationssaal. Es war, wie er gedacht hatte, Marschullek ließ auf sich warten. Ole zerrte die leere Infusionsflasche vom Ständer, der Aufhänger riss ab und schlug gegen die blauen Wandkacheln. Die Plastikflasche flog in gerader Linie auf die Kante des Abfalleimers, taumelte über der blauen Tüte und machte den Punkt.

»Arroganter Schnösel«, sagte Ole und nahm Regina die Infusion, die sie aus dem Vorbereitungsraum geholt hatte, aus der Hand. »Aber welches Drama ist es, wenn er mal fünf Minuten warten muss.« Er rammte den Dorn des Infusionssystems in den Gummistopfen.

Die Tür zum Waschraum glitt auf. »Der Blinddarm von Station E, oder?« Marschullek verrieb das Desinfektionsmittel in seinen Händen. Breitbeinig setzte er langsam einen Fuß vor den anderen, sein Oberkörper drehte sich steif im Rhythmus der Schritte.

Ole verschränkte die Arme, setzte sich auf den gepolsterten

Hocker hinter seiner Beatmungsmaschine. »Regina, was denkst du?«, sagte er hinter vorgehaltener Hand. »Ein fürchterlich unerotischer Kerl, oder?«

»Ach, so schlimm ist es auch wieder nicht. Ist doch ganz männlich, und er ist Oberarzt, na ja«, antwortete sie leise.

»Dass ihr Frauen immer auf solchen Kram fliegt. Ein grober Kerl, kein bisschen Sensibilität für andere. Schau ihn dir an, ein Klotz, scheiß auf den Oberarzt.«

Marschulleks Blick flackerte zu Ole und zurück.

»Männer sind anders, anders als Frauen. Von einem anderen Stern. Du bist ein Mann, Ole, du verstehst uns nicht, wirst uns nie verstehen.«

Ole schnaubte. »Gefasel. Anderer Stern, verstehst uns Frauen nicht. Wenn ich das schon höre.« Er stand auf und zwang sich ein langes, affektiertes »Ach« ab.

»Ole, schau mal, da stimmt was nicht.« Regina klang nüchtern.

»Da stimmt was nicht – das sag ich dir die ganze Zeit. Gut, dass du es einsiehst.«

Sie winkte ab und wies auf den Bildschirm des Überwachungsgerätes. »Schau doch. Der Blutdruck, da stimmt was nicht.«

»Klar stimmt da was nicht, der Kerl hat seine Medikamente nicht genommen. Ist ja kein Wunder, wenn ...« Ole war aufgestanden, drehte sich zum Monitor und wandte sich dann dem Patienten zu. Der Überwachungston für den Herzschlag war schneller geworden und es schien, als ob er weiter zunehmen würde. Der Blutdruck war über zweihundertfünfzig. »Was, zum Teufel ...?«

Ole stand breitbeinig hinter dem Kopf des schlafenden Patienten und ließ den Blick kreisen. Langsam hob er die Arme und beschrieb prüfend eine Runde über alle Geräte, Kabel und Schläuche. »Keine Medikamente, keine Spritzenpumpen.« Er berührte den Narkosemittelverdampfer und den Kohlendioxidabsorber. »Normale Temperatur, normale Konzentration.« Er öffnete die Augenlider des Patienten. »Enge Pupillen, ist nicht wach.« Er wies mit dem Finger in Reginas Richtung. »Alles war in Ordnung, was haben wir geändert?« Er wartete die Antwort nicht ab, drehte den Infusionshahn zu und schraubte die Plastikleitung ab. Er nahm die Flasche mit dem Infusionsbesteck und warf sie in den Abfall. »Wo hast du die Flasche her? Neue

Leitung, neue Flasche, bitte, Regina.«

Regina stand mit dem gewünschten Material hinter Ole und reichte es ihm. Der Herzschlag war nicht mehr schneller geworden. Die automatische Blutdruckmanschette summte. Einhundertneunzig.

»Wieder gut?«, sagte Regina zu Oles Rücken. »Was war denn mit der Infusion? War da was drin, oder was meinst du?«

»Keine Ahnung, aber Hauptsache, jetzt ist es wieder gut. Mal sehen.«

»Aber wenn da was in der Infusion war, müssen wir das doch untersuchen lassen«, beharrte sie. »Da muss doch die Firma eine Meldung bekommen, und die anderen Flaschen der Charge ...«

Ole winkte ab, ohne sich umzusehen. »Jetzt warte erst mal ab. Wenn so etwas noch mal vorkommt, kann man ja eine Probe untersuchen. Lass gut sein, es ist ja nichts passiert.«

Regina zog den Mülleimerwagen zu sich und zog an dem Infusionsschlauch, der über den Rand hing. »Ich lass da jetzt eine Probe untersuchen.«

Ole drehte sich um. »Nein. Lass den Abfall dort, wo er hingehört, und mach deine Arbeit, Regina. Wirf das Zeug wieder rein, hörst du? Ist der Vorbereitungsraum fertig für den nächsten Patienten? Wie steht es mit dem Opiatbuch? Fehlt Fentanyl? Muss ich noch etwas unterschreiben?« Er wies mit beiden Armen aus der halboffenen Saaltür hinaus.

Regina ließ die Flasche wieder in die blaue Tüte fallen, hob die Arme und sagte: »Was soll denn das? Seit wann kümmerst du dich um das Opiatbuch? Und lass mal meine Arbeit meine Sorge sein, hörst du? Von mir aus lass ich keine Probe machen. Du hast ja das Problem, wenn der Patient zu Schaden kommt.« Regina ging kopfschüttelnd hinaus und Ole hörte noch ein paar Sätze mit ›überdrehte Schwuchtel‹ und ›Spinner‹, bevor sie die Schiebetür zum Operationssaal mit Wucht zuschlagen ließ.

»Können wir endlich anfangen? Gibt es Probleme, Herr Snekamp?«

Ole fuhr herum und winkte ab. »Warum fangen Sie nicht an, Herr Marschullek? Natürlich ist alles in Ordnung, wir haben ja lange genug auf Sie gewartet.«

# 9. Kapitel

Charlottes rechte Hand schloss sich um die Spritze in der Tasche des Arztkittels. Sie war rund und warm, warm von ihrer Hand. Sie hatte die Spritze seit Minuten gehalten und gedreht. Halbvoll, null Komma zwei Milligramm Fentanyl. Eine gute Dosis. Es war so leicht.

»Nein!«, sagte sie leise. Nein. Nein, weg damit, dachte sie, bloß weg damit, weg mit der Scheiße.

Sie blieb neben dem blauen Abfallbehälter stehen, streckte ihre Rechte durch die Metallklappe und hörte den harten Strahl der Flüssigkeit von innen gegen die Wand spritzen. Die Spritze polterte auf den Boden. Sie atmete schwer, senkte den Kopf und ballte die Fäuste. So nahe dran war sie seit einem Jahr nicht mehr gewesen. Sie hatte Schluss mit dem Zeug gemacht. Gegen alle Statistiken, gegen allen medizinischen Sachverstand hatte sie ihre körperliche Sucht alleine überwunden. Vier Wochen Urlaub auf Borkum. Alleine mit Michael. Niemand sonst wusste etwas.

Die körperliche Sucht war sie los, die seelische schlummerte in ihr. Würde ihr ganzes Leben lang schlummern und auf eine gute Gelegenheit warten, eine gute Gelegenheit wie jetzt. Sie war noch einmal davongekommen. Scheiße, dachte sie, es wird nie aufhören! Sie war frei von der Droge und gefangen in ihrer Sucht.

Charlotte hatte die Dickdarmresektion sicher im Aufwachraum abgegeben. Sie hatte jede Kleinigkeit auf dem Narkoseprotokoll vermerkt. Alles hatte sie dem zuständigen Kollegen im Aufwachraum übergeben und sich das schriftlich auf dem Protokoll bestätigen lassen. Das Opiatbuch hatte sie unterschrieben, während sie die andere Hand in der Kitteltasche um die Spritze verkrampfte. ›Null Komma zwei Milligramm Fentanyl‹ schrieb sie in die Spalte unter ›verworfen‹. Die Schwester unterschrieb als Zeugin, wie sie es immer taten, ohne es gesehen zu haben.

Der Kollege hatte sich nicht lustig gemacht über ihre neue Pedanterie, er hatte sie mitleidig angesehen. Sie hätte sich früher über solchen Dokumentationseifer amüsiert. Sie war immer der Meinung gewesen, man müsse die Arbeit gut machen, nicht das Protokoll. Aber jetzt? Jetzt war alles anders.

Charlotte hasste dieses Mitleid. Mitleid wofür? Sie hatte keine Fehler gemacht. Die Sektion der Frau Wegener war mit der Todesursache ›endogene Herzrhythmusstörungen‹ abgeschlossen worden. Die tote Frau im Kreißsaal war eindeutig Dobrindts Problem gewesen.

Sie blieb vor der Glastür zur Kantine stehen. »Verdammt«, sagte sie leise, »ich hatte nie Komplikationen, warum ausgerechnet jetzt? Warum ausgerechnet ganz am Anfang der neuen Stelle? Schöne Scheiße.«

»Schöne Scheiße? Aber Frau Kollegin, solche Worte aus so einem schönen Mund! Unpassend, sehr unpassend.«

Charlotte sah auf. Gerhard Dobrindt stand neben ihr und ließ ihr mit einer Armbewegung den Vortritt. Er verneigte sich. Sie wollte alles, nur nicht mit Dobrindt zu Mittag essen. Sie glaubte, er würde die Sache im Kreißsaal noch einmal aufwärmen, und sie wollte keine Diskussion über ihr Verhalten in der Küche in dieser Nacht.

»Nach Ihnen, Frau Kollegin. Wenn Sie mir eines dieser wunderbaren Menüs unserer begabten Köche ausgeben, vergesse ich, was Sie neulich Nacht in der Küche gesagt haben.«

Sie hatte befürchtet, dass er davon anfangen würde. »Vergessen Sie's«, sagte sie weniger unhöflich, als sie wollte.

»Der Fraß ist es sowieso nicht wert. Was ärgert Sie denn so?« Er reichte ihr ein orangefarbenes Plastiktablett und stellte sich hinter sie in die Schlange vor der Essensausgabe.

»Nichts.«

»Nichts?«

Sie nahm einen Teller mit klebrigen Nudeln neben einem Stückchen Fleisch in so viel Rahmsauce, dass eine Spur hellbrauner Tropfen von der Theke zu ihrem Tablett entstand. Charlotte war beim Salat angekommen, griff die erste Schüssel, hielt inne und drehte sich zu Dobrindt um. »Was mich ärgert, geht Sie nichts an«, sagte sie kühl. »Aber ich denke, wir haben die Sache im Kreißsaal noch nicht abgeschlossen zwischen uns.« Sie wandte sich wieder ihrem Tablett zu und nahm sich eine Tüte Milch aus der Kühlung.

»Die Frau im hämorrhagischen Schock neulich? Jetzt kommen Sie, Frau Arbro, das muss man doch wegstecken. Wenn

Sie das nicht können, haben Sie nach zehn Jahren einen solchen Berg Leichen im Kopf, dass Sie zum Seelenklempner gehen müssen, der Ihren Schmalz da oben umrührt, bis Sie sich selber nicht mehr kennen.«

Charlotte lächelte. Dobrindt ließ es zu leicht erscheinen. »Können Sie das, Herr Dobrindt? Ich meine, lässt Sie das wirklich kalt?« Charlotte legte die geforderten vier Euro auf den Teller vor der Kassiererin und nahm ihr Tablett. Sie sah sich nach freien Plätzen um und fand einen kleinen Tisch hinter einer Säule direkt am Fenster. Sie setzte sich und genoss, wie ihre Füße, von der Last befreit, zu pulsieren und zu kribbeln begannen. Die Sonne schien durch die Fenster auf ihr Gesicht und sie kniff die Lider zusammen, als sie Dobrindt beobachtete, wie er zum Tisch kam. Ein drahtiger, schlanker Mann. Helle Haare, kein Bartschatten. Seine Frau muss nicht fürchten, wunde Lippen beim Küssen zu bekommen, dachte sie. So einer war sicher schon vergeben. Oberarzt, noch jung, erfolgreich, charmant.

»Nein, lässt es mich nicht.«

Charlotte zog ihr Tablett zu sich, um Dobrindt Platz zu machen. »Was lässt sie was nicht?«

»Es lässt mich nicht kalt, wenn Patienten sterben. So eine junge Frau, sonst gesund, gerade Mutter geworden – das ist schon schwer zu verdauen. Aber was ändern Sie, wenn Sie dauernd wiederkäuen? Nichts, gar nichts.« Dobrindt schob ein Salatblatt in den Mund. »Interessant, man merkt gar nicht, dass es Salat ist. Könnte auch die Haut von einem Pudding sein. Man würde den Unterschied nicht spüren.«

Charlotte kaute auf einer angetrockneten Nudel und sagte: »Und? Wie machen Sie es? Vergessen Sie die Toten?«

»Aber klar. Schnell. Das muss vom Tisch, so bald wie möglich. Der Kopf muss wieder frei werden. Als die Frau im Kreißsaal gestorben ist und Sie mich mit Ihren Fragen in der Küche auf Intensivstation genervt haben …«

»Sie haben mich ja kaum zu Wort kommen lassen.«

»Ist schon vergessen. Na, jedenfalls bin ich in der Nacht an den Computer und habe in den Datenbanken nach ähnlichen Fällen gesucht. Fünf oder sechs habe ich gefunden. Die Artikel habe ich mir besorgt. Die liegen schön geheftet in meinem Schreibtisch und wenn jemand fragt, kann ich sie rausziehen und habe den Beleg, dass so etwas eben einfach auch mal schlecht ausgehen kann. Ich sage Ihnen, nichts beeindruckt Chefärzte, Verwalter und Anwälte so sehr wie ein schmuckes Häufchen Referenzfälle. Sollten Sie auch machen. Ich lasse mir doch nicht, kurz bevor ich meine eigene Praxis aufmache, meinen guten Ruf durch so etwas ruinieren.« Dobrindt stopfte die Scheibe Fleisch in zwei Bissen herunter, trank sein Glas Cola aus und wischte sich den Mund ab.

»Sie machen eine Praxis auf?«

»Ja, endlich. Endlich für mich arbeiten, mein eigener Chef sein und vielleicht auch ein bisschen mehr verdienen.«

Sie hatte die Arbeit in der Praxis immer als minderwertig eingestuft. »Mein grenzenloser Neid ist Ihnen gewiss. Sehen Sie, wie ich grün werde?«

»Ich muss wieder«, sagte er, während er den Stuhl nach hinten schob. »Wir sollten mal in Ruhe essen. Das hier«, er machte eine ausholende Armbewegung, »ist ziemlich schrecklich.«

»Sie laden mich zum Essen ein?« Charlotte sah auf seine Hände. Kein Ring zu sehen. In ihrem Magen gingen ein paar Sachen durcheinander. Sie wusste nicht, ob sie ja sagen wollte und sie war über ihre Unentschlossenheit und ihren Magen erstaunt. »Nein, Herr Dobrindt, danke – ich bin liiert, wissen Sie.«

»Ich habe Ihnen nicht vorgeschlagen, mit mir in die Karibik zu fliegen. Ich denke, wir könnten einen schönen Abend beim Inder in der Mantelgasse haben. In der Nähe vom Heumarkt, kennen Sie den? Völlig unschuldig, na los, sagen Sie ja.«

Sie dachte an Michael und wie sie mit ihm heute früh geschlafen hatte und wie wieder alles so war wie früher und sie sagte: »Ganz lieb, Herr Dobrindt, aber das geht wirklich nicht. Wissen Sie ...«

»Ich sage Ihnen was, Frau Arbro, heute Abend um acht Uhr stehe ich vor dem Inder. Würde mich freuen, wenn Sie auch da wären.«

Er nahm sein Tablett, sah Charlotte kurz an und drehte sich um.

Sie wusste, sie würde nicht da sein heute Abend. Sicher nicht.

Sieben Stunden später dämmerte es noch nicht. Die Schatten der Häuser um den Heumarkt ließen das Licht der tiefstehenden Sonne nur an die Giebel mit ihren verschlungenen Verzierungen gelangen. Charlotte ging über den Platz in Richtung Mantelgasse. Wenn sie über die Schulter sah, konnte sie das Schloss über der Stadt sehen, dass von der untergehenden Sonne in ein eigenartiges Licht getaucht wurde. Es war immer noch zu warm. Eine Straßenkehrmaschine hatte die Fahrbahn befeuchtet, es roch nach stickigem Staub.

Sie hatte eine weiße, leichte Seidenbluse ausgewählt und eine helle Baumwollhose. Würde gut passen zum indischen Lokal, dachte sie. Wenn er nur halb der Kavalier war, für den er sich heute Mittag ausgegeben hatte, wäre er da. Falls nicht, konnte er bleiben, wo …

»Frau Arbro, ich hatte Sie nicht erwartet, das heißt, ich habe es gehofft, aber dass Sie jetzt wirklich kommen – ich freue mich.« Dobrindt hatte einen hellen Anzug an. Unter dem Jackett trug er ein dunkel violettes T-Shirt. Sie fand, es passte gut zum Inder und dabei zu ihren Sachen, wie gemeinsam ausgesucht. Sie würden aussehen wie ein Paar.

»Herr Dobrindt, eigentlich wollte ich nicht kommen, aber – ich wollte nur sehen, ob Sie wirklich da sein würden.«

Er streckte den Arm nach ihr aus und legte den Kopf schief. »Das, meine Liebe, glaube ich Ihnen nicht.«

Sie lächelte.

Er öffnete die Tür und ließ sie vorangehen. Ein intensiver Geruch von Räucherkerzen und Gewürzen schlug ihr entgegen. Eine vielarmige Göttin streckte ihre Arme aus dem Halbdunkeln nach ihr aus. Musik wie von Zithern, die auf die eigenartigste Weise orientalisch gespielt wurden. Sie blieb stehen.

Dobrindt ging um sie herum und sprach mit einem Inder in weißem Stehkragenhemd. Der Kellner verneigte sich, blieb vornübergelehnt stehen und wies mit ausgestrecktem Arm und einem eingefrorenen Lächeln auf einen Tisch mit zwei Plätzen hinter der Göttin.

Räucherkerzen in einem mit Sand gefüllten Becher wurden entzündet. Es wurde ihnen ungefragt Tee serviert und Dobrindt die Karte gereicht.

»Ich nicht?« Charlotte blickte dem Kellner nach und hob die Hände.

»Dann spiele ich eben Humphrey Bogart und bestelle für Sie. Ich schaue Ihnen in die Augen …«

»Und was sehen Sie darin?«

Dobrindt blickte sie noch eine Sekunde an, lächelte und schaute dann hinunter auf die Speisekarte. Er schüttelte den Kopf und legte sie neben sich auf den Tisch. »Können Sie indisch? Ich verstehe nur Bahnhof. Das liest sich wie ein Mathematiklehrbuch: ein paar bekannte Worte und sonst unverständliches Zeug. Lassen Sie uns das Menü für zwei bestellen, einverstanden?« Er stützte das Kinn in beide Handflächen. »Vielleicht ist ja was Bewusstseinserweiterndes drin.«

»Meinen Sie, die reichen Joints zum Nachtisch?« Sie würde einen Joint jetzt nicht ablehnen.

»Ich dachte eher an so was, was einen die Regeln des Anstands vergessen lässt.«

»Ich gehe gleich«, sagte Charlotte, lachte und stützte die Hände auf die Tischplatte.

»Also dann lieber einmal das Menu für zwei mit Joints zum Dessert«, sagte er und sah sie an.

Sie lächelte und lehnte sich zurück. Lief diese Einladung in die falsche Richtung? Sie hätte gar nicht kommen dürfen. Ob sie doch wieder aufstehen sollte? Aber warum? Sie wollte das Essen genießen, nach Hause gehen und Schluss.

»Herr Dobrindt, warum haben Sie die Verantwortung für die Sache im Kreißsaal übernommen? Sie schaffen sich keine gute Ausgangsposition, wenn der Wermke klagt.«

»Warum ich die Verantwortung übernommen habe? Ich habe sie nicht übernommen, ich hatte sie von vornherein, so ist das als Arzt, verdammt. Sobald diese Frau den Kreißsaal betreten hat und sie mich als Arzt akzeptiert hat, habe ich die Verantwortung übernommen. Aber Verantwortung ist nicht Schuld, Frau Arbro. Wer, verdammt noch mal, Schuld hat? Frau Wermke? Sie wollte ein Kind. Der liebe Gott, die Natur? Plazenta praevia ist verdammt gefährlich. Leute sterben. So ist das. An Herzinfarkt, an Unfällen, an Plazenta praevia. Pech.«

Charlotte holte Luft, wollte sprechen.

Dobrindt kam ihr zuvor. »Ich habe recherchiert. Objektiv. Ein Gutachter wird nichts anderes finden. Soll der Wermke doch klagen, würde ich auch tun, wenn es meine Frau gewesen wäre. Steht ihm zu, aber es wird nichts rauskommen.« Dobrindt klopfte sich eine filterlose Zigarette aus der zerknautschten Schachtel und knipste sein Benzinfeuerzeug an.

»Mein Oberarzt sagt etwas anderes. Der würde mir am liebsten kündigen, ich bin noch in der Probezeit.«

Dobrindt hielt ihr die rot-schwarze Schachtel hin. »Auch eine?«

Charlotte zog eine Zigarette aus dem Paket und hielt sie zwischen den Lippen, während Dobrindt ihr die schwarz rauchende Flamme vor die Nase hielt. Die Tabakkrümel schmeckten bitter auf der Zunge, der Rauch biss in der Kehle und tief in den Lungen. Der Nikotinschwall schoss in ihr Gehirn – ein Schwindel – sie schloss die Augen. »Falls ich gekündigt wäre, wenn der Prozess beginnt, stünde die Klinik besser da.«

Der Kellner kam an den Tisch. Dobrindt nahm die qualmende Zigarette nicht aus dem Mund, während er bestellte. Sie hätte Michael eine Szene gemacht, wenn er für sie die Getränke ausgesucht hätte – jetzt ließ sie es geschehen. Dobrindt sah jeweils nur kurz zu ihr, ob sie seine Auswahl billigte. Obwohl sie es nicht wollte, er gefiel ihr.

Der Kellner brachte Wein, Charlotte trank und vergaß die Klinik. Dobrindt ließ ihn die Speisen erklären. Sie fand, Dobrindt tat sein Bestes, um charmant zu sein. Charlotte verzog das Gesicht und tat, als ob sie erschrocken wäre über die ungewöhnlichen Zutaten, um ihr Lachen über sein Benehmen zu verbergen.

Töpfchen mit grüner, roter, brauner und gelber Sauce bedeckten den Tisch. Kleine Schüsseln mit rotem, weißem und safrangelbem Reis, indisches Brot, scharfer Joghurt mit Kümmel. Charlotte aß langsam und ließ Dobrindt die meiste Zeit reden. Er hat mich eingeladen, dachte sie, soll er für die Unterhaltung sorgen.

»Keine Freundin?«, unterbrach Charlotte Dobrindts Bericht über die Annäherungsversuche einer Patientin.

Er zog an seiner Zigarette und schenkte sich und ihr Rotwein nach. »Direkte Frage. Vielleicht sollten wir erst mal etwas anderes bereden.« Er hob sein Glas. »Ich heiße Gerhard. Wenn Sie mir Ihren Namen nicht verraten wollen, werde ich Sie – warten Sie – Charlotte nennen.«

»Wie kommen Sie bloß darauf? Gerhard also. Und vergessen Sie das mit dem Kuss.«

»Habe nichts von Kuss gesagt.« Dobrindt lächelte sie an. »Wäre aber schon verlockend.«

Eine halbe Stunde später war der Tisch bis auf die Gläser

abgeräumt worden. Dobrindt hatte die Rechnung bezahlt. Er saß ihr gegenüber und sah sie seit einigen Minuten stumm an. Er holte Luft, setzte sich zurecht, zögerte, als ob er nach Worten suchte. »Du hast nach einer Freundin gefragt, ich habe noch nicht geantwortet.«

Sie hoffte, er sagte jetzt, er hätte eine Freundin, das würde es sehr einfach machen, zu widerstehen. Charlotte schloss die Augen. Sie würde aufstehen, sich bedanken und mit der U-Bahn nach Hause fahren, wie sie hergekommen war.

»Ich habe keine Freundin.«

Sie öffnete die Augen, beugte sich vor und stand langsam auf. »Gehen wir?«

Dobrindt nickte, steckte Rechnung und Zigaretten ein und stand auf.

Charlotte ging zum Ausgang, Dobrindt überholte sie und hielt die geschnitzte Tür für sie auf. Sie ging nahe an ihm vorbei, sog die Luft ein, als sie dicht bei ihm war. Kein Aftershave. Sie ging langsam an ihm vorbei, berührte ihn flüchtig. Auf dem Gehsteig blieb sie mit dem Rücken zum Eingang des Restaurants stehen, legte den Kopf in den Nacken und sah in den Nachthimmel. Wolkenlos. Die Lichter der Stadt ließen die Sterne unsichtbar, die Luft war warm, sauberer, als sie gewöhnt war.

Sie hörte, wie Dobrindt an sie herantrat. Sein Atem berührte leicht ihren Nacken, eine Gänsehaut machte sich breit. Sie lehnte sich sachte nach hinten, ihre Schultern berührten ihn, seine Hände berührten ihre Ellenbogen. Ganz langsam, vorsichtig und zögernd, so schien es, schlossen sich seine Hände um ihre Arme und hielten sie. Sie lehnte sich weiter zurück und er übernahm die Aufgabe, hielt sie, stützte sie.

»Ich bring dich nach Hause, Charlotte.« Er sprach leise, sachlich.

»Zu dir nach Hause, bitte.«

»Zu mir nach Hause? Bist du sicher?«

Sie war nicht sicher, was sie wollte. Um das zu wissen, musste sie in die Zukunft sehen. Sie kümmerte sich nicht um die Zukunft. Im Moment fühlte sie sich wohler, als sie sich seit Monaten gefühlt hatte. Nichts sonst war von Bedeutung. Nichts sonst.

Dobrindt hielt vor einem zweistöckigen Apartmenthaus mit Glas- und Stahlfassade. »Ich kann dich zu dir nach Hause fahren, wenn du willst.«

»Wenn du noch ein paar Mal fragst, sage ich ja, Gerhard.« Sie ließ die Tür des Wagens zufallen und sah an der Fassade hinauf. »Das steht noch nicht lange, stimmt's?«

Er ging an ihr vorbei und schloss die Haustür auf. »Ist letztes Jahr fertig geworden. Meine erste eigene Wohnung.«

Ihre Hand glitt über den Buchenholzabschluss auf dem Stahlgeländer. Er schloss die Tür im zweiten Stock auf und ging in den Flur. Sein Schlüsselbund klapperte auf der Glasscheibe eines hüfthohen Tischchens.

Charlotte blieb im Treppenhaus stehen. Sie sah Dobrindts zurückgelassene Schuhe in der Mitte des Flures.

Von drinnen erreichte sie der sanfte Ton sich berührender Weingläser. »Ich könnte jetzt noch einen Downer vertragen.« Ein Korken quietschte und gab ein sanftes Plopp von sich. Seine Stimme war leise. Gesprochen, als ob er neben ihr stünde. »Würdest du die Türe zumachen, bitte?« Pause. »Von innen oder von außen. Lieber wäre mir von innen.«

Sie ging hinein.

Dobrindt stand in einem großen Raum mit Parkettboden, anscheinend sein Wohnzimmer. Eine Wand war als Küchenzeile eingerichtet. Er lehnte an der Arbeitsplatte aus schwarzem Stein und hielt ihr ein bauchiges Glas hin. Sie nahm es und sog das Aroma eines schweren Rotweins ein.

»Für besondere Anlässe«, sagte er, prostete ihr zu, schwenkte das Glas, kostete mit dem Geruchssinn und nahm einen kleinen Schluck. »Viel zu teuer, aber wunderbares Zeug.«

Er stellte den Wein ab, trat einen Schritt auf sie zu und nahm ihre Hand. »Der Kreißsaal neulich – ich kann mir keinen absurderen Ort und keine groteskere Situation vorstellen, um dich kennen zu lernen.« Er nahm ihre Hände und streichelte ihre Handrücken mit den Daumen. Sein Finger fuhr über den Ring, den Michael ihr zum Geburtstag geschenkt hatte. Er sah sie an. Offene, ehrliche Augen. Der Blick fragte nicht, urteilte nicht. Er war da, ganz hier und jetzt da.

Es war keine Verlobung gewesen. Ein massiver Ring. Weißgold. Wertvoll. Sie hatte lange gewartet, ob Michael die Frage doch noch nachreichen würde, sie hatte es gehofft und gleichzeitig gefürchtet. »Nichts, was uns angeht«, sagte Charlotte und neigte sich zu ihm. Er zog sie sanft an sich und küsste sie.

»Du bist traurig«, sagte er. »Traurig, und du hast Angst.« Er berührte ihre Wangen mit seinem Mund, erkundete ihr Gesicht vorsichtig mit den Lippen. »Ich bin dort gewesen und bin wiedergekommen«, flüsterte er. »Du wirst wiederkommen.«

Charlotte zog ihn an sich. »Ich habe Angst, dass nichts wieder wird wie früher.«

*

Charlotte schlug die Augen auf, blieb still auf dem Rücken liegen und sah sich um. Sonnenlicht traf die Bettdecke über Gerhard und ihr. Plötzlich fürchtete sie, dass sie sich schämen würde, bereuen würde, dass sie Michael betrogen hatte.

Sie wartete ein paar Augenblicke. Da war keine Reue. Sie sah auf die Uhr. Kurz nach sechs. Zu Hause würde ihr Wecker anspringen. Sie löste vorsichtig seine Umarmung und drehte sich aus dem Bett. Die Schublade, die sie leise aufzog, enthielt zwei Haufen mit Sockenknäueln. Links weiße, rechts dunkle Paare.

»Die dritte von oben, falls du das suchst.«

Sie drehte sich um.

Gerhard lag lächelnd auf dem Rücken und streckte sich. »Bei Tageslicht bist du noch viel schöner«, sagte er und verschränkte die Arme hinter dem Kopf.

Ihr wurde bewusst, dass sie nackt war, und sie wollte sich die Decke vom Bett ziehen, aber sie besann sich, richtete sich auf und warf ihm eine Kusshand zu. In der dritten Schublade fand sie wunderbar altmodische Boxershorts. »Ich gehe duschen«, sagte sie im Hinausgehen.

Sie ließ das heiße Wasser in ihr Gesicht prasseln und strich sich das Shampoo aus den Locken. Sie hörte die Schiebetür der Duschkabine auf- und wieder zugleiten und spürte Gerhard, der sie umfasste.

»Lass mich auch mal. Zu zweit spart Wasser, denk an meinen Wohnungskredit«, sagte er durch den kleinen Wasserfall vor seinem Mund.

»Was du willst, geht sowieso nur zu zweit.« Charlotte nahm Seife und schäumte ihn ein. »Augen zu«, befahl sie und wischte Seifenschaum in sein Gesicht. Er gehorchte und ließ zu, dass sie die Initiative übernahm.

# 10. Kapitel

Fünf Stunden später stand Charlotte im abgedunkelten Operationssaal hinter der sterilen Abdeckung zum OP-Feld. Sie sah abwechselnd auf den Monitor, der das Bild der Bauchspiegelungskamera übertrug, und auf die Bewegungen des Chirurgen. Marschullek hatte die weiß-grünliche Gallenblase der Patientin mit einer abgerundeten Edelstahlzange ergriffen und löste mit dem elektrischen Messer die Verbindung zur dunkelbraunen Leber. Weiße Fasern wurden gedehnt, trennten sich bald von selbst, bald schnitt das Messer vorsichtig weiter. Sobald eine dunkle Vene oder eine pulsierende, hellrosa Arterie unter den Bindegewebsschichten sichtbar wurde, benutzte Marschullek das elektrische Messer und ließ kleine Rauchwölkchen aufsteigen, die vom einströmenden Kohlendioxid verdrängt wurden und bald nicht mehr sichtbar waren. Die Gefäße gaben eine Lücke zwischen den verkohlten Enden frei. Blut wurde zu schwarzen, fettglänzenden Flecken. Kein Tropfen floss.

Es war die dritte Gallenblasenoperation an diesem Vormittag. Alles war reibungslos gelaufen und Charlotte hatte ihre Unsicherheit vergessen. Sie bewegte den Kopf mit den Bewegungen des elektrischen Messers, als ob sie auf dem Fernsehbild hinter die Rundung der Gallenblase oder unter einem Bindegewebsstrang, der die Organe verband, sehen konnte.

»Spannend?«

Charlotte fühlte ein erschrockenes Kribbeln im Magen und drehte sich um. Brandmann legte das Narkoseprotokoll auf die Schreibablage und sagte: »Die Chefin hat unterschrieben, alles klar für die Krankenversicherung.«

Charlotte drehte sich wieder zu Marschullek und Bildschirm und sagte zu sich selbst: »Noch ein Haus im Potemkinschen Dorf.«

Brandmann trat hinter sie, Charlotte konnte seinen Atem in ihrem Nacken spüren. Die Abdeckung verwehrte ihr ein Ausweichen nach vorne, an beiden Seiten waren eng gedrängt Narkosegerät, Infusionspumpen und Elektrochirurgiegeräte. Sie würde die inzwischen an der Grenze zur Unhöflichkeit kratzende Nähe wohl ertragen müssen, wollte sie ihren Oberarzt nicht zur Seite stoßen.

»Macht er gut, der Marschullek, stimmt's?«

Brandmanns Tonfall gefiel Charlotte nicht. Es war diese kaum merklich höhere und singende Sprechweise, die er annahm, wenn er sich Frauen nähern wollte. Sie verschränkte die Arme und summte kurz zur Zustimmung. Näher konnte er nicht kommen, ohne sie zu berühren. Der Mann ekelte sie an. Sie hoffte, dass er sich nicht sie als neues Lustobjekt ausgewählt hatte. Sie nahm sich vor, das Narkosegerät neu einzustellen und ihn dabei wie unabsichtlich zur Seite zu drängen. Sie entließ ihre eigenen Oberarme aus dem festen Griff und wollte sich gerade umdrehen, als Marschullek, ohne seine Arbeit an der Gallenblase zu unterbrechen, sagte: »Brandmann, du Schmutzfink, lass mal die Frau Arbro und störe uns hier nicht bei der Arbeit.«

Charlotte spürte den leichten Luftzug, als Brandmann einen schnellen Schritt zurück machte. »Charlotte, Herr Burkhardt möchte«, er unterbrach seinen Satz für einen Atemzug, »Sie sprechen, in seinem Zimmer, noch vormittags. Ich löse Sie ab, gehen Sie schon.«

»Nichts Besonderes, Sie kennen das Protokoll ja schon«, sagte Charlotte, ohne Brandmann anzusehen. Sie fürchtete, er könnte den Ekel in ihrem Gesicht trotz der Dunkelheit erkennen.

Sie fragte sich, was Burkhardt wollte. Sie bitten, freiwillig zu kündigen? War er das Sprachrohr der Chefin? War die Chefin zu feige gewesen? Warum war sie nicht selbst zu ihrer Privatpatientin gekommen, um das Protokoll wie sonst auch zu unterschreiben?

Kündigung wäre das Ende meiner Karriere, dachte Charlotte. In der Probezeit entlassen, im Zeugnis stünde irgendeine versteckte Formulierung, die im Code der Chefärzte auf gestorbene Patienten hinweisen würde. Man würde telefonieren, sich erkundigen. Sie wusste, man würde sie noch nicht einmal zum Vorstellungsgespräch einladen, selbst wenn es zehn freie Stellen gäbe. Sie bekäme nie wieder einen Job in einem Krankenhaus. Sie würde es nicht hinnehmen, sie durfte es nicht hinnehmen, sie würde sich wehren. Sie schob die Tür zur Umkleide auf. Sie konnte klagen, Michael konnte sie vertreten.

Sie stopfte die dunkelgrüne OP-Wäsche in den Wäschesack

und zog ihre weißen Sachen an.

Sie wollte es nicht so weit kommen lassen. Sie überlegte, was Burkhardt in der Hand hatte. Wenn es die Patientin im Kreißsaal war, konnte Gerhard ihr helfen. Er hatte die Verantwortung übernommen. Bei der Frau mit den Rhythmusstörungen hatte die Sektion sie entlastet. Aber sie war in der Probezeit, man konnte sie ohne Angabe von Gründen entlassen.

Sie zog die Tür der Umkleide auf und stand im Gang, atmete tief durch.

Sie wollte sich systematisch vorbereiten und machte sich im Kopf eine Liste. Was konnte Burkhardt ihr vorwerfen? War es Inkompetenz? Sie hatte die besten Noten, Fachärztin, Fachkunde Rettungsdienst, Röntgenschein, Schmerztherapie. Alles, was man sich wünschen konnte. Sie war gut. Okay, sie hakte die Punkte der Liste gedanklich ab. Sie wollte vorbereitet sein für Burkhardt.

Sie bog um die Ecke des Flures, in dem Burkhardts Büro lag. Sie kam zum nächsten Punkt der Liste: die toten Patientinnen. Sie war entlastet, nach außen zumindest. Sie fühlte sich elend, als sie daran dachte, aber jetzt durfte sie sich keine Schwäche erlauben. Sie wollte hart sein, keine Schwäche zeigen, nicht gegenüber Burkhardt. Dieser kalte Pedant, dachte sie.

Sie stand vor seiner Tür. *Dr. med. Lars Burkhardt, Leitender Oberarzt, Klinik für Anaesthesiologie* stand hinter einem Plexiglasschild neben der Tür. Da drinnen sitzt er und wartet nur darauf, mich mit Vorwürfen zu überhäufen, dachte sie. Woher nahm er das Recht, er kannte sie nicht, hatte nicht mit ihr zusammengearbeitet. »Reiß dich zusammen, Charly«, sagte sie. »Wut hilft nicht weiter.«

Sie stand eine Minute vor Burkhardts Tür und ging ihre Liste noch einmal durch. Sie fürchtete, er könnte herauskommen und sie überraschen. Ihr fiel kein Vorwurf für die Liste mehr ein. Sie befahl sich Ruhe, sie war gewappnet, er konnte sie nicht überraschen, sie hatte den Ball in der Hand.

Sie klopfte.

»Herein.«

Das klang aggressiv. Plötzlich glaubte sie, er könnte lauter kleine Fehler in Narkoseprotokollen gefunden haben, die ohne ihr Wissen ausgewertet worden waren. Ihr Magen verkrampfte sich. Sie wusste nicht, was sie dazu sagen würde. Sie wusste, kein Narkoseprotokoll war perfekt. Ihr fiel Brandmann ein, der vorhin das Protokoll zur Chefin gebracht hatte. Er hätte es nach Fehlern absuchen können.

»Herein!«, rief Burkhardt noch lauter. Charlotte trat ein und schloss die Tür sorgfältig hinter sich.

Burkhardt saß hinter einem großen, gewinkelten Schreibtisch mit heller Laminatplatte und schob einen Stapel Papiere zusammen. »Frau Arbro – gut, dass Sie Zeit gefunden haben. Setzen Sie sich doch.« Er wies auf einen Stahlrohrstuhl vor dem Schreibtisch. »Möchten Sie einen Kaffee?«

Er war freundlich. Sie fand, zu freundlich. Erst glaubte sie, er wollte sie einlullen, bevor er mit der Wahrheit herausrückte, dann, dass er sich schämte, diese Aufgabe für die Chefin übernehmen zu müssen. Etwas anzunehmen bedeutet, die Abwehr zu schwächen, dachte sie. »Nein. Nein, danke. Keinen Kaffee.«

»Wirklich nicht? Na gut.« Er stellte eine kleine Tasse in den Espressoautomaten auf einem Regal neben sich und drückte einen Knopf. Charlotte sah den hellbraunen Strahl schaumigen Kaffees die Tasse füllen und wünschte sich, sie hätte eine solche Tasse in den Händen.

Burkhardt rührte einen Löffel Zucker in seine Tasse, lehnte sich zurück und schaukelte leicht im Ledersessel. »Sie sind jetzt einen Monat bei uns, Frau Arbro. Ich spreche mit allen neuen Mitarbeitern nach ein paar Wochen.« Mit der Rechten hielt er die Tasse, die Linke ließ er in der Luft kreisen. »Wie es ihnen geht, was sie vorhaben, wie es weitergehen soll, solche Sachen.«

Sie erkannte seine Masche: Eine Kündigung auf die sanfte Tour. Burkhardt wollte sie hinauskomplimentieren. Sie kannte jetzt die Strategie und sie war gewappnet. Sie durfte keine Schwäche zeigen.

»Mir geht es gut, Herr Burkhardt, die Arbeit ist spannend. Und wenn Sie mich fragen, wie es weitergehen soll, nun, ich bin Fachärztin, habe alle Zusatzqualifikationen. Ich glaube, ich sollte innerhalb des nächsten Jahres eine Oberarztstelle anstreben.«

»Das klingt gut, Frau Arbro. Ja, ich glaube, Sie hätten das Zeug dazu.« Er nippte vom Kaffee. »Und wissen Sie, das wäre auch politisch gut. Der Anteil der Frauen bei den Oberärzten ist weit unter fünfzig Prozent. Frau van Wijkem bemängelt das immer wieder.«

Sie wusste nicht, was das sollte. Er wehrte nicht ab, sprach nicht von Kündigung.

»Frau Arbro, Sie sehen ganz verwirrt aus.« Er lächelte. »Ich glaube, Sie haben erwartet, ich würde«, er zögerte, »mich Ihnen gegenüber ganz anders verhalten.« Das Lächeln verschwand so plötzlich, wie es gekommen war.

»Nein, Sie täuschen sich. Ich sehe verwirrt aus? Sicher nicht – ich bin es nicht.«

Burkhardt hob abwehrend die Hand und sagte: »Ich weiß, unsere Besprechung bei Frau van Wijkem neulich. Das müssen Sie verstehen, ich habe nichts gegen Sie. Ich muss an die Klinik denken, da muss ich objektiv sein. Solange zu erwarten war, dass der Mann klagt und solange nicht klar war, dass Sie keine Schuld haben, war Ihre Entlassung noch in der Probezeit objektiv die beste Lösung für die Klinik.« Er zuckte die Schultern. »Ganz unabhängig von Ihrer Person, das mag unmenschlich klingen, aber es ist die richtige Entscheidung.«

»Und jetzt ist nicht mehr zu erwarten, dass geklagt wird? Dass ich keine Schuld habe, sehe ich auch so.« Sie verschränkte die Arme vor der Brust, lehnte sich zurück und schlug die Beine übereinander.

Burkhardt rührte in der leeren Tasse und leckte den Löffel ab. »Frau Arbro, ich schätze Ihre Arbeit. Glauben Sie nicht, dass nicht auffällt, wie selbstständig und kompetent Sie arbeiten. Es wäre ein Verlust für die Klinik, wenn Sie gingen. In der Probezeit oder danach.«

Charlotte saß regungslos auf dem Stuhl. Sie wollte sich keine Blöße geben, nicht so verwirrt aussehen, wie sie war. Er hatte sie gelobt. Sie hatte geglaubt, sie müsse sich vor Burkhardt in Acht nehmen, sie hatte ihn für einen Feind gehalten. Sie glaubte, Menschen gut einschätzen zu können. Sie irrte sich selten, wenn sie Patienten innerhalb von Sekunden in Klassen einteilte, die sie jeweils anders über Narkoserisiken aufklärte. Fordernd, nachsichtig, flüchtig oder eingehend. Meist hatte sie Recht behalten, wenn sie Kollegen in freundlich, feindselig oder gefährlich einteilte.

»Gut, Frau Arbro, lassen Sie sich mein Lob nicht zu Kopf steigen, wieder an die Arbeit.« Er stellte die Tasse neben die Schreibunterlage und beugte sich über den Stapel Papier vor ihm.

Charlotte schloss die Tür hinter sich. Sie blieb stehen und

atmete tief aus. Sie hoffte, es würde jetzt Ruhe einkehren, und sie wollte versuchen, ihr Misstrauen gegen ihre Oberärzte zu vergessen.

Die laparoskopische Gallenoperation musste schon vorbei sein. Der Plan für Saal zwei war abgearbeitet und sie hatte keine Lust, Brandmann in die Arme zu laufen. Sie wollte essen gehen und dabei Gerhard treffen. Sie fragte sich, wie er sich benehmen würde nach der ersten Nacht. Männer neigten ihrer Erfahrung nach zu seltsamen Reaktionen am Tag danach. Charlotte lächelte. Sie wollte hinauf zu ihrem Schrank, um Geld zu holen, und dann Gerhard suchen gehen. Ihr fiel keine Melodie ein, sie pfiff eine Serie von Tönen, wie sie ihr in den Sinn kamen. Sie lächelte, der Bauch kribbelte. Es war wie früher, sie war verliebt, sie war wirklich verliebt.

Wie gewohnt steckte Charlotte ihre Hand im Vorbeigehen in ihr Postfach, meistens war nichts drin. Ein Zettel. Sie fischte ihn mit zwei Fingern aus dem engen Schlitz und sah auf einen Briefbogen der Klinikumsverwaltung.

» ... bitten wir Sie ... umgehend ... mit dem Justitiar der Klinik, Dr. Ulrich Paschke ...«, las sie halblaut. »... Zimmer Nummer 112 ... aufzunehmen ... mit freundlichen Grüßen ... Köhler, Verwaltungsangestellte.«

Ihr Magen drehte sich noch, aber es war nicht mehr angenehm.

Ein paar Minuten später stand Charlotte im Flur der Rechtsabteilung. Der Boden war mit Nadelfilz ausgelegt. Vor ihr war Zimmer Nummer einhundertzwölf. Alles roch neu, es war ruhig. Pflanzenkübel wurden mit speziellen Lampen bestrahlt. Sie hörte stark gedämpfte Gespräche durch die massiven Türen. Sie stand zum zweiten Mal heute vor einer Tür und fürchtete sich, wollte nicht hineingehen.

Vielleicht ist es eine Kleinigkeit, dachte sie. Sie musste cool bleiben. Sie hatte sich nichts vorzuwerfen. »Alles klar, jetzt los.« Sie blieb stehen. »Stell dich nicht an, Charly. Vorhin ist es auch gut gegangen.« Ihre leisen Worte wollten nicht recht wirken, aber sie klopfte dennoch hart an und öffnete sofort die Tür.

»Herein«, sagte ein Mann in weißem Hemd und dunkler Anzugsweste hinter einem ausladenden Schreibtisch.

Charlotte schloss die Tür, ging auf den Schreibtisch zu und setzte sich, während sie den Brief der Rechtsabteilung auf die

Tischplatte gleiten ließ. »Herr Paschke? Ich habe diesen Brief hier bekommen. Ziemlich unhöflich geschrieben, finde ich. Sie sollten dieser Verwaltungsangestellten mal Einhalt gebieten.«

Sie wusste von Michael, dass Angriff die beste Verteidigung bei Juristen war. Sie hoffte, ihr Auftritt würde ihn überraschen. Sie setzte sich gerade hin, um dominant zu wirken.

Paschke legte den Bleistift langsam parallel zur Schreibtischkante auf die grüne Schreibunterlage. Er stützte die Ellenbogen auf die Armlehnen und legte sorgfältig die Kuppen der gespreizten Finger aneinander. »Frau Doktor Arbro, nehme ich an? Sie hatten es versäumt, sich vorzustellen.«

Mist, dachte sie. Sie hatte den Vorteil vergeben. Aber es war alles gut, sie durfte nicht unruhig werden und nicht auf ihn eingehen. Sie winkte lässig mit der Rechten ob der Lappalie. Er hatte sie einladen lassen, er sollte anfangen.

Paschke nahm eine Jurismappe, öffnete sie und nahm mit wohlmanikürten Fingern ein Schriftstück heraus. »Zur Sache – lassen Sie mich Ihnen etwas vorlesen, Frau Doktor Arbro.«

Sie fand, den pointierten Doktor konnte er sich sparen, der Lackaffe. Sie sagte: »Nur zu, Herr Paschke, ich bin gespannt.«

»Also, wo wird es interessant – ja – fordern wir Sie auf, die entstandenen Kosten von Euro einhundertfünfundzwanzigtausend ...« Er sah sie kurz an. »Binnen vier Wochen auf das Konto et cetera, et cetera ... werden wir den anstehenden Strafprozess nutzen, um die Kunstfehler der behandelnden Ärzte, Frau Doktor Charlotte Arbro und Herrn Doktor Gerhard Otto Dobrindt et cetera et cetera ... behalten wir uns gleichzeitig vor et cetera et cetera ... Berufsaufgabe et cetera ... Betreuungskosten bis zum vollendeten achtzehnten Lebensjahr et cetera ... Verdienstausfall der Ehefrau des Mandanten Frau Gisela Wermke et cetera ... Schmerzensgeld et cetera ... Kinderfrau et cetera ... nicht unter zwei Komma fünf Millionen Euro et cetera et cetera et cetera.«

Er legte das Blatt langsam vor den Bleistift auf die Schreibunterlage und legte erneut die Fingerkuppen aufeinander. »Was sagen Sie, Frau Arbro? Eine Forderung, großzügig abgerundet, wir wollen nicht so sein, von zweieinhalb Millionen Euro. Was verdienen Sie per anno, Frau Arbro?«

Hat Wermke doch einen Rechtsverdreher gefunden, dachte sie. Einen, der ihm den Mund wässrig machte mit Riesensummen. »Herr Paschke, fordern kann jeder. Der Mann wird keinen Erfolg haben mit der Klage.« Sie bemühte sich, ihre Haltung nicht zu verändern. »Sehen Sie, es wurde alles getan. Ich habe eine adäquate Schocktherapie durchgeführt – nach den Regeln der Kunst ...«

Pasche öffnete den Mund, holte Luft, wollte sprechen. Charlotte wehrte ab.

»Doch, Herr Paschke. Ich nehme an, Sie haben das Narkoseprotokoll gesehen. Hypertone Kochsalzlösung ist nicht zugelassen, ich weiß, aber Not kennt kein Gebot. In diesem Fall war es gerechtfertigt, das wird jeder Gutachter bestätigen. Ich habe bei meiner Arbeit keine Zeit, das Für und Wider tagelang abzuwägen.« Sie deutete mit einer kleinen Fingerbewegung auf seinen Schreibtisch und betonte das nächste Wort. »Ich muss in Sekunden über Menschenleben entscheiden können. Hier liegt der Unterschied, so müssen die Maßstäbe angelegt werden, verstehen Sie, Herr Paschke?« Charlotte hatte sich entgegen ihrer Absicht beim Sprechen immer weiter vorgebeugt und ließ sich jetzt, zufrieden mit ihrem Argument, zurück in den Stuhl sinken.

Paschke hatte seine Haltung nicht verändert. Er sah sie ein paar Sekunden an. »Frau Arbro ...« Er sprach sehr langsam weiter. »Wie vielen Prozessen wegen Kunstfehlern hatten Sie bereits das Vergnügen beizuwohnen?« Er wartete eine Sekunde auf ihre Antwort. »Nun, das habe ich mir gedacht, aber das ist auch nicht Ihre Aufgabe. Das wirft Ihnen niemand vor, aber sehen Sie, in so einem Prozess – da geht es für gewöhnlich nicht so sehr um Ihre – nun, sagen wir Kunstfertigkeit, sondern eher darum, wie sie geglaubt wird.«

Charlotte zupfte an ihrer Hose und setzte sich zurecht.

»Sehen Sie, es geht darum, was der Richter – was die Schöffen – Ihnen glauben, und was nicht.«

»Herr Dobrindt und ich haben der Patientin die beste Behandlung zukommen lassen, die möglich war. Warum sollte dieser Prozess verloren werden?« Charlotte wischte sich über die Stirn.

Paschke lachte leicht. »Frau Arbro – verloren, gewonnen, das sind keine Kategorien. Es kommt meistens zu einem Vergleich. Sehen Sie es doch mal aus dem Blickwinkel eines Schöffen.« Er gab ihr Zeit zu sehen.

»Die arme Frau Wermke, der arme Herr Wermke, das arme Kind. Arme, arme Familie. So viel Not.« Er atmete hörbar und wie betroffen ein. »Und dagegen: die reichen Ärzte.« Er senkte die Stimme. »Das mächtige Krankenhaus, das schlechte Gesundheitswesen, die böse Apparatemedizin.« Paschke nahm kurz die Fingerkuppen auseinander, sah Charlotte durch die Lücke zwischen den Händen an und legte dann sorgfältig die Finger wieder aufeinander. »Sie haben sich hoffentlich nicht bei Wermke entschuldigt, oder dergleichen?«

Charlotte schüttelte den Kopf.

»Keinen Kontakt mit Wermke, verstanden?«

Sie nickte.

Paschke sagte: »Sie haben alles getan? Prima! Aber wer glaubt Ihnen das? Herr Wermke hat eine gute Kanzlei erwischt, wissen Sie.«

Charlotte setzte sich zurecht und rieb die Hände aneinander. Paschke zog ein Blatt aus seiner Mappe und zeigte ihr die Vorderseite.

»Ihr Narkoseprotokoll, Frau Arbro. Sie kennen es. Wissen Sie, aus der Sicht des Anwalts fällt auf, dass es unvollständig ist. Sie haben ...«

Charlotte rutschte auf ihrem Stuhl nach vorne. »Also, jetzt hören Sie mal zu, Herr Paschke. Unvollständiges Narkoseprotokoll, wenn ich das schon höre. Da verblutet ein junge Frau und ich soll Narkoseprotokoll schreiben?«

Paschke hob die Schultern. »Ihr Job, Frau Arbro.«

»Mein Job? Was wissen Sie von meinem Job? Können Sie gleichzeitig einen Brief schreiben und – telefonieren? Oder was Sie eben tun?«

»Ich weiß eine Menge von Ihrem Job, Frau Arbro. Ich habe jeden Tag das Vergnügen, die Fehler von Ärzten rechtfertigen zu müssen. Ich kenne die Tricks, ich weiß, wie man ihre Fehler verheimlicht, beschönigt und vertuscht, ich ...«

»Meine Fehler?« Charlotte griff sich an die Stirn. »Meine Fehler? Ich habe keinen medizinischen Fehler gemacht. Ich habe das Protokoll vielleicht nicht vollständig ausgefüllt – zeigen Sie mir einen, der das getan hätte in dieser Situation! Die Frau hat die optimale Versorgung bekommen, es gibt keinen Fehler, und ich bin nicht mehr bereit, mir Ihre Unverschämtheiten anzuhören.«

Charlotte stützte sich auf die Armlehnen und wollte aufstehen.

»Nun, Herr Parbrook von der Kanzlei Bernreuther und Partner sieht das anders. Sehen Sie, ich will Ihnen doch nicht ans Leder, ich nicht.« Charlotte hörte seine Worte weit entfernt. »Der Anwalt von Herrn Wermke hat sich in den Kopf gesetzt, Ihnen etwas anzuhängen.«

Parbrook, dachte sie, er hat Parbrook gesagt.

»Er ist der Meinung, es sind Fehler gemacht worden. Ich bin auf der Seite des Krankenhauses, das ist mein Job. Ich habe Ihnen nur klar gemacht, auf was Sie sich einstellen müssen, während eines Prozesses. Wenn Sie da so reagieren, wie Sie es jetzt getan haben ...«

Charlotte stand auf. Das Leder der Sitzfläche verfing sich in den Falten ihrer Hose, der Stuhl fiel mit einem federnden Geräusch auf den Nadelfilz.

»Wenn Sie da so reagieren, wie Sie es jetzt getan haben, macht das keinen guten Eindruck, wir müssen noch daran arbeiten.«

Michael. Michael vertritt Wermke, dachte sie. Er kannte die Akten, er wusste, dass sie dabei gewesen war, wie konnte er solch einen Brief schreiben? Sie ging einen Schritt zur Tür, blieb stehen und drehte sich zu Paschke. Der liegende Stuhl stand ihr im Weg, sie stieß mit dem Fuß gegen die Lehne, verlor das Gleichgewicht, aber fing sich. »Herr Paschke, ich ... der Anwalt ...«

»Sie sind noch in der Probezeit, Frau Arbro?«

Sie bückte sich, um den Stuhl aufzuheben, aber das Stahlrohr glitt ihr aus der Hand. Das federnde Aufschlagen wiederholte sich. Wieder wollte sie den Stuhl aufrichten, sie bückte sich, sah dabei zu Paschke hinauf und griff ins Leere. Charlotte richtete sich auf und sagte: »Michael Parbrook, Kanzlei Bernreuther und Partner, Sie täuschen sich nicht?«

»In der Probezeit, Frau Arbro. Nun, verstehen Sie mich richtig, es geht um den Ruf des Krankenhauses.« Er beugte sich vor, nahm das vor ihm liegende Papier und fixierte sie. »Was haben Sie denn, Frau Arbro? Ich täusche mich nicht. Parbrook, Michael.« Er legte das Blatt ab. »Sie kennen die Kanzlei? Sie kennen Parbrook?«

Das muss ein Traum sein, dachte sie, ein Witz, ein Trick. Michael wollte ihr helfen, würde ihr Information geben. Morgen Abend, nach ihrem Dienst würde er sie lachend empfangen und ihr erklären, was für ein genialer Schachzug das war und wie sie sich hüten mussten, dass nicht offen gelegt wurde, dass sie beide ein Paar waren. Sie dachte an die letzte Nacht. Sie wusste nicht, ob sie noch ein Paar waren.

Charlotte sah Paschke an, ohne zu sprechen. Sie bückte sich kurz zu dem umgefallenen Stuhl, aber drehte sich um, ohne ihn aufzurichten, und ging zur Tür. Mit ihrer Rechten auf der Türklinke drehte sie sich zu dem Justitiar um, sah ihn kurz an und ging dann hinaus.

»Frau Arbro, wir sind noch nicht fertig, bleiben Sie, Frau Arbro.« Er stand auf und sprach lauter. »Es wäre das Beste, sie würden freiwillig ...«

Mit einem satten Geräusch fiel die Tür hinter ihr ins Schloss. Morgen Abend würde sich alles aufklären, glaubte sie. Er würde fragen, ob sie zwei Nachtdienste hintereinander gemacht hatte und ihr nicht glauben. Er musste misstrauisch werden und er hatte Recht damit. Sie wusste nicht, was sie sagen würde. Sie liebte ihn seit langem nicht mehr, sie war an ihn gewöhnt. So musste es wohl sein nach Jahren, mehr konnte man nicht erwarten. Sie hatte sich neu verliebt und wusste plötzlich wieder, dass eine Beziehung auch anders sein konnte. Sie liebte Gerhard nicht, noch nicht. Sie war zu erwachsen, um ihre Sachen zu packen und bei der nächsten Gelegenheit auszuziehen. Aber sie wollte Michael nicht vorgaukeln, seine treue Lebenspartnerin zu sein, nur um seine Hilfe bei diesem Prozess zu benutzen.

Charlottes Schritte waren der Dämpfung durch den Teppich beraubt, die Holzpantinen schlugen im Rhythmus auf die Linoleumfliesen. Sie stieß Glastüren auf und von sich, ging fensterlose Gänge entlang, bog um Ecken, rempelte Kollegen und Besucher an. Zweimal, dreimal passierte sie die gleiche Stelle, den Zugang zum Verwaltungstrakt. Solange sie ging, schien für sie noch alles in Bewegung zu sein, sie konnte sich noch entscheiden, durfte ihre Schritte planen.

Charlotte blieb vor der gläsernen Doppeltür zur Rechtsabteilung stehen. Sie dachte an Meese, Professor Meese, er war als Zeuge brauchbar. Er hatte ihr die Blutkonserven gebracht, er musste gesehen haben, dass sie die Beutel angeschlossen und das Blut transfundiert hatte. Er hatte ihr die Tüte mit den Blutkonserven gegeben. Sie hatte nicht auf ihn geachtet, er konnte ebenso in der Tür gestanden und sie beobachtet haben. Meese war ihr Trumpf, er war nicht beklagt, seine Zeugenaussage war verwertbar, er war eine Autorität, heischte Respekt auch vor Gericht mit seinem Professorentitel.

Ich habe ihn angeschrien, dachte sie, mit Anzeige gedroht, ihn mitten in der Nacht aus seiner Blutbank in den Kreißsaal zitiert, wo er seit Jahren nicht gewesen ist. »Dennoch.«

Wenige Minuten später stand sie vor der Anmeldung der Abteilung für Transfusionsmedizin. »Ist Professor Meese zu sprechen?« Charlotte beugte sich zu dem Sprechfenster in der Glasscheibe vor einer weißbekittelten jungen Frau mit Piercing in der Augenbraue.

»Professor Meese?« Es klang, als ob sie den Namen das erste Mal hörte.

»Ja, Professor Meese, Ihr Chef. Ich denke, Sie kennen ihn. Erinnern Sie sich?«

»Wie sind denn Sie drauf? Nur die Ruhe. Nicht gleich so aufregen, junge Frau.« Das Telefon hinter der Glasscheibe läutete.

Charlotte schätzte die Frau auf nicht viel älter als zwanzig Jahre. »Es gibt Menschen, die haben in meinem Alter Töchter in Ihrem Alter, meine Dame. Wenn Sie jetzt die Güte hätten, mir zu sagen, ob Ihr Chef anwesend ist.«

Das Telefon klingelte weiter. »Mann, so alt schon? Das Büro ist vorne um die Ecke, schauen Sie halt mal rein.«

»Die Pubertät ist eine schwierige Phase. Aber es geht vorbei«, sagte Charlotte und hoffte, dass Fräulein Arbeitswut es hören konnte.

Meese schloss die Bürotür und drehte den Schlüssel im Schloss.

»Professor Meese. Ich bin Charlotte Arbro, die Anästhesistin neulich aus dem Kreißsaal. Sie erinnern sich?«

Meese drehte den Schlüssel ein weiteres Mal im Schloss, ordnete die Schlüssel am Bund und legte sie parallel in ein Ledermäppchen, dessen Reißverschluss er zuzog und in seine Kitteltasche gleiten ließ. »Frau Arbro. Natürlich erinnere ich mich. Ich könnte mir vorstellen, dass Sie sich wiederum denken können, warum dem so ist?« Er sah auf sie herab und strich sich über den grauen Oberlippenbart.

Charlotte knetete den Daumen ihrer Rechten mit der anderen Hand. Er kam ihr vor wie ein Chauvinist. Wahrscheinlich war er das, wie die meisten im Klinikum. Er sah aus wie ein

Pedant. Sie dachte nach, wie sie ihn am besten überzeugen konnte. Das Weibchen spielen würde wohl nicht funktionieren. Das glaubte er ihr nicht nach ihrem Auftritt im Kreißsaal.

»Warum kommen Sie zu mir, Frau Arbro?« Er hatte begonnen, den Gang hinabzugehen. »Nehmen Sie mir die Direktheit nicht übel, aber ich hatte gehofft, dass wir in nächster Zeit nicht unmittelbar zusammenarbeiten würden.«

Den Punkt wollte sie ihm lassen, schließlich wollte sie etwas von ihm. Sie neigte den Kopf und hob kurz die Hände, wie um sich zu ergeben, und schloss zu ihm auf. Gemeinsam gingen sie weiter.

»Ich denke nicht, dass Sie gekommen sind, um sich für Ihr Verhalten in dieser Nacht zu entschuldigen.«

»Wissen Sie, Herr Professor Meese …«

»Den Professortitel können Sie sich sparen, Frau Arbro. In der bewussten Nacht haben Sie ihn auch nicht benutzt. Jetzt schmeicheln Sie mir nicht und sagen Sie, was Sie wollen.«

Charlotte dachte über den richtigen Anfang nach. Sie holte Luft, um zu sprechen.

Meese unterbrach sie: »Frau Arbro, wissen Sie, wie lange ich diesen Job schon mache? Fünfunddreißig Jahre. Fünfunddreißig Jahre und es kommt immer noch vor, dass ich meine Nächte in der Klinik verbringen muss. Meine aufsummierten Dienststunden machen womöglich mehr als Ihre Lebenszeit aus und ich weigere mich, mich von Menschen, die halb so alt sind wie ich, mitten in der Nacht anschreien und herumkommandieren zu lassen. Können Sie das nachvollziehen, Frau«, er schöpfte Atem, »Arbro?«

Sie waren am Ende des Flures angelangt. Seine Stimme war mit jedem Satz schneidender geworden.

»Herr Meese, ich wollte Sie wirklich nicht beleidigen.«

»Beleidigen? Es ist in der Tat eine Beleidigung, mich zu bedrohen und wie einen Botenjungen zu behandeln. Ich habe in diesen fünfunddreißig Jahren noch keinen Fehler gemacht, der einen Menschen um sein Leben gebracht hat. Das kann ich sagen und Ihnen dabei in die Augen sehen, Frau Arbro.« Er blieb stehen und fixierte sie. »Und wie steht das in Ihrem Fall, Frau Arbro?« Seine Stimme war plötzlich wieder beherrscht und sachlich.

»Ich habe keinen Fehler … Herr Meese, ich werde von den

Angehörigen der Frau beschuldigt. Ich soll die Therapie falsch durchgeführt haben und für ihren Tod mitverantwortlich sein.«

»Sie wollen nicht im Ernst Hilfe von mir?« Meese war überrascht. Er lächelte und unter seinem grauen Bart erschienen zwei Reihen gelber Zähne. »Sie wollen mich doch nicht im Ernst um Hilfe bitten? Frau Arbro, Sie wollen eine Zeugenaussage von mir?« Er wiegte den Kopf.

Er ist Professor, Wissenschaftler, er muss sich rationalen Argumenten beugen, dachte sie. Er hatte seiner Wut über ihre Respektlosigkeit Lauf gelassen, sie musste sich das anhören und ihn nicht vom Haken lassen. »Es tut mir Leid, wenn ich Sie beleidigt habe, Herr Meese. Das war nicht richtig, das gebe ich zu, aber sehen Sie, diese Beschuldigung ist objektiv falsch. Das könnte wirklich sehr unangenehm werden und wenn Sie abwägen, was das bedeutet für mich und wie viel Mühe es für Sie wäre ... Ich bitte Sie.«

»Sie wollen es tatsächlich.« Meese schüttelte den Kopf, schnaubte ein Lachen und drehte sich um, um weiterzugehen. »Diese Beschuldigung ist objektiv falsch, sagen Sie.«

Charlotte musste schneller gehen, als bequem war, um Schritt zu halten.

»Wenn da nichts dran ist, haben Sie nichts zu befürchten – warum brauchen Sie meine Hilfe?«

»Es geht um Formalien, Dokumentation. Im Narkoseprotokoll steht zum Beispiel nicht, dass ich Blut transfundiert habe.«

Meese blieb stehen. »Und Sie wollen von mir, dass ich aussage, jawohl, die Frau Arbro, ganz toll hat sie das gemacht, jawohl, sie hat Blut gegeben und ich habe es gesehen und habe die Tropfen gezählt und niemand hat Schuld, die Patientin ist eben von allein gestorben.«

»Haben Sie gesehen, dass ich transfundiert habe? Wenn ja, dann können Sie es doch bezeugen. Herr Meese, ich bitte Sie, meine Beleidigung kann Sie doch nicht daran hindern, die Wahrheit vor Gericht zu sagen? Helfen Sie mir, ich bitte Sie.«

Meese änderte sein Tempo nicht und bog in den nächsten Flur. Charlotte hatte Mühe, Schritt zu halten. Die Gummisohlen seiner Schuhe quietschten im Rhythmus seiner Schritte auf dem Linoleum. Charlottes Holzsohlen tänzelten einen schnelleren Takt.

»Ich habe nicht gesehen, dass Sie transfundiert haben, und

jetzt lassen Sie mich bitte.«

»Herr Meese, es geht um meine Karriere, um meinen Beruf. Sie lieben Ihren Beruf doch auch, geben Sie sich einen Ruck.«

Meese blieb stehen und drehte sich zu ihr. »Frau Arbro.« Er betonte jede Silbe. »Ich habe nicht gesehen, wie Sie transfundiert haben.«

Charlotte überholte ihn und sprach von schräg vorne zu ihm. »Die Konserven sind nicht zurückgeliefert worden. Das wären sie doch, wenn ich sie nicht gegeben hätte. Ich habe sie gegeben, ich habe transfundiert, Sie können doch in den Unterlagen nachsehen.«

»Wenn das ausreicht, kann das auch der Staatsanwalt machen. Mit einem Durchsuchungsbeschluss kriegt er jederzeit die Akten.«

Meese war vor den stählernen Aufzugstüren stehen geblieben und drückte auf den Knopf für eine Fahrt nach oben.

»Herr Meese, bitte, ich ...«

»Hören Sie, Ihre Beleidigungen sind hiermit verziehen, ich denke nicht mehr darüber nach, ich rede nicht mehr darüber, vergessen. Das ist alles, was ich für Sie tun kann. Ich habe nicht gesehen, wie Sie transfundiert haben, das ist alles, was ich dazu zu sagen habe. Ich werde mit Ihnen nicht mehr darüber reden.« Ein elektronischer Gong kündigte den Aufzug an. Meese trat ein, drehte sich um und sah an Charlotte vorbei. Die zerkratzten Edelstahloberflächen schoben sich vor Meese.

Der Aufzug war weg, Charlotte stand alleine im Gang. Warum muss ich ausgerechnet heute Dienst haben, dachte sie. Es war zu spät zum Tauschen, niemand blieb freiwillig in der Klinik an so einem Tag. Draußen schien die Sonne. Und den Abend konnte man auf unzählige Weisen angenehmer als hier verbringen.

Sie konnte Michael anrufen, sein Handy war immer auf Empfang. Aber sie wollte diese Sache nicht telefonisch besprechen. Was, wenn er sagen würde, er vertrete Wermke nicht nur, sondern er wolle, dass er gewinnt? Sie war nicht mehr Hals über Kopf in Michael verliebt, aber sie hatten etwas zusammen. Sie hatten ein gemeinsames Leben. Es muss doch Regeln geben, dachte sie. Interne Vorschriften der Kanzlei, die verhinderten, dass ein Anwalt parteiisch gegen den Mandanten war. Plötzlich schien es ihr klar zu sein: Michael war darauf aus, die Zusammenhänge vor der Kanzlei zu verheimlichen. Er ging ein Risiko ein, um sie zu schützen. Er wollte sie in diesem Fall schützen, es gab keine andere Möglichkeit.

Sie überlegte, ob Burkhardt Recht damit hatte, dass Gerhards Aussage wertlos war. Es ging doch um viel. Waren die Prozessregeln so unflexibel? Sie konnten nicht ignorieren, dass er aussagte, sie hätte das Blut gegeben. Knut hatte es auch gesehen und konnte auch aussagen. War wirklich alles wertlos, wie Burkhardt sagte?

Es war zehn Uhr abends. Charlotte hatte die Holzpantinen unter den flachen Tisch gestellt und ihre Füße hochgelegt. Zehn Uhr vorbei, im Fernsehen begannen die Tagesthemen. Sie hatte seit dem Tagesdienstschluss nicht gearbeitet. Der Operationsplan war abgearbeitet, bisher waren keine Notfälle hereingekommen, sie hatte viel Zeit gehabt, nachzudenken – über Michael, Gerhard und sich selbst. Zu viel Zeit.

Mit etwas Glück konnte sie heute um Mitternacht ins Bett gehen und morgen früh ruhig aufstehen. Wenn der Plan für morgen so blieb, wie er war, war spätestens mittags Schluss. Sie wollte Michael anrufen und ihn bitten, früher nach Hause zu kommen.

Am Nachmittag hatte sie eine Patientin Dobrindts narkotisiert. Im Waschraum zwischen den Operationssälen waren sie ein paar Minuten alleine gewesen. Sie hatte ihm von dem Brief erzählt, ihm aber verschwiegen, dass er von Michael kam. Er hatte gesagt, sie solle sich nicht aufregen, Anwälte schrieben immer allen möglichen Unsinn, ob es überhaupt zum Prozess käme, wäre fraglich. Schließlich sei er in dem Schreiben auch genannt und mache sich keine Sorgen. Dieser Paschke würde dafür bezahlt, dass er solche Sachen aus dem Gerichtssaal fernhielt. Er wolle ihr eben auf den Zahn fühlen, hatte er gesagt, wie viel dran war an den Vorwürfen.

Sie hatte stumm vor ihm gestanden und war ihm dankbar, dass er es so leicht erscheinen ließ für sich und für sie. Er hatte sich zu ihr gebeugt, ihr einen flüchtigen Kuss gegeben und kurz durch die seitliche Öffnung ihrer OP-Hose an seinen Boxershorts gezupft. »Ich habe mich verliebt«, hatte er gesagt, sie angelächelt und sich umgedreht, um seine Hände zu desinfizieren.

Charlotte saß in den OP-Kleidern vor dem Fernseher, sie hatte sich nicht umgezogen, obwohl es Vorschrift war. Wenn sie überhaupt ins Bett kam, ließ sie die OP-Wäsche nachts oft an, um sich bei Notfällen nicht lange anziehen zu müssen.

Sie fuhr mit der Hand in die seitliche Öffnung der Hose und zog einen Zipfel der Boxershorts heraus. Blau und weiß kariert. Süß. Der Piepser in der Brusttasche meldete sich mit einem einfachen Piepston.

Kein Notfall, dachte sie, aber schlimm genug. Die Nacht war gelaufen. Es war sicher einer der Standardfälle. Das Wetter war ruhig, wahrscheinlich war es keine Herzoperation. Vielleicht wurde es ein langweiliger Darmeingriff. Ein Opa mit Verschluss einer Darmarterie, eine Perforation eines Dickdarmdivertikels, oder, hoffentlich, ein junger gesunder Mensch mit einem Blinddarm, dann konnte sie es bis ein Uhr ins Bett schaffen.

»Ja, Arbro hier, was gibt es?«

»Marschullek, guten Abend, Frau Arbro, haben Sie Lust, mir hier ein bisschen zu helfen?«

»Nein, natürlich nicht, ich schau gerade die Nachrichten.« Blöder Kerl, fand sie, er konnte auch einfach zur Sache kommen. Er benahm sich, als ob sie eine Praktikantin wäre, die dankbar sein musste, wenn sie etwas gezeigt bekam.

»Im Ernst. Ich brauche Sie hier unten, Frau Arbro. Die Leitstelle hat einen Säugling gemeldet. Geht schlecht, der Notarzt hat instabilen Kreislauf gemeldet. Wäre gut, wenn Sie dabei wären.«

»Ich komme.« Charlotte warf den Hörer auf das Telefon und ließ den ausklingenden Jingle der Tagesthemen hinter der schwarzen Mattscheibe verschwinden. Ein Säugling mit instabilem Kreislauf, viel schlimmer konnte es nicht kommen, dachte sie. Sie musste cool bleiben. Sie ging die Optionen durch – warum wurde ein Kind instabil? Trauma, Verkehrsunfall ... aber das war Marschulleks Sache. Sie musste möglichst große Katheter in die winzigen Venen und Arterien praktizieren. Sie musste zusehen, dass sie genügend Volumen hinterherschüttete, ohne das Würmchen zu überfüllen. Das alles, ohne sich vom Toben Marschulleks, dem alles nicht schnell genug ging, irritieren zu lassen. Und gleichzeitig eine anständige Narkose zaubern.

Die Stahltür des Treppenhauses fiel hinter ihr zu. Das Geräusch der Sohlen der Holzpantinen hallte hart im Treppenhaus. Sie überlegte, was es noch sein konnte. Eine Elektrolytstörung, eine Missbildung, war es erstickt? Sie hatte schon ein paar Erdnüsse und Münzen aus Luftröhren geholt, es war immer gut gegangen, aber das waren Kleinkinder gewesen. Die dummen Gören stopften sich irgendwann allen möglichen Unsinn in den Mund, Säuglinge waren da noch vernünftiger. Oder noch zu blöd.

Es kribbelte im Magen. Es gab keinen, der ihr helfen konnte, sie war die Anästhesie heute Nacht. Nur sie alleine. Was würde passieren, wenn sie nicht zurechtkam? Was, wenn sie die Katheter nicht legen konnte? Vielleicht war Burkhardt da. Auch wenn er das Kind nicht anfassen würde, konnte er Verantwortung übernehmen, Ratschläge geben, mit den Eltern sprechen. Was konnte sie den Eltern sagen, wenn etwas schief ging?

Charlotte ging durch die halb offene Schiebetüre zum Schockraum. Alle Leuchtstofflampen waren angeschaltet.

Marschullek beugte sich über ein fahrbares Ultraschallgerät und fluchte. »So ein Dreck, wir haben keine Kinderchirurgie im Haus, die Leitstelle weiß das ganz genau, aber immer wieder bekommen wir Zwangsbelegungen von irgendwelchen größenwahnsinnigen Notärzten.« Der Ultraschallapparat piepste. »Verflucht, jetzt stürzt das Ding ab.« Er hieb mit der flachen Hand auf die Tastatur. »Das darf doch nicht wahr sein, das glaub ich nicht! Jetzt, ausgerechnet jetzt stürzt das Scheißteil ab!«

Charlotte verzog den Mund. Marschullek ist also wieder bester Laune, dachte sie. Es würde ein Vergnügen werden, die Nacht mit ihm im OP zu verbringen. »Davon wird's auch nicht besser, Marschullek«, sagte Charlotte und wandte sich dem Narkosegerät zu. Sie lehnte sich an den massiven Dreharm aus Stahl, der Überwachungs- und Beatmungsgerät trug. Das Metall glänzte matt und die Kälte drang unmittelbar durch Arztkittel und Hemd. »Hallo Regina, wenigstens bei uns alles klar?«

Regina nickte. »Hallo, Frau Arbro. Ja, unsere Sachen laufen, ist eben gut gepflegt.«

Marschullek trat gegen das Rad des Ultraschallgeräts. »Können diese Teile nicht so gebaut werden, dass sie einfach gehen? Das kann doch nicht so schwer sein! Amerikanischer Schrott – wir kaufen nie wieder von der Firma!« Er trat zwischen den Wörtern immer wieder auf das Gerät ein.

»Haben Sie den Kinderkoffer, Regina?«, sagte Charlotte. »Wir brauchen sechs French Zentralvenenkatheter, eine blaue Nadel für die Arterie und einen Satz dünner Blasenkatheter. Trachealtuben sollten in allen Größen im Koffer sein. Und fangen Sie ein Protokoll an. Schreiben Sie ›Beginn Anästhesist zweiundzwanzig dreißig‹.«

Regina nickte. »Alles da.« Sie wedelte mit einem Anästhesieprotokoll, steckte dann dünne Beatmungsschläuche an die Maschine und drückte einen Knopf.

Charlotte spürte eine Vibration in der Halterung und hörte, wie Ventile auf- und zusprangen, Luft entwich, Ventilatoren starteten und ein Monitor sein statisches Knistern abgab. Sie ging auf die andere Seite des Raumes, wo zwischen Schiebetür und einem Blutgasanalysator dünne Plastikschürzen hingen. Sie streifte ihren weißen Kittel ab, warf sich eine der Schürzen um und zog dunkelgrüne Untersuchungshandschuhe an. Charlotte hielt die Hände mit gespreizten Fingern vor sich. »Da muss man als Patient ja Angst bekommen – wenn mir jemand mit solchen Handschuhen zu nahe käme …«

Marschullek arbeitete ruhiger an seinem Gerät.

»Marschullek, hat die Leitstelle gesagt, was das Kind hat?«

»Mmh.« Er tippte ohne aufzusehen auf der Tastatur, die jede Eingabe mit einem Piepsen quittierte.

»Oh, danke für das Gespräch, Herr Oberarzt. Ich hätte auch Besseres mit diesem Abend vor, stellen Sie sich das vor.«

»Instabil, mehr weiß ich auch nicht. Trauma?«, brummte er.

»Regina, legen Sie auch noch einen größeren Venenkatheter heraus. Wenn es viel Blut verloren hat, können wir das brauchen. Rufen Sie mal in der Blutbank an und bestellen drei Einheiten Null-Negativ-Blut, bitte.«

Regina zog ein flaches Päckchen aus dem offenen Aluminiumkoffer, warf es auf den Arbeitsplatz neben dem Narkosegerät und hob den Telefonhörer ab.

Die beiden Glasflügeltüren auf der gegenüberliegenden Seite des Flurs schlugen krachend rechts und links an die Wand. Ein blaues Blitzen drang in den Raum. Charlotte roch warme, abgasstinkende Nachtluft. Dieselmotoren nagelten im Leerlauf. Vier Männer in roten Sanitäterjacken stürmten durch die Tür in den Schockraum. Einer trug ein Bündel, um das sich zerknitterte Alu-Wärmeschutzfolie im Wind bewegte. Ein Monitor pfiff rhythmisch.

Charlotte schätzte die Herzfrequenz. Zu langsam, das war zu langsam, Säuglinge brauchten mehr als hundert Schläge pro Minute. Aus dem Bündel ragten Kabel, Infusionsleitungen, ein Schlauch zu einer kleinen Beatmungsmaschine, die ein anderer trug.

»Eltern haben alarmiert, Kind wurde reglos aufgefunden«, rief der Notarzt in den Raum. »Keine Reaktion auf Schmerzreize, keine spontanen Bewegungen, bei Eintreffen Bradykardie mit 80 Schlägen pro Minute, weite, lichtstarre Pupillen, das Kind scheint warm, Summe halbes Milligramm Atropin, zwei Milligramm Adrenalin, zwanzig Milliliter Natriumbicarbonat, immer Sinusrhythmus.«

»Kein Trauma?« Charlotte zog die knisternde Folie beiseite. »Sudden infant death syndrome?« In Charlottes Gedächtnis blitzte der Justitiar Paschke auf. »Regina, schreib Protokoll mit. Alles. Hören Sie? Jeden Scheiß.«

»Kann sein. Aber sehen Sie hier.« Der Notarzt zog das Hemdchen nach oben. Der Bauch des Kindes war mit bläulich grünen Flecken übersät. »Ich tippe auf Trauma innerer Organe, Leberzerreißung, Milz, Bauchspeicheldrüse?«

Charlotte schloss die Augen. Sie wollte kurze Zeit nichts sehen, die fürchterliche Wirklichkeit ausblenden.

Marschullek drängte den Notarzt beiseite, spritzte Ultraschallgel auf die Haut des Säuglings und fuhr mit dem Schallkopf auf dem Bauch des Kindes umher, während er auf den Bildschirm des Geräts sah. Die Sanitäter schlossen ihre Kabel ab. Charlotte nahm den Beatmungsschlauch und regelte die Beatmungsmaschine. Regina übernahm die anderen Kabel und Schläuche.

»Blut im Abdomen«, sagte Marschullek. »Leberzerreißung, vielleicht auch was am Darm, und die Milz sieht nicht gut aus. Scheiße! Die haben ihr Baby verprügelt. Gnadenlos. In was für einer Scheißwelt leben wir? Hätte ich doch etwas Anständiges gelernt, verdammt.«

Charlotte wischte den Hals des Säuglings mit roter Desinfektionsflüssigkeit ab. Der Alkoholgeruch stach in ihre Nase, die Alufolie übertönte die Herztöne aus dem Überwachungsgerät. Charlotte sah über ihre Schulter nach dem Rhythmus: zu langsam.

»Regina, gib ihm noch mal null Komma eins Atropin.«

»Keine Kinkerlitzchen, Frau Arbro, das Kind muss in den OP.

Schnell. Keine Zeit für Ihre Katheter, los geht's.«

»Sie schneiden den Bauch auf und das Kind schmiert ab, wenn der Druck raus ist, das kennen Sie doch auch.« Charlotte deckte ein steriles Lochtuch über den Kopf des Kindes. »Wenn ich da keinen guten Zugang habe, können Sie gleich wieder zumachen – obwohl sich das dann auch nicht mehr lohnt. Ich lege einen Katheter. Punkt.« Sie nahm die Nadel aus dem Katheterset.

Marschullek wurde lauter. »Hier zählen Minuten! Hier ist doch ein Venenkatheter im Arm.« Er hob ein blasses Ärmchen mit einer Infusionsleitung ein paar Zentimeter an und ließ es dann auf die Unterlage fallen. »Das ist kein Spaß, Frau Arbro. Wir haben keine Zeit!«

Sie setzte die Spritze auf, saugte sterile Kochsalzlösung aus einer Flasche, die Regina anreichte, und stach durch die Haut. Keine Reaktion des Kindes. Sie musste ruhig bleiben, durfte sich keine Fehler erlauben. Die Haut war weich, bot der Nadel kaum Widerstand. Kaum drei Millimeter unter der Haut plötzlich ein winziges Zögern der Nadel. Charlotte zog mit zwei Fingern am Stempel. Sie zuckte bedacht noch einen Millimeter in die Tiefe. Schlieren tiefroten Blutes füllten die klare Flüssigkeit im Kolben der Spritze. Sie führte den Zentralvenenkatheter ein. Das Rumoren im Magen nahm ab. Sollte kommen was wollte, sie war gerüstet. Gerüstet sein – die erste Regel in der Anästhesie. Das sollte ihr einer nachmachen, dachte sie, der tobende Chirurg neben ihr und dabei in Windeseile bei einem Säugling einen Katheter gelegt.

»Nur die Ruhe, Marschullek. Hat doch kaum zwei Minuten gedauert, jetzt können wir losfahren. Regina, ist das Blut gekommen?«

Regina verneinte. Der rhythmische Ton des Geräts wurde unterbrochen, begann ein paar Sekunden später von neuem.

Marschullek stand am Fußende der fahrbaren Liege und löste die Bremsen. »Ich will dieses Kind im OP. Jetzt!«

Das Piepsen stotterte. Charlotte drehte sich zum Bildschirm. »Warten Sie, Marschullek. Da stimmt was nicht.«

»Da stimmt was nicht, oh Gott, hat sie es auch schon gemerkt.« Er verdrehte die Augen. »Nein, ich warte nicht mehr, das Kind braucht eine Laparotomie. Wer weiß, was da drinnen weiterblutet.« Er schob die Liege ein Stück. Charlotte trat einen Schritt zur Seite, das Kopfende stieß gegen Charlottes Hüfte. Der Ton kam unregelmäßig.

»Gehen Sie aus dem Weg, wir müssen los, Arbro.« Marschullek schob die Liege ein paar Zentimeter weiter.

»Schauen Sie doch den Rhythmus an, da stimmt was nicht. Ich habe kein gutes Gefühl.«

»Scheiße, gutes Gefühl, Arbro, ich will in diesen Bauch, das ist mein Gefühl.«

»Wenn uns der Kleine auf dem Weg in den OP zu flimmern anfängt? Ich hätte gerne das Blut hier, bevor wir losfahren.«

Der Herzton blieb aus.

»Ach was, Rhythmus. Spritzen Sie was, Arbro, das ist Ihr Job. Ich will jetzt in diesen Bauch. Da blutet es, ich muss es operieren.« Er stieß gegen die Liege. »Jetzt!«

Charlotte legte drei Finger auf die Mitte des Brustkorbs des Kindes und zählte leise. Eins, zwei. Bei fünf wollte sie mit der Herzdruckmassage beginnen. Nicht zu voreilig, vielleicht kam es wieder.

Der Ton überstürzte sich und kam wieder regelmäßig.

»Sehen Sie, Arbro, kommt schon wieder. Nur die Ruhe. Kriegen Sie schon hin, jetzt aber ab in den OP.« Die Liege ruckte.

Kein Ton aus dem Monitor. Charlotte stellte den Fuß auf ein Rad der Liege und schob die Folie zur Seite. Das Kind war vorhin bleich gewesen, jetzt war das kleine Gesichtchen grau. Die Augen waren halb offen, die Lippen berührten sich nicht, ein dünner Faden blutigen Speichels rann die runden Wangen hinab. Diesmal brauchte sie nicht zu zählen, drei Finger in der Mitte des Brustkorbs, eindrücken, loslassen, eindrücken, loslassen. Schnell.

»Regina, Adrenalin. Null Komma eins. Druck messen. Welche Frequenz mache ich?«

»Hundertzehn.«

Perfekt, dachte sie. Es hatte nicht lange gestanden, das machte die miesen Chancen ein Quäntchen besser.

»Komm schon, noch mal Adrenalin, wo bleibt das Blut?«

Marschullek fühlte den Leistenpuls. »Kommt nichts an, Arbro. Ist zu spät, ist ausgeblutet, wir hätten schneller in den OP gehen sollen, es ist vorbei.«

Charlottes Stimme kam rhythmisch durch die Herzmassage. »Dann wäre es uns unterwegs stehen geblieben. Noch weniger

Chancen.«

»Chance kann man das nicht nennen. Manchmal soll es eben nicht sein. Hören Sie auf, Arbro.«

»Regina, Atropin. Null Komma Eins. Adrenalin. Null Komma Eins. Frequenz? Ist das Blut da?« Sie drückte schneller. »Aufhören? Marschullek, das ist ein Kind.«

»Ein Kind. Ja, sicher, ein Kind. Ob die Eltern daran gedacht haben, als sie es totgeschlagen haben? Sie kennen die Chancen bei traumatischem Herzstillstand, Arbro, null.«

Die Chancen waren lausig. Manche Kollegen begannen in solchen Fällen gar nicht erst zu reanimieren. Aber ein Kind? »Ein Kind, ein Säugling. Marschullek.«

Die Schiebetür wurde ein Stück aufgeschoben. Ein Bote reichte eine blau-durchsichtige Plastiktüte herein.

»Das Blut.«

»Zu spät«, sagte Marschullek.

»Regina, kein Blutgruppentest, zieh zweihundert Milliliter auf und rein damit durch den Wärmer. Schnell. Und schreib es auf, Regina, nicht vergessen.«

»Das bringt nichts mehr, Arbro.«

»Ruhe jetzt, Marschullek. Gehen Sie, wenn es Ihnen nicht passt, lassen Sie mich arbeiten.«

Marschullek hob die Schultern und nahm den Ultraschallkopf in die Hand. Seine Hand bewegte sich im Rhythmus von Charlottes Herzdruckmassage, als er das Gerät durch das Gel über den prallen Bauch des Säuglings fuhr.

»Ich schätze, das sind vierhundert Milliliter, das ist ungefähr alles, was das Kindchen hat, Arbro. Wollen Sie noch weitermachen?«

»Regina, mach vierhundert aus den zweihundert. Schnell. Und alles aufschreiben.«

Regina startete die Infusion. Dunkelrot und dickflüssig tropfte das Konzentrat durch das System. Die Tropfen verbanden sich zu einem Strahl, als die Schwester die Druckmanschette aufpumpte.

Fünfzehn Minuten später stand Marschullek unverändert mit verschränkten Armen neben der Liege.

Charlotte drückte langsamer und langsamer. Sie ließ den Kopf sinken. »Ein Kind – ein Baby«, sagte sie zu sich selbst.

Marschullek sah auf seine Armbanduhr. »Todeszeitpunkt dreiundzwanzig Uhr zwanzig. Regina, für Ihr Protokoll.« Er wandte sich ab und schob die schwere Tür zur Hälfte auf. »Jetzt ist es am Pathologen.« Er trat einen Schritt nach rechts auf den Gang, stutzte, blieb in der Tür stehen und ging nach links den Flur hinunter.

Charlotte trat einen Schritt zurück. »Regina, ich erledige die Formalitäten nachher, ich muss hier raus. Ich komme gleich wieder.« Sie wandte den Kopf von dem toten Säugling, als sie an der Liege vorbeiging. Es war gut, das Kind nicht mehr sehen zu müssen. Sie brauchte frische Luft, eine Zigarette, etwas zu trinken. Sie fragte sich, ob ihr die Sanitäter eine Zigarette schenken würden.

»Was ist mit unserem Kind?«

Charlotte blieb abrupt stehen. Ein junger Mann hatte sich ihr in den Weg durch die Glastür ins Freie gestellt. Ein Milchgesicht, nicht älter als achtzehn, zwanzig vielleicht. Neben ihm eine Frau mit glatten, braunen Haaren in einem dunkelroten Hängerkleidchen. Der Mann wich mit einem Bein einen Schritt zurück, stand etwas schräg vor ihr. »Was ist mit unserem Baby?«

Es war ihr Baby gewesen? Diese Kinder hatten ihr Baby totgeschlagen, sie konnte es nicht glauben. »Wie heißen Sie?« Charlottes Worte kamen harsch.

Der Mann stellte sich wieder gerade vor sie. »Ringshofer, ich bin Thomas Ringshofer, und wer sind Sie?«

Charlotte drehte sich halb, ohne den Blick von Ringshofer zu nehmen. Mit ihrer Rechten wies sie durch die offene Tür in den Schockraum.

»Vor vier Minuten …«, Charlotte atmete schwer, »vor vier Minuten ist da drin Ihr Kind gestorben.«

Die Frau schlang die Arme um den Leib und schüttelte den Kopf. Ihre Augen starrten Charlotte an.

Sie hatte ihren Arm noch erhoben, ihr Zeigefinger zitterte. »Dieses Kind ist totgeschlagen worden. Totgeschlagen.« Eine Träne lief an Charlottes Wange hinunter.

Ringshofer sah sie nur an. Die Frau wiegte ihren Kopf, ihr Brustkorb zuckte unregelmäßig in stummem Schluchzen. Charlotte trat näher an Ringshofer heran. Ihr Gesicht war dreißig Zentimeter entfernt von seinem. Sie sprach leise, ihre Stimme wurde mit jedem Wort mehr zu einem Zischen: »Ist das Ihr Kind da drinnen? Ist das Ihr Kind? Haben Sie es totgeprügelt?

Wie haben Sie es getan? Mit den Fäusten? Mit einem Kleiderbügel?«

Er trat einen Schritt zurück. Sein Rücken berührte die verschränkten Arme seiner Frau, die zu keiner Bewegung in der Lage schien.

»In das Gesichtchen haben Sie nicht geschlagen, das sieht man, stimmt's? Sollte ja keiner merken, stimmt's? Wie haben Sie die Schreie erstickt? Oder war es Ihnen egal, ob die Nachbarn alles hören?« Sie trat einen Schritt auf ihn zu. Der Abstand zu ihm war wieder der gleiche. Sie sprach wieder leiser. »Was hat Ihnen das Würmchen getan?« Keine Antwort. »Hat es zu viel geschrien? Zu viel gekotzt, zu viel geschissen?« Keine Antwort. »Einfach die Nase voll gehabt, ja? Einfach draufprügeln, dann wird es wohl leise sein, ja?« Sie stieß mit dem Zeigefinger vor seine Brust.

Der Mann wich zurück und stolperte und stieß seine Frau um. »Du Tier«, sagte Charlotte so leise, dass nur sie es hörte.

Etwas zog an ihrer Kleidung, zog sie nach hinten, weg von dem Mann, der stumm dastand und sie ansah. »Frau Arbro, hören Sie auf.«

Charlotte hörte Reginas Stimme, aber sie drang nicht in ihr Bewusstsein. »Ich warte auf den Tag, an dem du eine Narkose brauchst«, sagte sie ruhig. »Ich freue mich auf den Tag, ich werde da sein und du wirst nicht mehr aufwachen aus dieser Narkose.«

»Jetzt reicht es, Frau Arbro.« Regina packte Charlotte an der Schulter, riss sie herum und schüttelte sie. »Hören Sie auf mit dem Unsinn, was soll denn das? Das führt doch zu nichts.«

Sie riss sich los und ging, ohne etwas zu sagen, an Ringshofer und seiner auf dem Boden sitzenden, schluchzenden Frau vorbei durch die Glastür ins Freie.

Ein Rettungswagen stand auf der Rampe zur Notaufnahme. Zwei Männer in roten Sanitäterjacken beugten sich durch die offenen Türen und wischten den Innenraum. Charlotte ging zu ihnen und bat um eine Zigarette und Feuer. Sie stellte sich an den Rand der Auffahrt und sog warme, schmutzige Stadtnachtluft mit dem beißenden Zigarettenrauch tief in ihre Lungen. Der Nikotinkick traf ihr Gehirn und beschäftigte sie ein paar Sekunden, vernebelte ihre Wut.

›Unnatürliche Todesursache‹ würde sie auf dem Totenschein

ankreuzen. Das erste Mal in ihrem Berufsleben. Der Staatsanwalt musste die Leiche beschlagnahmen. Der Gerichtsmediziner, nicht der Pathologe, war dann zuständig.

Sie schnippte die halbe Zigarette in den Rinnstein und ging durch die Glastür zurück in den Schockraum. Die Eltern standen neben der Liege mit dem toten Säugling. Charlotte wehrte sich gegen den Impuls, sie hinauszuweisen. Sie drehte sich abrupt um und nahm einen Totenschein aus einem der gelben Plastikkästen an der Wand. Alle Formulare waren säuberlich aufgereiht in gelben Kästen. Laboranforderung, Röntgenschein, Formulare für alle möglichen Untersuchungen. Und Totenscheine.

Formulare, Polizei, Vernehmung. Es konnte bis ein Uhr dauern, wenn sonst nichts zu tun war.

Irgendetwas klingelte. Charlotte öffnete die Augen, aber sah nichts. Es klingelte. Ihr Mund war offen, ihr Unterkiefer hing schlaff nach unten. Sie schloss den Mund. Ihre Zunge klebte trocken am Gaumen. Was klingelte? Sie hob das Handgelenk vor die Augen. Es war zu dunkel, um die Uhrzeit abzulesen. Sie wälzte sich auf die Seite, um die roten Ziffern des Radioweckers zu sehen. Das Klingeln. Der Rücken schmerzte, sie verfluchte das Bett. Zwanzig Minuten nach drei Uhr, zwanzig Minuten geschlafen, und dieses verfluchte Klingeln. Sie nahm den Hörer.

»Hallo?«

Die Zentrale verband sie mit der Rettungsleitstelle. Eine grobe, pfälzische Männerstimme kündigte ihr einen Patienten mit einer geplatzten Hauptschlagader an.

»Ein rupturiertes Bauchaortenaneurysma? Wir haben kein Intensivbett frei, kommt nicht in Frage.«

»Zwangsbelegung durch den Notarzt«, sagte die Stimme, »Sie können nichts mehr daran ändern, ich kann nichts mehr daran ändern, in zehn Minuten sind die bei Ihnen.«

»Verdammt, was soll ich mit dem machen? Wir haben kein Bett frei, soll ich ihn mit nach Hause nehmen? Scheiße, schicken Sie den doch in die Uni, wir sind voll, kapiert? Voll.«

»Neun Minuten, Frau Doktor. Sonst noch was Neues?« Die Stimme klang gelassen.

»Ich werde wahnsinnig, die Welt ist voller Wahnsinniger. Wir sind voll, V wie voll, kein Bett, null. Kapiert?«

»Acht Minuten noch, schätze ich. Wissen Sie, Frau Doktor, ich verstehe Sie ja, aber manche Sachen kann man nicht ändern. Einen ruhigen Dienst noch, gell. Und nichts für ungut, Frau Doktor, wiederhören.«

»Aufgelegt. So eine Scheiße!« Charlotte knallte den Hörer auf den Apparat und setzte sich auf. Dieser Notarzt sollte ihr unter die Finger kommen. Zwei Zwangsbelegungen in einer Nacht, dachte sie, so ein Arschloch. Sie hatte ohnehin genug am Hals mit dem toten Baby.

Sie stand auf, suchte die Tür im Dunkeln und knallte sie hinter sich zu. Bei ihrer Lautstärke sollte Marschullek schon aufgewacht sein. Sein Dienstzimmer war neben Charlottes. Sie hämmerte mit der Faust gegen die Tür. »Marschullek, ein Bauchaortenaneurysma – ist in fünf Minuten im Schockraum. Stehen Sie auf.« Keine Reaktion. Charlotte trat mit einer Holzpantine gegen die Tür. »Marschullek? Haben Sie gehört?« Sie trat noch mal und noch mal an die Tür. »Marschullek! Aufwachen! Die kommen gleich.«

Endlich, ein Geräusch hinter der Tür. Sie fragte sich, ob er betrunken war. Warum brauchte er so lange? Der Schlüssel wurde im Schloss umgedreht, die Tür öffnete sich.

»Endlich, jetzt kommen Sie schon, die sind gleich da.« Sie wollte sich umdrehen und den Gang hinunterlaufen, blieb aber stehen. Regina zwängte sich durch den Türspalt in den Flur und kniff die Augen im Neonlicht zusammen.

»Ist mir ja egal, Regina – ich meine, rein beruflich ... ist der Marschullek auch da drin?«

Regina nickte.

»Sie haben ja gehört, was los ist. Gehen Sie schon mal in den Schockraum.« Regina ging und Charlotte wandte sich der Tür zu. »Marschullek, kommen Sie jetzt da raus, oder muss ich Sie holen?« Die Tür öffnete sich wieder. Charlotte nickte und lief in Richtung Schockraum.

Die Glastüren zur Anfahrtsrampe standen offen. Charlotte zog die Plastikhandschuhe über und knotete die Plastikschürze auf dem Rücken. Marschullek kam verschlafen auf sie zu. Sie sprach ihn an. »Wenn es wirklich rupturiert ist, kommen die gar nicht. Geplatzte Aneurysmen haben es noch nie geschafft. Was denken Sie?«

Das Neonlicht blendete Marschullek. Einen dunklen Augenring schmückte eine Lippenstiftspur. »Um die Zeit operiere ich kein Aneurysma, das kann doch nur schief gehen. Deswegen könnte es von mir aus schon geplatzt sein.«

»Sie haben Lippenstift am Auge.«

»Geht Sie gar nichts an.« Er säuberte sich das Ohr ausgiebig mit dem Zeigefinger. Er betrachtete das Ergebnis der Reinigung an seinem Fingernagel. »Halten Sie sich da raus.« Er schnipste den Schmutz von sich.

Zuckendes Blaulicht kündigte einen Rettungswagen an, ein Dieselmotor wurde die Rampe heraufgescheucht, der Fahrer lenkte ein und der Wagen kam parallel zu den offenen Türen zum Halt. Ein Sanitäter sprang aus der Beifahrertür und öffnete die Hecktür des Wagens. Charlotte war schon hinter ihm und sah hinauf in das hell erleuchtete Innere.

Ein Notarzt stand neben der Trage und drückte rhythmisch auf den Brustkorb des Patienten. Das Blaulicht zuckte in Charlottes Augen, der Geruch verbrannten Diesels brannte in ihrer Nase. Ein Martinshorn aus der Ferne kam näher.

Marschulleks verschlafene Stimme war direkt hinter ihr. »Na, das ist vorbei. Habe noch keinen gesehen, der reanimiert in die Klinik kam und überlebt hat. Gehen wir wieder ins Bett.« Er schmatzte durch die Zähne.

Sie hasste dieses Geräusch. Das Geräusch gelangweilter alter Männer mit schlecht sitzenden Gebissen. »Wir haben sowieso kein Intensivbett. Wir hätten ihn nach der Operation verlegen müssen. Übersteht keiner, so was. Haben Sie ein Gebiss, Marschullek?«

»Sie sind schon eine seltsame Type, Arbro, wissen Sie das eigentlich?«

»Was gibt es?«, rief sie in den Wagen.

»Fünfundsiebzig Jahre, männlich. Im Hotelzimmer aufgefunden.« Die Stimme des Notarztes war abgehackt, er atmete schwer. »Hat der Wirtin erzählt, er ist nach Heidelberg gekommen. Um sich untersuchen zu lassen. Wegen seiner Hauptschlagader. Die hat ihn gefunden. Nackt. In der Dusche. Hat wohl ziemlich gerumpelt. Hat Glück gehabt, dass sie ihn gehört hat. Als wir gekommen sind, hat er noch spontan geatmet. War aber bewusstlos. Abwehrspannung über dem Abdomen. Könnte zum geplatzten Aneurysma passen. Hat aber auch einen Schrittmacher. Glaube nicht, dass der Probleme macht. Im EKG schaut es so aus, als wenn er funktioniert.«

Marschullek schmatzte wieder. Sie fragte sich, ob er auch schmatzte, wenn er Regina beschlief. »Sie schmatzen, das klingt fürchterlich.«

Marschullek grunzte.

»Während der Fahrt dann plötzlich völlig eingebrochen. Kein Druck mehr. Vorgewölbtes Abdomen. Seitdem Reanimation. Hat nie einen Druck gehabt. Der Schrittmacher läuft. Das Herz übernimmt die Impulse. Kommt aber nichts an, ohne Blut. Es wird schon ein Aneurysma sein.«

»Wie lange drücken Sie?«, sagte Marschullek.

»Eine halbe Stunde, oder so.«

»Hat nie selber was gemacht?«

»Nie.«

»Hat keinen Sinn. Aber fahren Sie ihn mal in den Schockraum. Ich mache einen Ultraschall, dann wissen wir es genau und können beruhigt ins Bett.« Er klopfte auf Charlottes Schulter und grinste sie an wie Jack Nicholson. »Stimmt's, Frau Arbro, da wollen wir wieder hin.«

Sie gab einen Laut des Abscheus von sich.

»Ich schiebe es auf die Uhrzeit«, sagte er, immer noch grinsend.

Sie fuhren in den Schockraum. Er schaltete das Ultraschallgerät ein und klatschte Gel auf den prallen, blaurot verfärbten Bauch des alten Mannes, während der Notarzt rhythmisch den Brustkorb bearbeitete.

Charlotte beobachtete den schwarzen Bildschirm, der gleich Auskunft geben würde, ob sie wieder ins Bett gehen durfte oder den Rest dieser entsetzlichen Nacht im Operationssaal mit einem Kretin und Chirurgen verbringen musste.

»Das war es.« Er wischte den Schallkopf ab und hängte ihn an eine Halterung am Gerät. »Lassen Sie es, hören Sie auf. Ein Riesenaneurysma, wäre so und so inoperabel. Der ganze Bauch voller Blut, völlig aussichtslos. Regina, tragen Sie als Todeszeitpunkt jetzt ein.«

Also ins Bett, sie war erleichtert.

Regina sagte: »Frau Arbro? Todeszeitpunkt jetzt?«

»Ja, tragen Sie es so ein.«

Marschullek kratzte sich unter dem Arm. »Haben uns einen

Haufen Arbeit gespart, der wäre für eine Menge Komplikationen gut gewesen. So wie der aussieht, hat er gesoffen – die machen immer Ärger.«

Charlotte stieß rückwärts gegen den Anästhesiearbeitsplatz und warf das Tablett mit den vorbereiteten Spritzen zu Boden. Sie ging in die Knie, hockte halb unter der Liege mit dem toten Patienten und nahm die Spritzen auf. Sie ordnete sie auf dem Tablett. Parallel, gleich ausgerichtet, die Etiketten nach oben. Es war sinnlos, denn die Schwester würde sie in einigen Minuten wegwerfen. Ihre Hand strich über die Reihe der Spritzen und hielt bei einer an. Sie sah ihrer Hand zu – sie machte es von selbst – die Finger schlossen sich um die Spritze mit dem Aufkleber ›Fentanyl 0,5 mg‹. Sie richtete sich auf, stellte das Tablett auf den Arbeitsplatz und steckte ihre Rechte mit der umklammerten Spritze in die Kitteltasche.

Einige Minuten danach saß sie auf dem Bett im Dienstzimmer. Sie holte die Spritze heraus und drehte sie in der Hand. Sie zog die Schutzhülle von der gelben Injektionsnadel. Es ist ein ziemlich dickes Ding, dachte sie. Es würde weh tun, aber das war egal. Gleich würde es keine Schmerzen mehr geben.

Der Kittel fiel leicht von den Schultern, machte es ihr einfach. Das grüne OP-Hemd reichte nur bis zum Oberarm. Sie spannte die Faust an – schöne, pralle Venen. Die geschliffene, rasiererscharfe Spitze der Nadel drang durch die Haut. Ein Zögern, ein schwarzroter kugelrunder Tropfen trat aus und schmückte ihren Ellenbogen. Etwas am Spritzenkolben ziehen und vorschieben bis ... Der Kolben gab nach. Schlieren dunklen Blutes flossen erst schnell, dann in Zeitlupe in die klare Flüssigkeit. Noch war nichts geschehen, sie konnte die Nadel wieder herausziehen. Sie wünschte sich diese Wärme so, die Geborgenheit, die Sorglosigkeit. Zuerst kam der Kick, wenn das Opiat in das Gehirn schoss wie eine Ariane Fünf. Dann explodierten alle Sorgen zu feinem Nebel, der in unendlicher Zukunft, wenn die Droge abklang, erneut kondensieren würde, aber das war in einer anderen Galaxie. Dann kam die Leere, in die sich Wärme und Zufriedenheit legten wie eine schwere und unglaublich weiche Decke. Nur ein kleiner Druck auf den Spritzenkolben und sie hatte alles, was sie sich wünschte. Sie schloss die Augen, zögerte und suchte die Stimme der Vernunft, aber sie war erstickt unter dem schwarzen Samt der Decke.

Der Ellenbogen war warm und schwer. Sie drückte den Kolben. Erst ein wenig, dann mehr. Etwas in ihr fragte, wie viel zu viel war, wie viel sie noch vertrug, sie achtete nicht darauf.

Kalte Flüssigkeit rann ihren Unterarm hinunter. Sie öffnete die Augen. Die Nadel war aus der Vene gerutscht. Das Fentanyl spritzte aus der Nadel auf ihre Haut und mischte sich mit einem dünnen Strom schwarzen Blutes. Das Rinnsal lief über ihren Unterarm, die Hand, die Hose, das Bettlaken. Es roch nach Blut. Sie erschrak bei dem Anblick, ihre Hand zuckte, die Nadel drang erneut durch die Haut, traf den Knochen. Ein elektrisierender Schmerz durchzuckte ihren Arm, der Zeigefinger vibrierte, brannte wie Feuer. Sie hatte den Nervus medianus getroffen, mitten hindurch gestochen. Sie hatte keinen Tropfen Gift in die Venen gespritzt.

Alle Benommenheit, die Vorfreude auf Rausch und Vergessen waren weggewischt. Erschrecken über den geplanten Rückfall und Erleichterung, dass ein Zufall es verhindert hatte, mischten sich.

Es klopfte an der Tür. Ihr Blick fiel auf den Blutfleck auf dem Bettlaken, die Spritze in ihrer Hand, die beiden blutigen Stiche in der Ellenbeuge. Sie presste die Linke auf die Wunden. Konnte sie nicht antworten? Sie musste durch die Tür sprechen. Die Spuren mussten verschwinden, der billige Schrank in der Ecke konnte die Wäsche aufnehmen, sie hatte keine zweite Hose, sie würde den Kittel darüber hängen und eine neue besorgen. Wohin mit Spitze und Nadel? »Ja, was ist denn?«

Reginas Stimme drang durch die Tür: »Sie müssen noch das Opiatbuch unterschreiben, haben Sie die null Komma fünf Milligramm aus dem Schockraum verworfen?«

Null Komma fünf Milligramm aus dem Schockraum waren mit ihrem Blut vermischt und bildeten schwarze Flecken auf Haut, Hose und Bettlaken. »Jetzt nicht, ich komme nach der Besprechung um acht vorbei. Ich habe das Fentanyl in den Müll gespritzt, die Nadel war abgegangen, war unsteril.«

»Mir wäre es lieber, wenn Sie es jetzt unterschreiben würden.«

Das Mädchen soll sich zum Teufel scheren oder zu Marschullek oder wer weiß, wohin, dachte sie, aber sie soll jetzt verschwinden. Charlotte sah unter die Hand, auf ihre Ellenbeuge. Sofort bildeten sich zwei runde, schwarze Perlen. Sie konnte vorgeben, dass sie nicht allein wäre. Sie läge nackt im Bett, auf ihr ein liebestoller Diensthabender, dafür musste Regina Verständnis haben. »Das geht jetzt wirklich nicht, Regina. Nach der Besprechung, vier Stunden muss das doch warten können.«

Keine Reaktion, war sie noch da? Ihr Kittel war sauber, er wäre eine gute Tarnung. Eine neue Hose konnte sie in der Umkleide des OP bekommen. Die Bettwäsche wollte sie abziehen und falten. Die Putzfrau würde nicht nachsehen, wenn sie das Paket in die Wäsche stopfte. Sie entschied sich, es lieber selbst in den Wäschesack zu bringen, man konnte nicht wissen. War Regina noch da?

»Gut, aber bitte nicht vergessen. Ich bekomme Ärger, wenn das Buch nicht komplett ist.«

»Ich vergesse es nicht.« Sie fragte sich, ob sie kichern sollte, damit Regina glaubte, sie sei nicht allein. Bald würden es alle wissen, aber das war besser als Gerüchte über verschwundenes Fentanyl und seltsames Verhalten. Sie versuchte ein Lachen, schaffte aber nur eine Grimasse.

Charlotte hatte sich zu Hause ausgeschlafen und geduscht. Es war später Nachmittag, sie wartete auf Michael. Sie zog eine Locke vor die Nase, das Shampoo war sündhaft teuer und roch herrlich orientalisch. Sie sah auf die funkgesteuerte Wanduhr. Das metallische Klicken veränderte sich immer ein wenig, wenn der Sekundenzeiger die zweite Hälfte der Minute abarbeitete und nach oben stieg. Fünf Uhr nachmittags. Michael hatte ihr versprochen, um vier Uhr zu Hause zu sein. Sie ließ sich auf das schwarze Ledersofa fallen. Die Nähte der großen Kissen bliesen ihr Wind durch die Haare, dumpfer Ledergeruch stieg auf.

Sie wollte endlich wissen, warum Michael diesen Wermke vertrat. Es konnte nur ein Trick von ihm sein und sie wollte nicht, dass er das Risiko einging. Sie hatte die Frau richtig behandelt, das musste anerkannt werden, auch wenn das Protokoll unvollständig war. Michael sollte ihr helfen, aber sein Weg war nicht der richtige.

Der Schlüssel wurde ins Schloss gesteckt. Die Tür ging auf.

»Hat länger gedauert. Entschuldigung.« Er warf den Schlüssel auf das Glastischchen im Flur, streifte Schuhe und Jackett ab und ging in die Küche. Die Espressomaschine erwachte zum Leben. Er griff in den Schrank über dem Tresen. »Auch einen?«, sagte er durch die Krümel eines Schokoladenkekses. »Was ist denn los? Warum hast du mich herzitiert? Ich habe einen Sack voll Arbeit, macht sich nicht von alleine.« Die Maschine fauchte. Er klapperte zwei Tassen auf Unterteller und stellte einen vor Charlotte, die auf einem Barhocker vor dem Tresen saß.

Sie rührte Zucker in die Espressotasse und nahm den Mürbeteigkeks. »Ich musste gestern zum Justitiar der Klinik – er hat mich wegen der Geschichte im Kreißsaal angemacht. Du weißt schon, Frau Wermke.«

Er nickte langsam.

»Also, du vertrittst diesen Wermke – warum?«

»Was heißt warum?« Er drehte sich zum Kühlschrank. »Warum – weil er einen Anwalt braucht, deshalb.«

»Aber es geht gegen mich, Michael. Du schreibst etwas über Kunstfehler in dem Brief.« Die Kühlschranktür fiel schmatzend zu. »Kunstfehler, verdammt noch mal. Hättest du mir nicht vorher etwas sagen können? Mich vorwarnen?«

Er riss eine Plastikpackung mit fertigen Frikadellen auf.

»So was kann auch in die Hose gehen. Was passiert, wenn der Richter herausbekommt, dass wir ein Paar sind? Du kannst doch nicht mit der Beklagten zusammensein.«

Er drückte einen Streifen Senf aus der Tube kreisförmig auf das Fleisch. »Noch ist das kein Prozess, und warum sollte ich nicht mit der Beklagten zusammensein?«

»Und die Partner in der Kanzlei? Wenn die herausfinden, dass du Wermkes Interessen nicht voll vertrittst?«

Er legte die zweite Hälfte des Brötchens auf den Senf und drückte das Paket zusammen. »Nicht voll vertrittst? Warum denn nicht? Natürlich vertrete ich die Interessen von Wermke in der Sache.«

Ihr Löffel fiel klirrend auf den Unterteller. Er sah sie unverwandt an und biss langsam in die Semmel. Senf tropfte auf seine Hand.

Das Geräusch der mahlenden Zähne verursachte ihr Übelkeit. Ist es kein Trick, dachte sie, will er Wermke ehrlich vertreten? Sie spürte Staunen, Wut, Unglauben.

»Du verklagst mich, Michael? Mich? Wenn ich den Prozess verliere, kann ich meinen Job an den Nagel hängen, meine Approbation als Ärztin vielleicht gleich mit dazu.«

»Langsam. Es ist noch kein Prozess. Wenn das Krankenhaus

Wermke gibt, was ihm zusteht, gibt es keinen Prozess. Job, Approbation, das ist doch alles Spekulation. Es wird auf einen Vergleich hinauslaufen.«

»Spekulation? Du nimmst es in Kauf. Wenn es passiert, hast du Anteil daran.« Sie stand auf, beugte sich über den Tresen. »Warum, Michael? Warum machst du das?«

»Warum? Einer muss es tun, Charlotte. Das hat nichts mit uns zu tun. Wermke will Geld, er kann es brauchen. Verdammt, seine Frau ist gestorben, er hat ein Kind. Wenn es einer brauchen kann, dann er. Was soll schlecht daran sein, ihm zu helfen?«

»Geld macht seine Frau auch nicht wieder lebendig. Niemand hat sie umgebracht, verstehst du das? Niemand hat sie umgebracht, sie wäre ohne uns noch viel früher gestorben, durch uns hat sie wenigstens eine Chance gehabt. Und warum musst ausgerechnet du mich verklagen? Erklär es mir, Michael, erklär es mir. Bitte.«

»Da gibt es nichts zu erklären. Wermke hat sich an unsere Kanzlei gewandt, weil wir bekannt sind für Medizinrecht, das machen wir gut.« Er legte das Sandwich auf den Teller und leckte den Senf von seiner Hand. »Ich habe etwas gutzumachen. Der letzte versiebte Fall ist noch nicht vergessen. Das hier ist eine gute Sache, damit zeige ich ihnen, dass ich es noch kann.«

Sie schlug mit der Hand auf die Marmorplatte des Tresens, ein flaches, kaltes Geräusch. »Du willst ihnen zeigen, dass du es noch kannst, indem du deine Freundin fertig machst?« Sie fuhr mit dem Daumen hinter imaginäre Hosenträger auf der Brust und senkte die Stimme. »Hey, schaut mal her, Leute, ich bin tough, ich hau meine Alte in die Pfanne, bin noch zu was gut.« Sie hob fragend die Hände. »Ist es das? Bin ich ein Demonstrationsobjekt? Das letzte Tabu, mach deine Familie fertig, dann wissen wir, dass du ein echter Anwalt bist?« Ihre Stimme bebte, ihre Wut wollte heraus, ihr Unglauben hielt sie zurück.

Er schüttelte den Kopf und sagte: »Was du redest, ist Unsinn. Wermke ist ein Fall, da sind keine Gefühle drin, einfach nur ein Fall. Es geht um Geld. Niemand will dich fertig machen. Wenn ich den Burschen nicht vertrete, dann macht es ein anderer, er will …«

Der Barhocker fiel klappernd auf den Fliesenboden. Sie sprach lauter. »Für mich ist das nicht einfach nur ein Fall. Soll ich dir beschreiben, wie ich mich gefühlt habe, als mir die Frau unter den Händen gestorben ist? Wie ich mich gefühlt habe, als ich Wermke gesagt habe, seine Frau ist tot? Als ich ihm sein Baby gegeben habe?«

»Und Wermke? Um wen geht es denn hier? Um deine Gefühle oder um das Leben von Frau Wermke?«

Charlotte schrie ihn an: »Und was kümmert dich mehr, die Gefühle von Wermke oder meine?«

Michael schrie: »Lass die Gefühle da heraus, verflucht! Nichts, gar nichts hat das mit Gefühlen zu tun, das hier ist ein Fall, einfach nur ein beschissener Fall, das hat nichts mit uns zu tun.«

»Keine Gefühle? Und warum schreist du? Was ist das für Quatsch? Das hat nichts mit uns zu tun? Du spinnst, du kannst nicht monatelang tagsüber alles daran setzen, mir Kunstfehler nachzuweisen und abends nach Hause kommen und so tun, als wenn nichts wäre. Bist du denn völlig verrückt?«

»Ich bin nicht verrückt, und genau das kann ich tun, ich kann professionell sein. Ich halte mein Privatleben aus der Arbeit. Ich weiß nicht, ob du das noch kannst.«

»Ich kann meine Gefühle nicht aus meiner Arbeit heraushalten, oh Gott, ich wäre froh, wenn das ginge.« Sie ging einen Schritt auf ihn zu. »Was glaubst du waren meine Gefühle heute Nacht? Heute Nacht haben irgendwelche Kinder-Eltern ihr Baby totgeschlagen. Sie haben es zu mir gebracht, haben geglaubt, ich könnte es retten.« Sie schloss die Augen. »Verdammt, ich war am Ende, ein Nervenbündel. Dann ist ein Aneurysma in den Schockraum gekommen.« Sie sah ihn an und packte sein Hemd, zog und stieß ihn, dann ließ sie ihn los. Er sah sie stumm an. »Michael, ich habe einfach keine Lust gehabt, ich wollte nicht mehr. Der Mann ist gestorben und ich war froh darüber. Froh, weil ich wieder ins Bett wollte.« Sie ließ die Hände sinken und sah auf den Boden. »Stell dir das vor, ich war froh, dass er endlich tot war, weil ich schlafen wollte. Das ist schrecklich, was ist aus mir geworden?«

Er sah sie ein paar Sekunden stumm an. »Ich sehe die Sache nüchtern.« Er lehnte sich an den Kühlschrank. »Wenn du die Wermke-Sache nicht aufblasen würdest wie einen Heißluftballon, gäbe es auch kein Problem. In letzter Zeit siehst du überall nur Menschen, die dir ans Leder wollen. Alles Feinde. Die Welt voller Schurken, nur du bist gut.« Er hob die Hände wie zur Anbetung. »Nur Charlotte Arbro ist der letzte Hort des Guten.«

»Blödsinn.« Sie zügelte ihre Stimme und unterstrich jedes Wort mit einer abwehrenden Handbewegung. »Ich kann nicht verstehen, dass du kein Problem damit hast, einen Menschen zu vertreten, der mich um ein paar Millionen Euro erleichtern will. Das ist doch nicht gerade Alltag, auch bei Rechtsanwälten.« Die rechte Ellenbeuge schmerzte plötzlich, sie rieb die Stelle unwillkürlich.

Michael schüttelte den Kopf. »Nicht *dich* erleichtern. Das Krankenhaus, deine Haftpflichtversicherung. Kannst du nicht einfach akzeptieren, dass dich niemand aus persönlichem Hass fertig machen will?«

Sie presste die Handflächen auf ihre Schläfen und versuchte, ihre Stimme nicht zu laut werden zu lassen. »Bin ich auf einem anderen Stern? Ich kann das nicht glauben. Du bist doch keine Maschine, du bist doch ein Mensch, irgendwo muss doch eine Grenze sein. Besteht dein ganzes Leben nur aus Arbeit? Denk doch mal an uns, meinst du im Ernst, unsere Beziehung hält so einen Prozess aus, wenn du Wermke vertrittst?«

»Du blutest ja.« Michael reichte über den Tresen, griff nach ihrer Hand und zog sie zu sich. Ein Streifen Blut erschien unter der Manschette der hellen Seidenbluse und hatte sich auf dem Daumenballen zu einem Tropfen gesammelt. »Was ist? Hast du dich verletzt?«

Sie zog die Hand zurück und presste die Handfläche auf die Ellenbeuge. »Es ist nichts. Lass. Ich kleb einfach ein Pflaster drauf.«

Er ging um den Tresen und zog den Arm zu sich. »Nein, lass mich mal sehen, nimm die Hand weg, da ist ja ein Blutfleck. Deine Ellenbeuge ...« Er zog sie plötzlich mit einem Ruck zu sich und hielt ihr Gesicht in seinen Händen. Sie wollte wegsehen, aber er ließ es nicht zu. Unsanft drückte er ihren Kopf nach oben. »Schau mich an, Charlotte.« Er sah ihr einige Sekunden in die Augen. »Die Pupillen sind normal. Was ist das in der Ellenbeuge? Hast du dir wieder etwas gespritzt?«

Sie antwortete nicht. Sie hatte es gewollt, die Nadel war in der Vene gewesen, aber sie hatte nichts injiziert. Sie riss sich los und schrie ihn an: »Lass mich los! Fass mich nicht an!«

»Du hast dir wieder irgendein Scheißopiat in den Schädel gedröhnt.« Er packte ihre Schultern und schüttelte sie. »Verdammt! Bist du verrückt? Drei Jahre clean, ich habe gedacht, es ist vorbei. Kaum kommt ein bisschen Stress, schon haust du dir wieder dieses Gift rein – hast du noch alle beisammen? Du Idiot!«

Er hatte Recht. Sie hatte es gewollt, was sollte sie sagen? Dass sie es nie wieder tun wollte? Dass sie glücklich war, dass es misslungen war? Dass sie aufgewacht war, wie aus einem Traum, und mehr als jemals entschlossen war, das Zeug nicht mehr anzurühren?

Er schüttelte sie wieder. »Sag was!« Er wartete. »Sag was, verdammt. Wie soll es denn weitergehen? Willst du wieder Angst haben? Täglich Angst haben, dass sie dich entdecken?« Er ließ sie los und drehte sich um. Eine Weile standen sie still da. Sie stand hinter ihm, hielt die Handfläche auf die Ellenbeuge gepresst, sah Michaels breiten Rücken an und wusste nicht, was sie sagen sollte.

Er drehte sich abrupt um und deutete mit ausgestrecktem Arm auf sie. »Das«, er betonte das Wort, »*das* kostet dich die Approbation, Charlotte.« Er atmete schwer. »Das ist dein wirkliches Problem, dieser Prozess ist nichts dagegen. Nicht Wermke, nicht ich, nicht deine Chefin sind dein Problem, Charlotte – *du* bist es. Du selbst machst dich kaputt.«

Sie stand bewegungslos vor ihm. Sie glaubte nichts von alldem. Sie konnte es ihm sagen, aber er wollte es nicht hören. Warum sollte sie sich die Mühe machen, es ihm zu erklären? Sie wollte nichts erklären. Nicht ihm. Nicht mehr.

»Wie lange geht das schon? Wie lange schon stiehlst du wieder Spritzen? Hast du die Tricks noch drauf?« Er lachte auf. »Du bist geübt, kannst sie alle austricksen. Bist du stolz darauf?«

»Alles Blödsinn.« Charlotte schüttelte den Kopf und wollte an ihm vorbei in ihr Schlafzimmer, um ein Pflaster zu holen und sich umzuziehen.

»Alles Blödsinn?« Er packte ihre Schulter und ließ sie nicht vorbei. »Ich sag dir, was Blödsinn ist. Blödsinn ist, dass ich das noch mitmache. Aber diesmal nicht, nicht mit mir, Charlotte.« Er zögerte, sein Blick schweifte einen Moment ab. »Ich stelle dir kein Ultimatum, keine Entscheidung, Droge oder ich. Diesmal nicht, ich mache das nicht noch einmal mit. Mach dich kaputt von mir aus, aber ohne mich. Such dir eine andere Wohnung.«

Sie schob seine Hand von ihrer Schulter und ging weiter. »Das hätte ich sowieso getan«, sagte sie, ohne ihn anzusehen. Es ist die beste Lösung, dachte sie. Süchtige kannten keine Moral, sie saugten ihre Umgebung aus, belogen und bestahlen sie, wo sie konnten. Man lebte für die Sucht, man war die Sucht, die Sucht war man selbst. Sie kannte das. Der Güterzug war um Haaresbreite an ihr vorbeigerast. Sie hatte den Sog gespürt, die Gefahr wieder erlebt. Sie wusste, wie sehr sie sich in Acht nehmen musste.

## 11. Kapitel

Die Frau von der Personalwohnheimverwaltung hatte für Charlotte einen Termin am Abend ausgemacht. Sie wollte bei Emelie keinen freien Tag dafür verlangen und sie wollte nicht, dass ihr Umzug Gerüchte in der Klinik erzeugte. Sie wollte nur den Schlüssel für das möblierte Zimmer abholen und sich so wenig wie möglich mit den Mitbewohnern und schon gar nicht mit dieser Hausmeisterin beschäftigen.

»Warum so spät, junge Frau?« Die Dicke mit den dunklen strähnigen Locken roch nach Schweiß und schmatzte auf einem Kaugummi. Das musste die Hausmeisterin im Personalwohnheim des Waldklinikums sein.

»Die Wohnheimverwaltung hat den Termin ausgemacht.« Charlotte gefiel der Tonfall nicht.

»Die Wohnheimverwaltung bin ich. Die in den Büros da drüben schieben einen Haufen Papier hin und her, aber die Arbeit, Schätzchen, die mache ich hier. Wenn du was willst hier, frag mich. Dann kommen wir gut miteinander aus.«

Sie wollte nicht gut auskommen mit diesem schwitzenden Ungetüm, dessen Oberlippe eine Rasur vertragen konnte.

»Geben Sie mir einfach den Schlüssel, dann lasse ich Sie schon in Ruhe.« Sie hielt der Hausmeisterin die ausgestreckte Hand hin, damit der Schweißgeruch so weit weg wie möglich blieb.

»Mir soll das recht sein, ich kreuz auf dem Protokoll an, dass alles in Ordnung ist.« Sie unterbrach sich mit zwei oder drei schmatzenden Kaubewegungen. »Wenn es beim Auszug Probleme gibt, lass dir bloß nicht einfallen, rumzujammern.«

Der Schlüssel an einem blauen Plastikschild fiel in Charlottes offene Handfläche. »Da, Schätzchen, dein Durchschlag von dem Protokoll.« Das dünne Papier riss zur Hälfte durch, als die Hausmeisterin das Formular trennte. »Egal – was in Ordnung ist und was nicht, entscheide sowieso ich, der Zettel ist aber Vorschrift.« Die Dicke kratzte sich am Kopf.

Charlotte wollte, so schnell es ging, wieder aus dieser Bruchbude raus. Für den Moment musste sie sich darauf konzentrieren, ihren Job anständig zu machen und der Chefin zu beweisen, dass sie das Zeug zur Oberärztin hatte. Ihre Möbel konnte sie von Michael holen, wenn sie eine anständige Wohnung gefunden hatte. Dazu brauchte sie Zeit und einen freien Kopf – beides hatte sie zur Zeit nicht.

# 12. Kapitel

Der Ziffernblock neben der Tür zur OP-Umkleide gab helle Pieptöne von sich, während die Finger einen Code eingaben: drei eins sieben sieben. Ein Summer gab die Tür frei, der Mann lehnte sich gegen die Tür. Er wechselte seine weiße Dienstkleidung gegen die dunkelgrüne OP-Wäsche.

30. Juli 2002, das Blatt des Kalenders wurde sorgfältig abgerissen, einmal zusammengefaltet und vorsichtig in die Tasche geschoben.

Der Gang zu den Operationssälen war leer. Es war sieben Uhr abends, die Putzfrauen waren für heute fertig. Wenn keine Notfälle in der Nacht operiert werden mussten, kamen sie erst früh am Morgen wieder.

Er musste es jetzt tun, er hatte es genau ausgerechnet. Bei dieser Temperatur brauchten die kleinen Biester eine Stunde, um sich einmal zu vermehren. Bis morgen früh waren dann genug da, um eine Blutvergiftung auszulösen, wenn das Propofol gespritzt wurde, aber nicht genug, um durch Geruch oder Aussehen aufzufallen. Ein genialer Plan, niemand würde dahinter kommen. Jedes Mal ein neuer genialer Gedanke, das machte ihn unangreifbar. Niemand konnte auf einen Mord kommen. Wer dachte denn schon an Mord in diesem hochwürdigen Haus?

Die Klimaanlage brummelte sanft vor sich hin, ein Wasserhahn tropfte regelmäßig, ein eigenartiges Ticken drang aus der Decke. Die Klimaanlage hatte den Raum zum Schutz vor Keimwachstum auf unter zwanzig Grad gekühlt. Aber in so einer wunderbaren Nährlösung wie dem milchartigen Narkosemittel Propofol wuchsen die Viecher sogar bei achtzehn Grad.

Er hasste sie. Sie musste bezahlen. Er würde weitermachen, bis sie weg war.

Er öffnete den kleinen Schrank über dem Narkosearbeitsplatz und nahm eine Durchstechflasche Propofol heraus. Vorne am Deckel, wo der Ring zum Öffnen angebracht war, gab es eine Stelle, durch die man eine Nadel stechen konnte, ohne dass man später etwas erkennen konnte.

Der Spritzenkolben drückte die dicke, gelbliche Flüssigkeit

in die Durchstechflasche. Der Rest der Spritze war mit Sauerstoff gefüllt. Die kleinen Biester brauchten schließlich ein wenig Luft zum Atmen. Er schwenkte die Flasche ein paar Sekunden, bis keine Schlieren mehr zu sehen waren, und hielt sie zum Vergleich neben die anderen im Schrank. Es war kein Unterschied festzustellen. Er stellte die Flasche wieder an den ersten Platz der Reihe vor die anderen.

Sie mussten sie als Erstes verwenden, sonst ging seine Berechnung nicht auf. Dann würde Gas entstehen, es würde riechen beim Aufziehen oder die Farbe der Emulsion veränderte sich. Aber warum sollten sie es anders machen als sonst? Es würde funktionieren. Er war klüger als sie, er konnte sie alle an der Nase herumführen. Er lächelte, als er hinausging, die Schiebetür langsam schloss und den Gang entlangschlenderte. Er war unangreifbar.

## 13. Kapitel

Am nächsten Morgen stand Charlotte mit Knut im Einleitungsraum und las in den Unterlagen des Patienten. Sie schüttelte den Kopf, ließ die Papiere sinken, hob sie wieder und las weiter. Plötzlich klappte sie den braunen Aktendeckel zusammen, warf ihn auf den Tisch zu den Medikamenten und sagte: »Warte noch einen Augenblick, Knut, ich muss noch mal mit Brandmann sprechen.«

Charlotte ging einen Schritt in den Flur vor den Operationssälen und zog die Tür zum Einleitungsraum hinter sich zu. »Wir sollten den alten Herrn nicht operieren, das Risiko ist einfach zu hoch.« Sie stand vor Brandmann und zog den Mundschutz vor dem Gesicht herunter.

Er hatte die Hände auf den Rücken gelegt und sie hörte das Plastiklineal regelmäßig leicht auf seinen Kittel schlagen. »Was meinen Sie, wir sollten ihn nicht operieren? Wer operiert ihn, Professor Hochstöcker oder Sie? Das müssen Sie schon ihm überlassen.« Er wippte etwas schneller auf den Fersen auf und ab. Bei jedem Satz wanderte sein Blick von ihren Augen einmal nach unten zu ihrem Ausschnitt und wieder nach oben.

Charlotte verschränkte die Arme vor der Brust und sagte: »Herr Brandmann, der Mann ist einundneunzig Jahre alt, der wird nicht mehr viel herumlaufen in seinem Leben. Warum muss der denn eine neue Hüfte bekommen? Und Professor Hochstöcker operiert ihn, ich meine …«

»Was wollen Sie sagen, Frau Arbro?«

»Nun, Professor Hochstöcker ist nicht mehr ganz auf der Höhe.«

»Davon will ich nichts hören. Sie sind Anästhesistin, Sie können das gar nicht beurteilen, ob jemand operieren kann oder nicht. Halten Sie sich bloß zurück mit solchen Aussagen, Sie können großen Ärger bekommen. Professor Hochstöcker ist Chefarzt der Chirurgischen Klinik und solange er das ist, haben weder Sie noch ich ihn zu kritisieren. Haben wir uns verstanden?« Sein Blick wanderte wieder zu ihrem Ausschnitt.

»Aber Sie wissen doch selbst ganz genau, dass der Blutverlust bei Professor Hochstöcker höher ist als bei anderen.«

»Schluss jetzt! Meine Anweisung war doch völlig klar! Keine Kritik an Chefärzten und schon gar nicht aus anderen Fachgebieten, haben wir uns verstanden?« Er blickte sie herausfordernd an. Das Lineal hatte seine Taktfrequenz erhöht und er wippte schneller auf den Fersen.

Selbst wenn ein schneller Operateur wie Marschullek dem alten Herrn die neue Hüfte reinklopfen würde, käme schnell über ein Liter Blutverlust zusammen, dachte Charlotte. Ein paar Tage im Bett genügten für einen alten Menschen wie diesen – mit Abwehrschwäche durch Blutverlust, Transfusion und Operationstrauma. Eine Lungenentzündung würde er sich holen, vermutete sie. Das Risiko war immens. Er war Privatpatient. Vor seinem Tod würden die Chefs noch ordentlich abkassieren. »Glauben Sie denn, dass er das überlebt? In diesem Alter?«, sagte sie.

»Jetzt reicht es aber, Frau Arbro. Was denken Sie denn? Hochstöcker und die Chefin haben den Patienten vor der OP gesehen, beide haben ihn für operationsfähig gehalten, sonst wäre er ja schließlich nicht hier. Sie sollten sich das zweimal überlegen, ob Sie die Urteilsfähigkeit von zwei Chefärzten anzweifeln. Nicht besonders klug, würde ich sagen.« Sein Blick schweifte erneut nach unten ab.

Sie konnte sich weigern, den Alten zu narkotisieren. Aber das würde nichts helfen. Dann würde eben ein anderer die Narkose machen, vielleicht einer mit weniger Erfahrung als sie selbst. Einer, der das Risiko falsch einschätzte. Sie konnte nichts anderes tun, als so gut wie möglich auf den Patienten aufzupassen. Charlotte schob die Tür wieder auf und sagte: »Kann losgehen, Knut.«

»Was nehmen wir?«, sagte er. »Propofol?«

Charlotte nickte. »Macht es angenehmer für ihn, wir müssen nur schön vorsichtig sein.«

Ole rief aus dem Einleitungsraum des Nachbarsaals: »Charly, wirf mir mal ein Fläschchen Propofol rüber, bei uns ist es ausgegangen.«

Sie griff in das Regal, nahm die erste Durchstechflasche aus der Reihe und warf sie zu Ole, der im Durchgang stand und die Hand wartend nach oben hielt.

Knut riss die Hand nach oben, griff in die Flugbahn und hielt plötzlich das Fläschchen in der Hand. »Danke schön, Charlotte.«

Sie nutzte den Schwung des Wurfes aus, drehte sich um sich selbst, griff ein neues Fläschchen und warf erneut.

»Mit der Grazie einer Elfe, meine Teuerste. Bin zu ewigem Dank verpflichtet«, sagte Ole und drehte sich mit Schwung und dem Fläschchen in der erhobenen Hand auf einem Bein um.

Der alte Herr lag schlafend auf der Liege. Knut riss die Metallschutzfolie ab und stach eine dicke Nadel in den Gummistopfen des Fläschchens mit der weißen Emulsion darin. Das Narkosemittel strömte in die Fünfzigmilliliterspritze.

»Warten wir noch auf die Chefin?«, sagte Knut, während er die Spritze mit dem Propofol in die Pumpe einspannte und die Infusionsleitungen anschloss.

»Nein, wir fangen an. Sie wird später kommen und das Protokoll unterzeichnen oder Brandmann bringt es ihr. Und vergiss nicht, sie in das Protokoll einzutragen.« Sie weckte den alten Herrn nicht auf, bevor sie ihn betäubte. Sie ließ Knut die Propofolpumpe starten und beobachtete den Brustkorb des Patienten. Sobald es wirkte, würde er aufhören zu atmen.

Eine Viertelstunde später kam Hochstöcker gleichzeitig mit Marschullek in den Operationssaal. Marschullek redete auf seinen Chef ein, während er sich die Hände desinfizierte, und machte der OP-Schwester Zeichen, sich zu beeilen. Er ließ sich Kittel und Handschuhe überstreifen und blickte zu Charlotte, um ihr mit einer Hand ein Telefon neben seinem Gesicht anzudeuten. Sie verstand. Sein Chef hatte sich nicht abschütteln lassen und er wollte ihn durch einen fingierten Anruf weglocken lassen.

Sie schickte Knut mit einem geflüsterten Satz in den Nebensaal, um anzurufen und Hochstöcker zu verlangen.

Es misslang. Hochstöcker desinfizierte seine Hände gründlich und ließ ausrichten, dass er nicht gestört werden könne, eine schwierige Operation warte auf ihn. Charlotte bemitleidete den alten, kleinen Mann. Die hellblaue Gesichtsmaske ließ die Runzeln um die Augen noch stärker hervortreten. Mit den buschigen grauen Augenbrauen sah er aus wie ein freundlicher alter Zauberer aus einem phantastischen Kinderfilm. Sie machte eine entschuldigende Geste zu Marschullek hinüber, als ihr Knuts Gestikulieren auffiel.

»Schau mal hierher, Charlotte, der Blutdruck sinkt seit ein paar Minuten, die Herzfrequenz steigt.«

Sie untersuchte den Patienten, berührte seine Haut, öffnete die Lider. Es schien ihm nicht gut zu gehen. Die Narkose milderte viele der Zeichen, die sie auf einer innerlichen Checkliste, sortiert nach möglichen Ursachen, abarbeitete. Die jahrelange Erfahrung hatte sie ein Gefühl für Ärger entwickeln lassen und hier war definitiv etwas faul. »Marschullek, warten Sie noch, bitte fangen Sie noch nicht an. Hier stimmt etwas nicht.«

»Sind Sie verrückt?« Marschullek senkte seine Stimme zu einem Flüstern. »Ich muss in fünf Minuten bis auf den Knochen gekommen sein, bevor der Alte fertig ist.« Er machte eine ärgerliche Handbewegung zur OP-Schwester, die Operationshandschuhe für Hochstöcker vorbereitete. Er zischte die Schwester an: »Machen Sie einen Schnitt in einen Finger. Irgendetwas. Halten Sie ihn auf, ich brauche zehn Minuten.«

»Nicht anfangen, dem Alten geht es nicht gut! Da stimmt was nicht. Mir wäre es lieber, wenn wir die Operation verschieben.«

Er hob seine Stimme nur wenig über Flüsterton. »Verschieben? Sind Sie übergeschnappt? Was soll er denn haben? Alt ist er, weiter nichts. Wir müssen die Operation schnell hinter uns bringen, dann geht's ihm wieder besser.«

Die Herzfrequenz stieg, der Blutdruck fiel weiter.

»Knut, ich brauche einen Noradrenalinperfusor und einen Haufen Infusionen. Alles sieht nach Sepsis aus.« Zu sich selbst und leiser fügte Charlotte hinzu: »Aber woher?« Sie wog die Möglichkeiten ab. Noch hatte die Operation nicht begonnen, und es war das Sicherste, die Sache abzubrechen. Der alte Mann gehörte auf eine Intensivstation, eine Operation würde ihn umbringen. Sie sah Marschullek über die Abdeckung in die Augen. »Nein, auf keinen Fall operieren. Ich glaube, er wird septisch. Weiß der Teufel, woher er das jetzt hat.«

»Quatsch, natürlich wird er operiert. Wissen Sie, wie lange das geplant war?«

»Es war nicht geplant, dass er vor der Operation eine Sepsis bekommen sollte«, sagte sie und berührte die Haut des Patienten. Sie war trocken und zu warm.

»Sepsis? Wo sollten denn auf einmal die Bakterien herkommen?« Er schüttelte den Kopf und wedelte mit der Hand. »Schwester, das Skalpell.«

»Nein, lassen Sie das Messer liegen, Schwester«, fauchte Charlotte.

Marschulleks Stimme wurde drohend: »Hochstöckers Familie und seine sind bekannt. Wenn Sie da jetzt reinpfuschen, bekommen Sie einen Haufen Ärger, das sage ich Ihnen.«

»Nicht anfangen, sage ich. Schwester, legen Sie das Skalpell weg, nicht operieren.« Sie wandte sich Marschullek zu. »Eine elektive Operation – das ist doch aufschiebbar, bis wir wissen, was er hat, oder bis er sich wieder erholt hat. Ihn so zu operieren, ist Mord.«

Die Operationsschwester verdrehte die Augen und sagte: »Wenn sich die Damen und Herren Akademiker bitte mal einigen könnten.«

Marschullek stampfte mit dem Fuß auf und bemühte sich nicht mehr um leise Sprache: »Jetzt reicht es aber. Er ist schon narkotisiert, Frau Arbro – war ich das oder Sie? Das hätten Sie auch ein bisschen früher bemerken können. Was glauben Sie, was die Familie dazu sagen wird? Narkose, aber keine Operation …! Wenn er operiert würde, hätten wir wenigstens einen Grund für Komplikationen, den die Familie verstehen kann.«

Sie war wütend. »Und deshalb wollen Sie ihn operieren? Ich glaube, ich höre nicht richtig.«

»Frau Arbro, was ist mit Ihnen los? Immer wenn Sie da sind,

gibt es Probleme. Was ist das jetzt hier? Sind Sie übervorsichtig oder einfach nur unfähig?«

»Knut, ich brauche zwei Blutkulturflaschen, kannst du welche auftreiben?«

Er bejahte.

»Unfähig wäre es, ihn jetzt zu operieren«, schnaubte Charlotte.

Marschullek riss die Handschuhe von den Händen und zerrte am Operationskittel, bis das Band auf dem Rücken reißend nachgab. Der Teil des Gesichts, den man unter der Gesichtsmaske sah, war rot verfärbt. Seine Stimme bebte, als er sagte: »Glauben Sie nicht, dass das ohne Konsequenzen bleibt, Frau Arbro, Sie werden sehen.«

## 14. Kapitel

Vor vierundzwanzig Stunden hatte er in diesem OP ein paar Millionen Bakterien in ihr neues Zuhause, ein Fläschchen mit PropofolEmulsion, entlassen. Sie hatten ihre Arbeit gut gemacht, die kleinen Biester. Noch war der alte Herr am Leben, aber er musste nicht unbedingt sterben, um seinen Zweck zu erfüllen. Über neunzig Jahre – er hatte ohnehin nicht mehr lange zu leben. Es funktionierte. Die Leute begannen zu reden, es passierte zu viel in letzter Zeit. Das war der richtige Moment, um weiterzumachen. Der Druck musste noch erhöht werden.

Er faltete das Blatt des Abreißkalenders akkurat zusammen und schob es in die Tasche. 31. Juli 2002. Er ging zum Operationssaal drei, ein wenig Abwechslung konnte nicht schaden.

Er legte die Hand auf den Sauerstoffhahn des Narkosegeräts im Vorbereitungsraum, aber er zögerte. Dann schob er die Tür zum Operationssaal auf und ging zum Narkosegerät im Saal. Er drehte den Knopf am Sauerstoffrotameter auf einen Liter pro Minute. Ein Liter Sauerstoff pro Minute, das waren bis morgen früh siebenhundertundzwanzig Liter Sauerstoff, die durch den Kohlendioxidabsorberkalk fließen würden. Das musste genügen, der Kalk würde bis morgen knochentrocken sein.

Es war genial. Völlig risikolos. Wenn es jemand bemerkte, würde der Kalk ausgetauscht, das Versehen bedauert und nichts war passiert. Wer käme auf Absicht? Gar auf ein Verbrechen?

Dann musste nur noch eine Narkose mit Narkosegas gemacht werden. Vielleicht wäre es nicht die erste, vielleicht auch nicht die zweite, aber eine würde es geben. Es gab immer eine Narkose, die mit Gas gemacht wurde. Das Gas würde mit dem ausgetrockneten Kalk reagieren, Kohlenmonoxid würde entstehen, und Hitze. Enorme Hitze erzeugte die chemische Reaktion des Narkosegases mit dem Kalk.

Es würde die Chefin direkt treffen, niemand käme auf die Idee, solche Probleme auf einen Chirurgen zu schieben. Das war eine Anästhesiekomplikation. Eine in einer Serie. Eine Serie, die die Chefin zu erklären hatte, aber nicht erklären konnte.

Der Schwimmer des Rotameters taumelte an der Ein-Liter-Markierung. Er beugte sich hinunter, regelte mit Daumen und Zeigefinger den Gasfluss exakt ein. Es sollte schon genau sein. Ein Lächeln spielte um seinen Mund, er war sorgfältig. Vielleicht sollte er morgen früh kommen und den Sauerstoff ausdrehen? Er entschied sich dagegen.

Kohlenmonoxidvergiftung, das war eine harte Nuss. Man musste schon sehr erfahren sein, um das rechtzeitig zu bemerken. Wer konnte so gut sein? Er zog den Operationsplan für den nächsten Tag aus der Tasche.

Saal drei ... Arbro war eingeteilt. Es war Zufall, aber es war gut. Sie war eine würdige Gegnerin. Sie war erfahren, es war ein ebenbürtiges Spiel. Es gab eine Chance, dass sie es rechtzeitig bemerkte. Man würde sehen, ob sie gut genug war.

# 15. Kapitel

»Du trägst deinen Ring nicht mehr.«

Sie waren eng umschlungen aufgewacht. Sie schmiegte sich an seinen Rücken und wärmte sich. Er hatte ihre rechte Hand in seine genommen und fuhr mit einem vorsichtigen Streicheln über die Stelle, wo der Ring blassere, glatte Haut zurückgelassen hatte.

»Nein, ich trage ihn nicht mehr«, sagte Charlotte. Sie rückte noch näher.

»Dreh dich um, ich möchte dein Gesicht sehen«, sagte er. »Nichts, was uns angeht?«

»Jetzt nicht mehr, jedenfalls.« Charlotte küsste seine Stirn.

»Sag es mir – bitte.«

Charlotte küsste ihn, um ihn zum Schweigen zu bringen. Er sprach in ihre Küsse, sie küsste weiter. Er lachte und hob seinen Kopf aus ihrer Reichweite. »Sag schon, warum darf ich es nicht wissen? Ich will alles wissen über dich, alles.«

Charlotte nahm sein Gesicht in beide Hände, zog es zu sich und biss zärtlich in seine Lippen. Zwischen den Küssen sagte sie: »Du ... willst nicht alles ... über mich wissen ... geht nicht ... später vielleicht. Langsam ... lass mir Zeit.«

Er erwiderte ihre Küsse und zog die Decke über ihre Köpfe.

Zwei Stunden später stand Charlotte in der Klinik vor der Umkleide zum OP, tippte ihren Code in das Schloss und stemmte sich gegen die Tür.

Andrea Rieder ging mit ihr in die Umkleide und warf ihren Arztkittel über die Kleiderstange. »Der alte Mann, der heute Nacht auf Intensivstation gestorben ist, hast du den nicht gestern betäubt?«, sagte Andrea. Sie streifte die weiße Hose ab.

Charlotte bewunderte ihre Figur. Kein Gramm Fett zuviel, dennoch sehr fraulich. Und Andrea tat alles, damit alle etwas von ihren Reizen hatten.

»Heißer Tanga.« Charlotte schüttelte ihre Hand, als ob sie sich verbrannt hatte. »Der alte Herr, ja, das war ich. Ich dachte, ich könnte ihn retten, wenn ich die OP abblase. Marschullek war vielleicht sauer, du hättest ihn hören sollen. Regelrecht gedroht hat er mir. Möchte wissen, was da noch kommt.« Charlotte würdigte Andreas Figur noch einmal mit Blicken. »Brandmann wird wieder zufällig den ganzen Tag in deinem Saal zu tun haben. Nervt dich das nicht?«

»Der? Quatsch. Ab und zu braucht er eine verbale Ohrfeige, das hält ihn auf Distanz. Aber er ist doch recht nützlich, findest du nicht? Was hat der Marschullek denn so abgelassen? Unser strahlender Siegfried, Held der teutonischen Chirurgie.« Andrea zog ihre Bluse aus, wie immer trug sie keinen BH.

»Nichts Spezifisches«, sagte Charlotte. »Ich werde schon sehen. Das bleibt nicht ohne Konsequenzen und so ein Zeug, ganz rot ist er geworden.«

Andrea verknotete die Kordeln der OP-Hose und schnaubte verächtlich. »Lass den doch quatschen. Der bellt, beißt aber nicht.« Sie lachte. »Der Brandmann ist herrlich amüsant, und ich kann alles haben, was ich will.« Sie schnippte mit den Fingern. »Brandmann, eine große Thoraxaoperation.« Sie deutete eine kellnerhafte Verbeugung an. »Bitte, Frau Rieder, selbstverständlich, Frau Rieder, einen Thorax, sobald einer drankommt, jederzeit, noch etwas, Frau Rieder?«

»Marschullek wirkte ernsthaft sauer. Der Hochstöcker war auch da, wollte selbst operieren. War ein Privatpatient, der Opa.«

»Uuhhps. Auwei. Privatpatient. Böse Charlotte! Was soll Hochstöcker denn vererben, wenn du so in sein Kontor fährst?« Andrea streifte sich die Kopfhaube über die Haare und zog eine Gesichtsmaske aus der Pappschachtel neben dem Ausgang.

Charlotte nahm sich mit einem Schulterzucken ebenfalls eine Maske und ging hinaus auf den Gang vor den Operationssälen. Auf dem OP-Plan war sie für Saal drei eingeteilt.

Andrea stand vor Brandmann und gestikulierte mit einem Plan in der Hand. Charlotte trat neben die beiden.

»Wenn Sie wollen, Frau Rieder, dann machen Sie eben Saal drei. Könnte schon spannend sein, eine Whipple'sche Operation. Vielleicht brauchen Sie Hilfe, es ist wohl besser, ich bleibe in der Nähe.« Er machte eine ausholende, abwehrende Bewegung mit beiden Armen. »Nicht, dass ich Ihnen das nicht zutrauen würde, aber es interessiert mich selbst, wissen Sie.« Er drehte sich um und winkte der leitenden OP-Schwester.

Andrea wandte sich zu Charlotte um und sagte hinter einer

vorgehaltenen Hand: »Siehst du? Wie Wachs in meinen Händen.« Sie knetete einen imaginären Klumpen in ihrer Linken. »Macht genau, was ich sage. Musst du auch mal versuchen, macht Spaß.« Sie zwinkerte. »Pass mal auf.«

Brandmann hatte der Schwester die Änderung im Plan in ihren Notizblock diktiert und drehte sich zu Andrea um, die ihre Stirn in Falten gelegt hatte und angestrengt den Plan studierte.

»Ich sehe hier gerade … Schauen Sie mal, Herr Brandmann. Natürlich will ich Ihre Planung nicht durcheinander werfen. Ich meine, so ein Plan macht Arbeit und Sie haben natürlich eine Menge Arbeit, aber wenn es Ihnen nichts ausmacht … Wissen Sie, ich habe schon so viele Whipple-Operationen gemacht. Könnte ich nicht vielleicht doch lieber den Thorax in Saal eins übernehmen?«

Die Schwester ging hinter Brandmann in den Plan vertieft den Gang hinunter. Brandmann kräuselte die Stirn und drehte sich kurz zu der Stelle um, wo die Schwester noch eben gestanden hatte.

Andrea formte mit Daumen und Zeigefinger ihrer Linken hinter ihrem Rücken einen Ring. »Wissen Sie, ich wäre wirklich dankbar, wenn Sie mir da helfen könnten, Herr Brandmann. Thoraxoperationen sind schon immer etwas Besonderes. Ich meine, nur wenn Sie Zeit haben, Sie haben eine Menge anderer Sachen, aber wenn Sie ab und zu bei mir sein könnten?«

»Nun, das wird sich schon regeln lassen. Ich glaube schon, dass ich das hinbekomme. Ich werde eben immer mal wieder weg müssen, aber die meiste Zeit werde ich schon bei Ihnen sein können.«

Andreas Finger öffneten sich mit einem kleinen schnippenden Geräusch und ihre Finger standen gespannt von ihrer Hand ab.

Charlotte biss sich auf die Lippen. Sie ging an den beiden vorbei und schaffte es mit Mühe, die Tür des Vorbereitungsraums hinter sich zu schließen, bevor sie laut auflachte.

Ole streckte seinen Kopf durch die Verbindungstür zwischen den Sälen. »So lobe ich mir das, immer ein heiteres Lächeln auf den Lippen bei der Arbeit. Vorbildlich, Frau Doktor Arbro, vorbildlich.« Er legte den Zeigefinger an die Stelle, an der die Gesichtsmaske sein Kinn verbarg, und hielt den Kopf schräg. »Aber sollte es eventuell ein wenig zu viel des Guten gewesen sein,

Frau Doktor Arbro?«

Charlotte hielt sich am Griff der Tür fest und krümmte sich vor Lachen. »Oh Gott, Ole, das hättest du hören müssen, Brandmann … Andrea, ein Hormonbündel.«

Ole hob den Arm und ließ die Hand vornüber kippen. »Wie unappetitlich.« Er wedelte mit der Hand. »Husch, husch an die Arbeit, Schätzchen.«

»Guten Morgen, Frau Arbro.« Schwester Julianes laute, hektische Stimme holte Charlotte in die Wirklichkeit zurück. »Die Standardmedikamente? Welches Antibiotikum bekommt er? Mit Propofol? Mit Gas? Ja, Herr Kirkendahl, es geht gleich los, haben Sie sich entschieden, Frau Arbro? Wir warten schon, Frau Arbro. Können wir anfangen? Ich muss noch in Saal eins zu dem Thorax.«

»Guten Morgen, Herr Kirkendahl.« Charlotte fasste seine Hand und sah ihn an, wartete, bis er antwortete.

»Sie machen die Narkose, ja?«

»Ich mache die Narkose, ich werde auf sie aufpassen und ich bleibe jede Minute der Operation bei Ihnen, bis Sie wieder aufwachen. Versprochen.«

Er erwiderte ihren Händedruck und lächelte. Charlotte zog die Gesichtsmaske unter das Kinn und lächelte ihn an.

»Endlich auch mal ein richtiges Gesicht«, sagte er. »Danke.«

Juliane klapperte lauter als notwendig mit Spritzen, Tabletts, Instrumenten und Nadeln. Sie sprach ständig Unverständliches vor sich hin.

»Guten Morgen, Juliane.«

Aus dem Gemurmel erhob sich ein »Morgen« in den Bereich artikulierter Aussprache.

»Wir nehmen Gas, für Propofol dauert dies doch ein bisschen zu lang. Sonst Standard. Antibiotikum?«

Juliane ließ ein Fläschchen mit Trockensubstanz in der erhobenen Hand pendeln. »Ist von Station mitgekommen.«

»Alles klar, wir starten.«

Marschullek würde operieren. Ausgerechnet Marschullek, dachte Charlotte. Vielleicht konnte sie aus ihm herauslocken, was er wegen der abgesagten Hüfte gestern gemacht hatte. Wenn er noch nichts unternommen hatte, konnte es helfen, wenn sie ihn darauf hinwies, dass der alte Herr gestorben war. Wahrscheinlich wusste er es aber bereits. Der Tod des Mannes gab ihr Recht, er wäre wohl noch während der Operation gestorben. Das hätte gerade noch gefehlt, dachte sie.

Sie ging voraus in den Operationssaal, während der Lagerungspfleger die schwere Liege löste und in den Saal manövrierte. Gase aufdrehen, Beatmungsmaschine einstellen, sie ging ihre Liste im Kopf durch. Sie sah noch einmal auf die Rotameterknöpfe. Der Sauerstoffhahn war sehr leichtgängig. Sie drehte beide noch einmal zu und öffnete sie ein weiteres Mal. Alles war normal, sie hatte sich wohl getäuscht.

Die Liege mit dem schlafenden Herrn Kirkendahl wurde hereingerollt. Der Beatmungsschlauch ragte senkrecht in die Luft und bewegte sich mit der Fahrt der Liege wie ein zu kurzer Speer, der im Rachen stecken geblieben war. Die Augenlider des Patienten wurden von durchsichtigem Klebeband geschlossen gehalten. Kopf, Arme und der Brustkorb waren in eine Wärmedecke gehüllt. Der Bauch war nackt, blass und rasiert vom Brust- bis zum Schambein. Er wirkte wie nicht zum Rest dazugehörig.

Charlotte drehte den Narkosemittelverdampfer an. Zwei Volumenprozent Sevofluran waren gerade richtig, zusammen mit Fentanyl und der Prämedikation sollte es ein glatter Beginn der Operation werden.

Der chirurgische Assistent klatschte mit einer sterilen Zange einen mit orangegefärbtem Desinfektionsmittel getränkten Tupfer auf Kirkendahls Bauch. Alkoholischer Geruch stieg in Charlottes Nase. Das ruhige Piepsen des Überwachungsgerätes gab Charlotte Ruhe, ohne dass sie auf den Monitor blicken musste.

In immer größer werdenden Kreisen strich die lange Zange mit immer neuen, frisch getränkten Tupfern vom Nabel ausgehend über den Bauch. Im grellen Licht der OP-Lampe und im Kontrast zum Orange wurde das Weiß der Haut weißer und unnatürlich weißer, bis es unter dem Orange endgültig verschwand. Der Ton des elektronisch registrierten Herzschlags war regelmäßig, langsam, beruhigend. Große, blaue Tücher aus Papier mit einer Kunststoffgrundlage und einem selbstklebenden Streifen am Rand rahmten das Zielgebiet ein. Lediglich ein kleiner Tümpel tiefroten Desinfektionsmittels in einer Kuhle, die ein Nabel gewesen war, erinnerte daran, dass dies der Leib Herrn Kirkendahls war.

Ein Schlag des beruhigenden Rhythmus fehlte. Sicher ein Fehler der Elektronik, ausgelöst durch die Berührung des Assistenten. Der Rhythmus war wieder da. Charlotte stand mit verschränkten Armen vor der Abdeckung zum Operationsfeld und hielt ihre Augen auf die orange Fläche gerichtet, unfähig zur Seite zu sehen, obwohl das helle Licht in den Augen schmerzte. Zwei unregelmäßige Schläge in Folge. Sie drehte sich um und beobachtete den Monitor. Am linken Ende des laufenden Bilds konnte sie eben noch die deformierte Stromkurve einer Extrasystole erkennen. Danach wieder ein normales EKG. Das gab es häufig, es hatte nichts zu sagen, sagte sie sich. Sogar die gesündesten und jüngsten Menschen hatten während einer Narkose hin und wieder einen unregelmäßigen Rhythmus.

Wieder zwei falsche Schläge in Folge, jede der beiden Kurven hatte ein etwas anderes Aussehen. Die Extraschläge stammten aus verschiedenen Teilen des Herzens. Kein gutes Zeichen. Charlotte drehte etwas am Rad des Narkosemittelverdampfers. Vielleicht war die Narkose nicht tief genug. Zwei Komma zwei Volumenprozent Sevofluran.

Schon wieder ein paar Schläge außer der Reihe. Was ist falsch, fragte sie sich. Sie stand mit verschränkten Armen und ließ ihre Augen kreisen. Alle Regler waren in Ordnung. Der Blutdruck war in Ordnung. Der Sauerstoffgehalt des Atemgases war hoch genug. Sauerstoffsättigung im Blut war fünfundneunzig Prozent. Das war ausreichend – es konnte besser sein, aber er war ein alter Mann, sie konnte keine Normalwerte erwarten. Sie beugte sich vor und schüttelte sanft das Narkosegerät. Der Flüssigkeitsspiegel im Verdampfer sagte ihr, dass genügend Sevofluran vorhanden war. Wieder ein falscher Rhythmus, diesmal vier Schläge in Folge. Alle waren anders in der Stromkurve. Hier war etwas falsch. Sie wusste nicht was, aber etwas war nicht in Ordnung. Sie brauchte eine zweite Meinung. Vielleicht übersah sie etwas, sie wollte kein unnötiges Risiko eingehen.

Sie hörte die Schwester im Vorbereitungsraum aufräumen. »Juliane!« Ihre Stimme duldete keinen Widerspruch. »Juliane! Ich brauche Sie hier drinnen.«

Die Tür wurde langsam aufgeschoben. Juliane streckte ihren Kopf durch den Spalt und sagte: »Was ist denn schon wieder? Ich muss in Saal eins, Sie müssen schon allein zurechtkommen.«

»Juliane, holen Sie mir Brandmann, ich brauche ihn hier. Sofort.«

»Aber Brandmann hat keine …«

»Keine Diskussion, jetzt. Er muss herkommen, sofort.«

Charlotte berührte die Stirn des Patienten. Die Haut war rosig, warm. Alles schien normal, der Blutdruck war in Ordnung. Gase, Narkose, sie konnte keinen Fehler finden.

Brandmann kam durch die Tür, Juliane Esser folgte dicht hinter ihm und sprach schnell und in noch etwas grellerem Tonfall als üblich auf ihn ein. »Ich habe ihr gesagt, dass Sie beschäftigt sind, sie hat mir keine Wahl gelassen, ich konnte nichts machen.«

Brandmann winkte ihr und sie schwieg. »Was gibt es, Frau Arbro?«

Sie zeigte auf das Überwachungsgerät, der Monitor zeigte ein normales EKG.

»Er hatte Extrasystolen, Klasse Vier nach Lown – ich kann nichts finden, habe schon alles überprüft.«

Brandmann hielt seine Hände auf dem Rücken verschränkt. Ab und zu zuckte das durchsichtige Plastiklineal und schlug leicht auf seinen Rücken. »Klasse Vier? Polytope, ventrikuläre Extrasystolen?« Er nickte zum Bildschirm. »Ich kann nichts erkennen.«

Juliane ging murmelnd aus dem Saal.

Plötzlich kamen wieder zwei schnell aufeinanderfolgende Töne. Wieder. Noch einmal. Der Bildschirm war jetzt angefüllt von grotesken Strombildern, dazwischen kaum noch normale Kurven.

»Ja, ich denke, Sie haben Recht.« Das Lineal schlug schneller. »Sauerstoff? Zu flache Narkose? Ist er herzkrank?«

»Nein.«

Brandmann beugte sich über Kirkendahl, strich über seine Haut, öffnete die Lider und fühlte den Puls der Halsschlagader. Er drehte sich zum Narkosegerät, überprüfte den Füllstand des Verdampfers, die Einstellungen der Gase und beobachtete die Bewegung der mechanischen Teile.

Marschullek kam durch die Schiebetür des Waschraums, von den erhobenen Unterarmen rann Desinfektionsmittel nach unten und tropfte an den Ellenbogen ab. »Der Whipple hier in Saal drei?«, rief er in den Raum, ohne jemanden im Besonderen anzusehen. Niemand antwortete. »Können wir?«, sagte Marschullek, während die Schwester ihm den Kittel reichte.

Weder Charlotte noch Brandmann antworteten.

»Jemand zu Hause? Hallo? Schläft die Anästhesie?«

»Nein, wir können nicht, wir haben hier ein Problem«, sagte Brandmann, ohne sich aufzurichten.

Die Herztöne kamen mittlerweile in völlig regelloser Folge, der Blutdruck war gesunken. Charlotte brach ein paar Ampullen Noradrenalin auf und bereitete eine Spritzenpumpe vor.

»Frau Arbro! Ich hätte es mir ja denken können«, sagte Marschullek, als er sie bemerkte. »Wo Sie auftauchen, gibt es wohl immer Ärger.«

Sie war zu beschäftigt, um sich zu ärgern. Brandmann überprüfte zum dritten Mal alle Einstellungen. Er hatte immer noch die Hände auf dem Rücken verschränkt, das Lineal zuckte nervös. Die Rhythmusstörung schien noch zuzunehmen, Kirkendahls Kreislauf wurde immer instabiler. Sie zitterte die Nadel der Spritze in die dünne Öffnung der Ampulle.

»Können wir jetzt anfangen?« Marschullek stand neben dem Patienten, hatte ein Skalpell in der Hand und schnitt symmetrische Muster in die Luft.

Charlotte spannte die Spritze in die Pumpe und sagte: »Wenn Sie ihn umbringen wollen, dann fangen Sie doch an.«

Er richtete die Klinge des Skalpells auf sie. »Ihre Unverschämtheiten sollten Sie sich abgewöhnen, Frau Kollegin. Damit kommen Sie nicht weit bei uns, glauben Sie mir das.«

Sie sah auf die Blutdruckwerte, deren Zahlen auf dem Monitor rote Farbe angenommen hatten und blinkten. »Legen Sie das Skalpell lieber weg. Ich glaube, wir werden Sie bald um eine Herzmassage bitten müssen.« Sie startete die Pumpe, drehte sich um und riss die Schublade mit den Medikamenten auf. Das alarmrote Etikett der Adrenalinampullen wies ihr den Weg. Sie bereitete Spitzen vor, um für eine Reanimation gerüstet zu sein. »Drehen Sie lieber den Sauerstoff auf hundert Prozent, Herr Brandmann«, sagte sie, ohne sich zu ihm umzudrehen.

Er zögerte, brummte dann »natürlich«, und drehte an den Rotameterhähnen.

Der Blutdruck sank weiter, der Herzrhythmus erholte sich nicht.

»Marschullek, suchen Sie sich den Druckpunkt für die Herzmassage, ich fürchte, es ist gleich so weit.« Sie steckte eine Spritze mit Adrenalin auf den Hahn der Infusionsnadel.

Marschullek sagte: »Sagen Sie mir bloß nicht, was ich tun soll, Arbro, ich habe wirklich genug von Ihnen.« Er tastete nach dem richtigen Punkt für die Herzdruckmassage unter den Abdeckungen.

»Was macht sein Herz da? Ich verstehe das nicht. Herr Brandmann, haben Sie eine Idee?«

Brandmann stand mit dem Rücken zu Charlotte und beugte sich über das Beatmungsgerät. Er drehte sich nicht um, schüttelte den Kopf und beschrieb mit ausgestrecktem Zeigefinger fortwährend Runden über die Anzeigen und Regler. »Vielleicht versuchen Sie es mal mit zehn Mikrogramm Adrenalin, um den Druck anzuheben«, sagte er, ohne seine Haltung zu verändern.

Sie hatte schon daran gedacht, hatte aber Sorge, dass dies die Rhythmusstörung noch verschlimmern konnte. Sie unterdrückte den Impuls zu widersprechen und gab Kirkendahl einen Milliliter aus der Spitze mit dem stark verdünnten Adrenalin.

»Hey, das klingt ja schrecklich bei dir, Charly.« Ole hatte seinen Kopf durch die Verbindungstür gesteckt und runzelte die Stirn. »Was ist denn das für ein Rhythmus, den ich da höre?« Er legte die Hand hinter das rechte Ohr und ließ seine Ohrmuschel weit abstehen.

Der Herzton aus dem Gerät schlug in ein ununterbrochenes Pfeifen um.

Charlotte warf einen Blick auf den Monitor, nickte Marschullek zu und sagte zu Ole: »Das, mein Lieber, nennt man Kammerflimmern, ich weiß nicht, ob du schon mal davon gehört hast.« Sie drückte den Kolben der aufgesetzten Spritze durch und ließ sie dann leer auf den Boden fallen. »Ole, steh nicht rum, hilf uns, hol Adrenalin, auf dem Wagen liegen aufgezogene Spritzen. Los geht's, Marschullek.«

Ole drehte sich um und rief: »Juliane, Defibrillator in Saal drei. Sofort!« Er kam herein und drängte sich in den engen Raum zwischen Infusionsständern und Beatmungsmaschine, den Brandmann und Charlotte bereits ausfüllten. »Lassen Sie mich mal sehen, Herr Brandmann.«

Brandmann schien nicht zu reagieren, er stand mit dem Rücken zu Ole und Charlotte, hatte sich aufgerichtet und sah auf die Anzeigen des Überwachungsgerätes.

Ole hob den Mittelfinger hinter Brandmanns Rücken, riss das Lineal aus den verschränkten Händen an sich und warf es in die Ecke des Raumes in Richtung der Abfallkörbe.

Brandmann fuhr herum, sah Ole mit hochrotem Kopf an und stieß ihn zur Seite, um zur Ecke des Operationssaals zu gelangen, wo er sein Lineal vermutete.

Charlotte nahm Ole die Spritzen aus der Hand, setzte eine auf und gab die Hälfte.

Ole stellte sich an die Stelle, die Brandmann eingenommen hatte, überflog die Anzeigen und Kontrollen und berührte mit den Händen die Teile des Beatmungsgerätes. »Heiß! Die Beatmungsschläuche sind heiß!« Er ging in die Knie und berührte den Kohlendioxidabsorber. »Scheiße! Knallheiß – der Absorberkalk ist knallheiß!«

Juliane kam in den Raum und stellte den Defibrillator hinter Charlotte auf den Boden.

Ole griff sich den Handbeatmungsbeutel aus einem Fach an der Maschine, zog die Beatmungsschläuche vom Tubus ab und setzte stattdessen den Beutel an. »Juliane, holen Sie ein neues, wir müssen das Gerät wechseln.«

»Was machen Sie denn da? Der Patient braucht reinen Sauerstoff, Sie bringen ihn um!« Brandmann stand, immer noch hochrot im Gesicht, hinter Ole und Charlotte und fuchtelte mit dem wiedergefundenen Lineal.

»Irrtum, *das Gerät* bringt ihn um«, rief Ole. »Haben Sie das nicht bemerkt? Der Atemkalk war knallheiß, es muss eine Reaktion mit dem Sevofluran gegeben haben. Zu trockener Atemkalk.«

Charlotte schob die Abdeckung auf Kirkendahls Brust zur Seite. Das Elektrodengel spritzte mit einem schlürfenden Geräusch auf die blanken Kontaktplatten. Der Defibrillator begann tief zu brummen, der Ton hob sich innerhalb von Sekunden zu einem unangenehmen Pfeifen.

»Unsinn. Atemkalk! So trocken kann der Kalk nicht gewesen sein«, sagte Brandmann. »Diese Reaktion macht den Kalk über zweihundert Grad heiß, Sie haben sicher nur die normale Temperaturerhöhung gespürt.« Er winkte Juliane. »Fahren Sie das Gerät wieder an seinen Platz, der Patient braucht Sauerstoff.«

Der Pfeifton des Defibrillators hatte sich stabilisiert.

»Alle weg vom Tisch!«, rief Charlotte.

Das Gerät knackte mit dem Auslösen des Stromstoßes. Kirkendahls Körper wurde von den krampfenden Rückenmuskeln ein paar Zentimeter von der Unterlage nach oben geschleudert, der Ton sackte wieder zu einem Brummen ab und hob sich erneut. »Immer noch Kammerflimmern, weg vom Tisch!« Das harte Knacken des Geräts, der dumpfe Ton, als Kirkendahls Körper auf die Liege zurückfiel, ließ alle im Raum kurz verstummen.

»Fassen Sie den Kalk an, wenn Sie mir nicht glauben. Juliane, ein neues Gerät.«

Juliane sah abwechselnd Ole und Brandmann an.

Brandmann beugte sich vor, berührte den Behälter mit dem Absorberkalk und ließ vor Schmerz Luft durch die Zähne pfeifen. Er nickte in Julianes Richtung.

Kirkendahls Muskeln ließen ihn sich ein drittes Mal aufbäumen. Charlotte legte die Elektroden zur Seite, drückte den Rest des Adrenalins in die Vene des Patienten und reichte Brandmann die leeren Spritzen. »Wir brauchen es nur noch pur«, sagte sie, ohne ihn anzusehen. Sie nahm die Elektroden wieder auf. Zu Ole gewandt sagte sie: »Kohlenmonoxid, toxische Vinyl-Halogen-Verbindungen, Hitze. Was entsteht außerdem bei der Reaktion?«

»Ich denke, das reicht. Das Kohlenmonoxid bringt ihn um, er braucht Sauerstoff und eine Intensivstation. Marschullek, Sie müssen schneller drücken.«

Marschullek brummte etwas Unverständliches, aus dem »Unverschämtheit« wie eine Lanze hervorragte.

Brandmann wollte Charlotte die gefüllten Spitzen geben. Sie sah ihn nur an und löste den Defibrillator erneut aus. »Ich hätte nur den Atemkalk anfassen müssen. Wenn ich es früher gemerkt hätte, bräuchten wir das jetzt nicht zu machen«, sagte sie.

Juliane schob eine neue Beatmungsmaschine in den Raum.

»Manchmal braucht es eben vier oder sechs Augen, Charlotte«, sagte Ole, während er die Beatmungsschläuche anschloss.

Charlotte ließ wieder und wieder Stromstöße durch Kirkendahls Herz schießen, aber das Kammerflimmern ließ sich nicht durchbrechen.

»Ich muss die Chefin anrufen.« Brandmann drängte sich an Juliane vorbei aus dem Raum.

Marschullek stöhnte bei jedem Druck auf den Brustkorb. Er sah Charlotte an, jedes Wort kam wie ein Schlag mit einem rauen Stöhnen: »Arbro, ich mache den Job seit mehr als fünfzehn Jahren, aber ich habe noch keinen Anästhesisten gesehen, der so viel Unglück anzieht wie Sie.«

»So, und was schließen Sie daraus?«, sagte sie, während sie auf die Energieanzeige des Defibrillators zu ihren Füßen sah. Sie wollte tatsächlich eine Antwort auf diese Frage. Sie selbst konnte nicht glauben, wie viel Unglück sie in den letzten Wochen erlebt hatte.

»Ole, Charlotte, was ist hier los?« Emelie hatte sich durch die fast geschlossene Schiebetür in den Operationssaal gedrängt. Brandmann lief in ihrem Windschatten.

»Kohlenmonoxidvergiftung durch Reaktion von Sevofluran mit trockenem Atemkalk«, sagte Brandmann hinter ihrem Rücken.

»Was?«, sagte sie und blickte abwechselnd in Charlottes und Oles Augen.

Charlotte sah an Emelie vorbei auf den Monitor, rieb Gel auf die Elektroden und ließ einen weiteren Elektroschock durch Kirkendahls Brust rasen. »Er ist arrhythmisch geworden.« Sie sprach zur Chefin, ohne sie anzusehen. »Wir haben nicht herausgefunden, woran es gelegen hat. Sauerstoffsättigung war nicht unter fünfundneunzig, aber auch nicht darüber. Plötzlich ventrikuläre Extrasystolen, immer schlimmer, bis er angefangen hat zu flimmern.«

»Wenn die Restfeuchtigkeit unter zwei Prozent fällt, kann Sevofluran sich im Atemkalk zu Kohlenmonoxid und Vinylverbindungen zersetzen, dabei wird enorme Wärme frei.«

Emelie drehte sich nicht zu Brandmann um, als sie ihn anherrschte: »Das weiß ich alles! Ich will wissen, was hier passiert ist.«

»Ich denke, es hat höchstens fünf Minuten gedauert, bis Ole den Fehler gefunden hat«, sagte Charlotte. »Er hat daran gedacht, den Kalk anzufassen. Durch die hohe Temperatur war es dann alles klar.«

»Wir haben das Narkosegerät sofort ausgetauscht«, sagte Brandmann an Emelies Rücken vorbei.

»Wie lange reanimiert ihr?« Emelies Stimme war hart.

»Zwanzig Minuten, bisher kein Erfolg.«

»Das sehe ich, hört auf.«

»Aufhören?« Charlotte hob die angepressten Elektroden von

Kirkendahls Brust und drehte sich zu Emelie um. Sie fragte sich, warum vanWijken wollte, dass der alte Herr starb. »Wir können doch nicht aufhören, zwanzig Minuten sind nicht viel.«

Emelie unterbrach sie mit einer Handbewegung. »Die Hitze und die Vinylverbindungen machen keine Rhythmusstörung. Was bleibt?«

»Kohlenmonoxid.«

»Egal, was Sie tun und wie lange Sie es tun, Kohlenmonoxid verhindert den Sauerstofftransport länger, als er eine Reanimation überstehen kann. Aufhören, es hat keinen Sinn mehr.« Sie drehte sich um und ging zur Tür. Im Hinausgehen sagte sie, ohne sich umzudrehen: »Charlotte, kommen Sie später in mein Büro.«

Charlotte ließ die Schultern hängen. In jeder Hand hielt sie eine Elektrode des Defibrillators. Sie stand hinter Kirkendahls Kopf.

Marschullek hatte seine Herzmassage beendet, riss sich die Handschuhe und den OP-Mantel herunter. Seine Stimme zitterte, sein Gesicht war rot und schweißbedeckt. »Frau Arbro, ich weiß nicht, wie Sie das angestellt haben und ob Sie Schuld haben.« Er stieß Handschuhe und Mantel in den blauen Müllsack, als ob er jemanden brutal schlug. »Ich weiß nur, dass Sie Ärger anziehen wie ein Magnet.« Er streckte ihr seine Handflächen entgegen. »Bleiben Sie mir fern, Frau Arbro, ich hatte genug Ärger. Ich brauche keinen weiteren.«

Charlotte hörte Marschullek sprechen, verstand aber seine Worte nicht. Sie blickte auf Kirkendahls totes Gesicht und sah das unnatürliche, helle Rot der Kohlenmonoxidvergiftung. Charlotte konnte mit Mühe ihren Blick von den halb geöffneten Augen des Mannes reißen. Sie sah Ole an. »Ole. Was ist los?« Ihre Stimme hatte einen flehenden Ton. »Ole, was ist denn nur los? Bin ich das?«

Ole wischte sich über die Augen. Mit den Fingerspitzen beider Hände hielt er seine Augenlider geschlossen. Er stöhnte auf und sagte: »Angenommen, es war trockener Atemkalk, warst du gestern in diesem Saal? Hast du vergessen, den Sauerstoff abzudrehen?«

Marschullek trat mit einem Fuß gegen einen metallenen Abfalleimer auf Rollen. Ein schmerzhaft lautes, metallenes Geräusch, gefolgt von einem Scheppern, als der Eimer von der

Wand abprallte und taumelte. Der Chirurg riss die Schiebetür auf, die anstieß und sich hinter ihm wie von alleine wieder schloss, und verschwand in den Waschraum.

»Ich war in Saal eins, der alte Mann mit der Sepsis, du weißt.«

»Wer sollte dir also hier einen Vorwurf machen?« Ole hob die Hände und ließ sie wie hoffnungslos auf die Oberschenkel fallen. »Mann, hier stimmt was nicht, hier ist jahrelang keiner gestorben. Auf der Intensivstation sterben natürlich Menschen, aber im OP? Ich kann mich nicht erinnern, dass jemand vor ...«

»Vor was? Vor mir? Bevor ich hier aufgetaucht bin?«

»Das habe ich nicht gesagt, aber du musst zugeben, seit einem Monat ist hier was faul. Und immer scheinst du in der Nähe zu sein.«

»Ole, weißt du eigentlich, was das für mich bedeutet?«

Charlotte presste die Fingerspitzen beider Hände rechts und links auf ihre Stirn. »Ich bin in der Probezeit, verdammt. Wenn ich hier rausfliege, wird man nachfragen, das wird bekannt werden. Schluss mit Karriere, das ist das Ende für mich. Alles, wofür ich gearbeitet habe, Studium, Facharzt, zwölf verdammte Jahre, Scheiße.«

Ole ließ sie mit einer Geste verstummen. »Nicht hier, Charly. Komm, wir gehen. Hier können wir nichts mehr tun. Lass uns einen Kaffee trinken, da können wir alles besprechen.«

Charlotte hatte beide Hände um den weißen Porzellanbecher mit heißem Kaffee gelegt. Sie fror, obwohl es warm war in der Kantine. Sie verfolgte die Schwaden des Dampfes, der von der schwarzen Flüssigkeit aufstieg. Der würzige Geruch ließ ihre Gedanken kurz zur Ruhe kommen.

Ole setzte sich ihr gegenüber an den fleckigen Tisch. Er wischte Zuckerkristalle von der weißen Laminatplatte und stellte seinen Becher ab. »Charlotte, fassen wir zusammen: Eine Frau stirbt im Kreißsaal, eine alte Dame erliegt ihren Rhythmusstörungen. Im OP. Eine wirklich sehr hübsche Sepsis rafft einen alten Mann dahin. Die er sich offensichtlich im OP geholt hat, wohlgemerkt. Ein misshandeltes Kind stirbt im Schockraum, in derselben Nacht erliegt ein Opa einem Aortenaneurysma ...«

»Könntest du bitte das Kind aus dem Spiel lassen? Das ist wirklich nicht komisch.«

»Und danach vergiftest du einen Mann mit Kohlenmonoxid

aus dem Absorberkalk. Das wird in den meisten Zivilisationen als unhöflich empfunden.« Er strich sich über den blond gefärbten, schmalen Kinnbart. »Und überall, Charly, bist du dabei. Komisch, oder?«

»Das ist nicht witzig, Ole. Überhaupt nicht. Kannst du einmal ernst sein? Im OP oben ist gerade ein Mensch gestorben.«

»Ich bin so ernst, Charlotte, ernster geht nicht. Richtig, Herr Kirkendahl ist gerade gestorben, das macht sechs Kandidaten auf der Warteliste im Fegefeuer. Gar nicht gut, Charly, gar nicht gut.«

»Jeden einzelnen Fall kann man erklären, und zumindest kann man nicht sagen, ich hätte einen Fehler gemacht.«

»Kann man nicht?« Ole strich sich mit einem Lächeln über seinen Bart.

»Objektiv betrachtet nein.« Sie unterstrich ihre Worte, indem sie mit dem Fingernagel auf die Tischplatte tippte.

Er lachte auf und schien wirklich amüsiert zu sein. »Objektiv? Die ersten Leichen im OP seit anno dazumal und du bist jedes Mal dabei, wer interessiert sich da für Objektivität?«

»Ich interessiere mich für Objektivität und es sollte jeden interessieren. Ole, wir sind Ärzte, Wissenschaftler. Akademiker. Da kann man doch Objektivität erwarten.«

»Objektiv hast du mit jedem Todesfall etwas zu tun.«

»Aber ich bin doch nicht schuld.«

»Und wer würde dafür mehr als einen Euro wetten?«

Sie öffnete den Mund, um zu sprechen, sah Ole aber nur an und sagte nach ein paar Sekunden: »Niemand.«

»Jetzt sind wir beim Punkt angelangt. Darum geht es. Wenn du deinen Kopf aus dieser Schlinge ziehen willst, musst du eine Erklärung liefern.«

Sie lachte freudlos. »Und wie? Zur Polizei gehen?«

Ole hob den Zeigefinger und legte den Kopf schräg. »Gute Idee. Guten Tag, ich heiße Charlotte, ich bin Anästhesistin und bei mir sterben dauernd Leute, ich weiß aber nicht, warum. Ungefähr so, stimmt's?«

Sie vergrub ihr Gesicht in den Händen und schüttelte langsam den Kopf.

Er fuhr fort: »Eben. Nein, du musst schon selber etwas herausfinden.«

»Etwas herausfinden?«

»Herausfinden, wer etwas dafür kann, wenn du es nicht bist.«

Sie hob den Kopf und sah Ole mit weit geöffneten Augen an. »Wer etwas dafür kann? Unsinn. Kirkendahl ist erstickt, der alte Mann ist an einer Sepsis gestorben, die Frau im Kreißsaal ist verblutet, das Kind ist von seinen Eltern ...«

»Na, siehst du? Es gibt schon ein paar, wo man Zweifel hat, oder?« Ole lächelte immer noch.

»Du meinst, jemand hat einen dieser Menschen umgebracht?«, fragte sie.

»Das habe ich nicht gesagt.« Er wehrte mit erhobenen Händen ab. »Aber in dieser Klinik ist die Mehrzahl der Leute verrückt ...«

»Man braucht nur dich anzusehen.«

Ole deutete eine Verbeugung an und sagte: »Danke.«

»Entschuldigung.«

»Die meisten hier sind Spinner, so viel steht fest. Ich passe da schon ganz gut rein, insofern hast du Recht. Es würde jedenfalls nicht schaden, ein bisschen herumzustöbern.«

Sie ließ den Kopf wieder in die Handflächen sinken und sagte mit einem langsamen Kopfschütteln: »Das ist doch Unsinn. Ich kann doch nicht Detektiv spielen. Ich wüsste gar nicht, was ich suchen sollte.«

»Dann schreibe doch schon mal eine Bewerbung für eine neue Stelle. Schade, es hat Spaß gemacht, mit dir zu arbeiten.« Er zog die Augenbrauen hoch und beugte sich zu ihr. »Wenn du willst, helfe ich dir beim Schreiben.«

»Mistkerl. Das ist es ja, ich kann mich nirgends bewerben. Die erkundigen sich doch. Van Wijkem hat auch meinen alten Chef angerufen, als ich mich hier beworben habe. Was meinst du, was die sagen würde?«

»Kannst du eine Praxis aufmachen?«

»Dazu bräuchte ich mindestens eine halbe Million Euro. Das ist eine halbe Million mehr als ich habe. Ich habe immer nur einen Klinikjob gewollt.«

»Was kannst du also verlieren, wenn du hier ein bisschen herumspionierst?«

»Das sagst du so einfach.« Charlotte hob ihren Kopf wieder. »Würdest du das tun?«

»Ich helfe dir auch dabei, wenn du willst.«

»Und wie würdest du das anfangen?«, fragte sie.

Er beugte sich weiter vor, winkte Charlotte heran und sagte: »Wer ist der Verrückteste von allen?«

»Du?« Sie konnte es sich nicht verkneifen.

»Das hatten wir schon. Platz zwei?«

»Burkhardt?«, fragte sie.

»Brandmann. Ein klares Unentschieden.«

»Wenn ich Brandmann nachspioniere, wird er das missverstehen und über mich herfallen. Der Mann denkt unter der Gürtellinie.«

Ole stützte das Kinn auf den Rücken der abgewinkelten Hand und sagte: »Damit hätte ich allerdings auch ein Problem.«

»Ich weiß nicht.« Sie schüttelte den Kopf. »Ich will das nicht tun. Es kommt sowieso nichts dabei heraus.«

Ole lehnte sich wieder über den Tisch, winkte sie kurz mit dem Zeigefinger heran und sagte: »Ich wollte das für mich behalten. Vor ein paar Tagen ist mir etwas passiert ...«

»Sag schon.«

Ihre Gesichter berührten sich fast. Oles Stimme war ein Raunen: »Ein Herr Razum – kennst du vielleicht?«

Sie deutet ein Kopfschütteln an.

»Also ich häng eine neue Infusion an und plötzlich bekommt der eine hypertensive Krise, Blutdrücke bis zweihundertfünfzig.« Er schürzte die Lippen. »Kann Zufall sein. Ich habe die Flasche weggeworfen, die Leitungen gespült.« Er holte Luft. »Drei Minuten später war alles völlig normal. Das ist kein normaler Bluthochdruck, du verstehst, was ich meine.«

Sie hob ihren Kopf, zog die Augenbrauen hoch. Sie war bestürzter, als sie zugeben wollte. »Beruhigt mich ja außerordentlich, dass nicht immer nur ich die Verliererkarte ziehe.«

»Drei Minuten später war alles wieder in Ordnung. Das kann keine Reaktion des Körpers gewesen sein. Kennst du die Halbwertzeit von Adrenalin, Charlotte?«

»Ein, zwei Minuten, vielleicht?«

»Ich glaube, es hat jemand ein paar Ampullen Adrenalin in die Infusion geschmuggelt.«

Sie legte beide Zeigefinger an die Schläfen. »Spinnst du?« Sie brauchte eine Sekunde, um sich zu fangen. »Du glaubst, da läuft ein Verrückter herum, der Patienten ermorden will, und du tust nichts?« Sie schüttelte den Kopf. »Du wirfst die Flasche weg, tust nichts, schweigst alles tot?«

Ole versuchte sie mit abwiegelnden Handbewegungen dazu zu bringen, die steigende Lautstärke ihrer Stimme zu dämpfen. »Ja, es war ein Fehler, aber die Flasche ist weg. Punkt. Ich habe lieber meinen Mund gehalten. Wohl war mir dabei auch nicht.« Er zog die Augenbrauen zusammen. »Aber jetzt ... Was ist, falls es wieder passiert? Ich fühl mich hier nicht gerade gut aufgehoben im Moment. Weißt du, ich glaube, hier ist niemand mehr sicher.«

Sie warf sich zurück in den Stuhl. »Na, Klasse. Hier ist niemand mehr sicher, tolle Einsicht, vielen Dank, Herr Snekamp, vielen Dank.«

»Dann lass uns wenigstens jetzt etwas tun, Charlotte ...«

Sie wischte seine Worte weg: »Jetzt? Blödsinn. Sofort hättest du etwas tun müssen. Ole, es sind Menschen gestorben. Menschen. Und verdammt noch mal, anscheinend sind sie alle bei mir gestorben, das ist doch kein Zufall.«

»Und wenn doch? Charly, niemand von denen behauptet, dass jemand ermordet wurde. Die Sektionen haben keine unnatürliche Todesursache festgestellt, niemand will dir an den Kragen.«

»Nein? Ich bin mir da nicht so sicher.«

Ole unterstrich seine Worte mit abgehackten Handbewegungen. »Und wenn es so ist, ist das ein Grund mehr, etwas zu tun. Lass uns nur ein wenig herumschnüffeln. Wenn wir etwas herausfinden, bin ich der Erste, der mit dir zur Polizei geht. Aber mit welchen Argumenten willst du jetzt dort auftauchen?«

Sie verschränkte die Arme auf der Brust. »Und wenn wir zur Chefin gehen und sagen, was wir denken?«

Oles Stirn legte sich in Falten. »Könnte man machen. Aber wir wissen nicht, wer hier am meisten spinnt ...«

»Die Chefin?« Charlotte wusste nicht, ob sie lachen sollte.

»Irgendjemand manipuliert Medikamente oder Narkosegeräte. Irgendjemand«, sagte Ole und strich sich wie abwesend durch die kurzen, dunklen Haare.

»Also gut, einfach nur etwas umsehen. Aber sobald einer von uns was findet, gehen wir damit zur Chefin oder zur Polizei.«

Er sagte nichts und sah ihr ernst in die Augen.

## 16. Kapitel

Charlotte hatte die Hände in den Kitteltaschen vergraben und den Kopf gesenkt. Sie ging in Richtung des Direktionstraktes.

Die Chefin hatte sie zu sich bestellt. Natürlich will sie über den Tod Kirkendahls sprechen, dachte Charlotte, aber was hätte ich tun können? Sie hatte Brandmann geholt, als sie die ersten Anzeichen für ein Problem bemerkt hatte. Man konnte sogar sagen, Kirkendahl sei bei Brandmann gestorben. Charlotte war am Tag vorher nicht in Saal drei gewesen, sie hatte das Gas nicht laufen lassen, das den Atemkalk ausgetrocknet hatte. Sie fragte sich, ob jemand den Gashahn mit Absicht offen gelassen hatte. Wissend, dass niemand die Feuchtigkeit im Kalk überprüfte, bevor eine Narkose begann? Sie überlegte, ob sie mit der Chefin über ihren Verdacht sprechen sollte. Aber das würde wie eine verzweifelte und dumme Ausrede für eigenes Versagen wirken. Sie hatte keine Argumente. Nicht die Spur eines Beweises, noch nicht mal ein Indiz. Es war noch nicht einmal ein Verdacht, es war eine wilde Spekulation.

Sie klopfte. Rodts Stimme antwortete: »Herein.« Rodt saß vor der Tastatur ihres Computers, ihre Finger tippten in Hochgeschwindigkeit einen Satz zu Ende. »Emelie erwartet Sie.«

Charlotte atmete tief durch und ging an ihr vorbei zur Tür der Chefin. Sie klopfte. Keine Antwort. Die Türklinke bewegte sich mit gleichmäßigem Widerstand. Gute, schwere Mechanik. Die schwere Tür schwang lautlos auf.

Emelie saß hinter dem dunklen, ovalen Schreibtisch über einige verstreute Schriftstücke gebeugt und machte ohne aufzusehen eine kurze Handbewegung zu den Stühlen. Die Tür fiel mit einem satten, metallischen Ton langsam ins Schloss.

Charlotte setzte sich, vom Knarren des zwischen Stahlrohre gespannten Leders begleitet. »Sie wollten …«, begann sie, aber ein Zucken von Emelies Hand ließ sie verstummen.

Nach einigen Sekunden hob die Chefin langsam den Kopf und strich sich mit beiden Händen die Strähnen, die der Frisur entkommen waren, aus dem Gesicht. »Charlotte, wissen Sie, wie viele Leute bei mir Ihre Entlassung verlangt haben?«

Das war die Einleitung für eine Kündigung. Charlotte spürte

die Säure in ihren Magen schießen. Es gab keine Handhabe gegen eine Kündigung, sie konnte nur versuchen, die Chefin zu überzeugen, sie zu behalten.

Emelie wartete auf eine Antwort. Charlotte saß gerade, hielt die Armlehnen fest und sagte nichts.

»Nicht nur aus der eigenen Abteilung, Charlotte. Die Chirurgen, der Verwalter, der Justitiar.«

»Aber es ist nicht fair.« Ihre Haltung war unverändert. »Ich kann doch nichts ...«

»Nichts dafür? Vielleicht nicht, vielleicht doch, ich weiß nicht. Aber danach fragt mich niemand, man fragt mich, warum es das erste Mal seit Jahren wieder Tote im OP gegeben hat. Man fragt mich, warum unsere Letalitätsstatistik des letzten Monats die schlechteste seit Bestehen dieser Klinik ist.«

»Ich ...«

Emelie wischte den Versuch mit einer kurzen Handbewegung beiseite. »Ich habe Sie lange geschützt, Charlotte, ich habe geglaubt, dass Sie eine gute Ärztin sind, aber es geht nicht mehr, Sie müssen zum Ende der Probezeit gehen.«

Charlotte war erstaunt, wie ruhig Van Wijkem das gesagt hatte. Beiläufig. Eine Tatsache unter vielen anderen, ein normaler Vorgang. Sie musste doch wissen, was es für Charlotte bedeutete. Wie sollte sie jemals wieder eine Stelle in einem Krankenhaus bekommen?

»Aber das geht nicht! Wie soll ich mich wieder in einer Klinik bewerben? In der Probezeit entlassen – wie sieht das aus? Man wird sich erkundigen. Chefin, bitte.«

»Charlotte, auch wenn Sie es nicht gemerkt haben, Sie haben mehr Loyalität von mir erfahren, als Sie sich in zehn Jahren hier verdienen könnten. Sie sind im zweiten Monat bei uns. Ihre Statistik brauche ich Ihnen nicht vorzurechnen, ich schulde Ihnen nichts.«

Charlotte spürte kühlen Schweiß auf ihrer Stirn entstehen, rieb ihn mit einer raschen Handbewegung weg.

»Diese Tode ... ein offener Gashahn ... das sind doch eigenartige Dinge«, sagte Charlotte. »Ich glaube, die Klinik legt keinen Wert darauf, dass so etwas an die Öffentlichkeit gerät.«

Emelies Lippen wurden schmal, sie zog die Augenbrauen zusammen. »Sie wollen mir drohen? Sie wollen die Geschichte an die Presse lancieren?« Plötzlich schlug sie mit der flachen Hand auf den Tisch, Charlotte fuhr zusammen. Emelies Stimme bekam einen drohenden Klang: »Passen Sie bloß auf, was Sie machen, Charlotte. Sie waren bei allen diesen Todesfällen dabei. Glauben Sie nicht, dass die Presse nicht auch einen Wink von uns bekommen könnte? Glauben Sie nicht, dass auch die Ärztekammer und das Ministerium sich für solche Fälle interessieren könnten? Denken Sie, das würde helfen, wenn Sie eine Praxis aufmachen wollen? Ich denke, es gibt mehr als einen hier in diesem Klinikum, der dem Ministerium den Rat geben könnte, Ihre Approbation als Ärztin noch einmal zu überprüfen. Seien Sie vorsichtig.«

Charlotte rieb ihre feuchten Handflächen aneinander. »Ich will niemandem davon erzählen, aber wenn wir Stillschweigen vereinbaren, wäre es für mich leichter, eine neue Stelle zu finden. Ich meine, wenn Sie jemand anruft und fragt, warum Sie mich in der Probezeit entlassen haben, wäre es gut, wenn Sie nicht die Sprache auf diese Vorfälle brächten.«

»Was?« Emelies Gesichtszüge wechselten zwischen Lächeln und Ärger. »Sie wollen, dass ich lüge, wenn mich ein Kollege nach Ihnen fragt? Sie haben wohl nicht verstanden? Sie haben das Problem, nicht ich. Sie können froh sein, wenn Sie mit einer Kündigung heil aus dieser Sache herauskommen, Sie können froh sein, wenn ich nicht von mir aus etwas unternehme, um Sie daran zu hindern, noch mehr Leute umzubringen.«

»Ich habe niemanden umgebracht.« Charlotte hatte lauter gesprochen, als sie wollte.

Emelie beugte sich etwas vor. Sie sprach ruhig. »Hören Sie. Angenommen, ich wäre fest von Ihrer völligen Unschuld überzeugt. Selbst dann könnte ich Sie nicht gegen den Druck von Marschullek, vom Verwaltungsdirektor, vom Justitiar und von den eigenen Oberärzten halten. Und warum sollte ich? Würden Sie das tun, wenn Sie an meiner Stelle wären?«

»Weil ich nichts getan habe, weil ich eine gute Ärztin bin und weil es falsch ist – es ist unfair.«

»Es ist nicht falsch. Ich muss Sie entlassen. Es nicht zu tun wäre dumm, wäre falsch. Es wäre unfair der Klinik gegenüber.«

Charlottes sah sich zu Hause, ohne Arbeit. Wo war ihr Zuhause? Im Personalwohnheim würde sie nicht bleiben können. Welche Wohnung würde sie sich leisten können? Sie war noch nie arbeitslos gewesen. Alles war bisher nahtlos ineinander übergangen. Schule, Studium, der Job an der Uni, dann am Waldklinikum.

Charlotte stützte die Ellbogen auf die Knie und legte die Hände flach aneinander. Sie bewegte die Hände bei jedem Wort ein wenig. »Chefin, ich kann Ihnen ehrlich sagen, dass ich bei keinem dieser Fälle nachlässig, fahrlässig oder sogar vorsätzlich falsch gehandelt habe. Bitte, glauben Sie mir das.«

»Der zweite Monat der Probezeit ist in zwei Wochen vorbei, Charlotte. Dann gehen Sie.« Sie fuhr mit der flachen Hand horizontal über die Tischplatte. »Wenn in dieser Zeit noch irgendetwas vorkommt, gehen Sie sofort, und es ist mir scheißegal, ob irgendetwas, was ich dann einem anderen Chefarzt über Sie sage, Ihnen schadet. Haben wir uns verstanden?«

»Aber ich muss doch eine Chance haben.«

Emelie stieß sich vom Tisch ab, so dass der Bürostuhl einen halben Meter vom Schreibtisch nach hinten rollte. »Eine Chance?« Sie lachte. »Sie haben mehr als eine Chance gehabt. Ich sage Ihnen noch etwas, was ich lieber ignoriert hätte.« Sie zog den Stuhl wieder an seinen alten Platz. »Schwester Regina hat mir berichtet, dass in mindestens zwei Fällen Unregelmäßigkeiten im Opiatbuch auf Ihr Konto gingen. Fentanyl hat gefehlt. Muss ich noch mehr sagen?«

Charlottes gerade Haltung auf dem unbequemen Stuhl wurde schlechter. Ihr Rücken krümmte sich, sie schloss die Arme um ihren Leib. Es wird mich ewig einholen, dachte sie. Welche Chance hatte sie, dagegen anzukommen? Sie schob sich mühsam aus dem Stuhl und stand auf. »Glauben Sie mir, wenn ich Ihnen sage, dass das einfach ganz normale kleine Nachlässigkeiten ohne weitere Bedeutung waren?«

Emelie hatte ihre Hand um Kinn und Mund gelegt. Sie sah Charlotte über den Brillenrand an und hob die Augenbrauen.

»Ich denke, ich werde nicht mehr oft auf dem OP-Plan erscheinen?«

Die Chefin wiederholte ihre Geste mit den Augenbrauen und hob den Zeigefinger etwas von ihrer Oberlippe ab.

»Meine Nachtdienste? Ich habe morgen Nachtdienst«, sagte Charlotte, während sie sich zur Tür umdrehte.

»Ich werde Ihnen einen Oberarzt als Hintergrunddienst abstellen, Sie werden keine Narkose alleine machen.«

Charlotte öffnete die schwere Tür.

»Und, Charlotte ...«

Sie blieb im Türrahmen stehen. Rodt blickte von der Computertastatur auf und sah sie an. Charlotte erwiderte den Blick, wartete und sagte nichts. Die Chefin sprach beiläufig. Ihre Stimme war gedämpft. Sie musste sich wohl wieder über die Unterlagen gebeugt haben, oder sie hatte ihre Hand noch vor dem Mund. »Paschke will Sie sehen, gehen Sie gleich.«

Die Tür fiel langsam und mit einem satten Ton ins Schloss.

Charlotte war erstaunt über die Ruhe in ihr. Sie dachte daran, dass sie am Wochenende beginnen konnte, Bewerbungen zu schreiben. Ein kleines Krankenhaus, irgendwo auf dem Land, ein Chefarzt, der nicht viel auf das Urteil anderer gab: Das war die Chance, die sie noch hatte.

Ohne zu wissen, wie sie dorthin gekommen war, stand sie vor Zimmer einhundertzwölf im Verwaltungstrakt. Die Rechtsabteilung. Der Geruch von Teppichkleber und Wandfarbe, die neuen Alibimöbel im Gang ergaben eine Atmosphäre wie in einem Möbelhaus. Neben der massiven Tür stand ein Gefäß mit einem in Tonkugeln gepflanzten Ficus. Sie klopfte mit der Linken einmal hart an die Tür und drückte die mattierte Stahlklinke mit der Rechten hinunter.

Paschke saß hinter dem großen Schreibtisch und sah von einer roten Jurismappe auf. »Frau Doktor Arbro, Sie sind ein Problem.«

Sie überlegte, wie lange er sich diesen Einstieg wohl überlegt hatte. Er war so unverschämt wie bei ihrem letzten Gespräch. Sie fragte sich, wie sie seine Gesprächsplanung über den Haufen werfen konnte. Natürlich wusste er, dass sie gekündigt war. Sie hatte ihren Hinauswurf auch ihm zu verdanken. Sie spürte keine Lust, sich mit ihm zu streiten. »Keine Komplimente. Zur Sache, wenn es recht ist.«

Einen Moment hoben sich seine dichten Augenbrauen. Er legte den Bleistift aus der Hand und richtete ihn parallel zur Aktenmappe aus. »Sie kennen einen Herrn Ringshofer?«

»Ringshofer? Keine Ahnung. Wer soll das sein?«

»Wenn ich vorlesen darf: Kindermörder ... aus der Narkose wachst du nicht mehr auf ...«

Sie spürte Hitze in ihrem Kopf aufsteigen.

»Mehr? Es gibt noch einiges.« Er wies mit einer entspannten Hand auf das Blatt.

»Der Mann ... er hat sein Kind totgeprügelt. Erschlagen, mit bloßen Händen ... Ich war ... So etwas hatte ich noch nie gesehen.«

»Frau Arbro, Sie dürfen den Mann beschimpfen, vielleicht kommen Sie auch mit einer Ohrfeige durch.« Er sprach ruhig. »Richter sind auch Menschen, wissen Sie. Aber die Drohung, dass Sie ihn während einer Narkose töten werden – das, Frau Arbro, lässt Ihnen keiner durchgehen.«

Das blasse, schmale Gesicht des Mannes blitzte in ihrem Gedächtnis auf. Seine Frau, wie sie weinend auf dem Boden saß, zusammengekauert, hoffnungslos. »Meine gegen seine Aussage.«

»Ihre gegen seine ...« Er gab seiner Stimme den Klang einer Gebetsmühle und bewegte die Hand gelangweilt wie eine Walze vor der Brust. »Und gegen die seiner Frau und gegen die von Schwester Regina und gegen die von zwei Rettungssanitätern.«

»Der Drecksack hätte es verdient.«

»Das habe ich nicht gehört. Wenn Sie klug sind, verkneifen Sie sich solche Äußerungen in Zukunft.« Er klang gelangweilt. »Sollte mir eigentlich egal sein.«

»Was wollen Sie denn überhaupt von mir? Ich bin gekündigt, das Problem ist doch für Sie erledigt.«

»Der Mann will Geld und wir werden es ihm geben. Er verlangt nicht viel und er wird die Hälfte davon bekommen.«

Er nahm den Bleistift mit Daumen und Zeigefinger am äußersten Ende und ließ ihn auf der Spitze drehen.

»Warum? Für was?«, sagte sie.

»Er will Geld, damit er Sie nicht anzeigt wegen der Drohung. Und ich will von Ihnen, dass Sie die Sache vergessen. Kein Wort mehr davon.«

Sie spürte Röte aufsteigen. »Er will mich anzeigen, und Sie geben ihm Geld, damit er es lässt? Muss ich das verstehen?«

»Wir wollen den Namen der Klinik heraushalten. Wir brauchen nicht noch mehr Publicity.« Er ließ den Bleistift auf der Unterlage kreiseln. »Sie haben genug Unruhe gebracht. Sie gehen, er vergisst die Anzeige, wir können endlich wieder in Ruhe arbeiten. Ist das so weit verständlich?«

Sie beugte sich vor. »Ringshofer prügelt sein Baby tot, jemand manipuliert eine Narkosemaschine, wahrscheinlich läuft irgendein Verrückter in der Klinik frei herum, aber ich muss gehen, ich muss den Mund halten, ich soll an allem schuld sein?«

Der Bleistift fiel klappernd auf die Tischplatte. Paschke holte

Luft, wartete kurz und sagte dann scharf: »Niemand manipuliert hier Narkosegeräte. Frau Arbro, das war das letzte Mal, dass ich so etwas von Ihnen höre. Direkt oder indirekt, mündlich oder schriftlich. Wenn nicht, werden Sie großen Ärger bekommen.«

Charlotte sagte nichts und sah ihn an. Er hatte sich über den Schreibtisch gebeugt und sah sie mit einem Blick an, den sie von ihm nicht kannte. Sie wusste, dass es eine Feststellung, keine Aufforderung war.

Langsam lehnte er sich wieder zurück und sagte völlig beherrscht: »Ringshofer wird seinen Strafprozess bekommen, der Staatsanwalt hat mit unserer Abmachung nichts zu tun, und Sie werden diese Sache vergessen. Sie sollten sie vergessen, wenn Ihnen Ihre Approbation lieb ist.«

»Ich habe genug von Leuten, die mir drohen.« Sie sprang auf. »Ich habe genug von Leuten, die ihre Kinder umbringen.« Ihr Fuß mit der Holzpantine schlug mit einem Knall an ein Tischbein. »Und ich habe genug von Ihnen, Herr Paschke.«

»Ich habe auch genug von Ihnen.« Er sprach schneller, er schien sich für einen Moment nicht kontrollieren zu können. »Und ich bin nicht der Einzige, interessiert Sie das? Soll ich das ausbreiten?«

Er rückte den Stift in Position. In seiner Stimme war plötzlich kein Gefühl mehr auszumachen. »Ich brauche Ihr Versprechen. Mündlich reicht mir. Denken Sie nach, es kann Ihnen doch nur nützen.«

Sie stieß den Stuhl zur Seite. »Ja, natürlich werde ich meinen Mund halten, kein Wort werde ich sagen.« Sie schlug auf die Türklinke, die Tür bewegte sich träge in den Raum. »Zufrieden? Das ist ekelhaft! Zum Kotzen. Oh Gott, ich bin froh, dass ich hier wegkomme.« Die Tür fiel hinter ihr ins Schloss.

Am Nachmittag stand Charlotte vor der Glasfassade des Hauses, in dem Gerhard Dobrindt seine Wohnung hatte. Sie hatte versucht, ihn anzurufen. Nach der dritten Verbindung mit der freundlichen Frauenstimme des Mobilfunkanbieters war sie überstürzt aus ihrem winzigen Appartement geflohen. In keinem Café hatte sie es länger ausgehalten, als sie brauchte, um zuerst einen Kaffee, später ein Glas Wein zu trinken.

Sie stand vor der Glastür, die Hand auf dem breiten Türgriff aus poliertem Stahl. Ihr Finger zögerte kurz, dann drückte sie lange auf den Klingelknopf.

»Bitte, lass ihn da sein. Er muss zu Hause sein, ich kann nicht wieder in dieses Loch.«

Sie hatte ihre Kreditkarte, ein Hotelzimmer würde sie wohl bekommen. Am Monatsende konnte sie sich Gedanken machen, wie sie die Rechnung bezahlen wollte.

Der Summer gab die Tür frei, sie ging hinein, die Treppe hoch. Die feine Maserung des Buchenholzgeländers rieb an ihrer Handfläche. Sie sah nach oben, er beugte sich über die Brüstung und erkannte sie.

»Komm rauf«, sagte er und lächelte.

Die Tür stand offen. Langsam ging sie hinein, stellte ihre Tasche auf das Tischchen und zog ihre Pumps aus. Endlich wurde sie ruhiger. Als sie sich bückte, um ihre Schuhe zurechtzustellen, bemerkte sie, wie verkrampft ihr Gesicht war. Es musste schon den ganzen Tag so gewesen sein. Sie konzentrierte sich darauf und es gelang ihr, die Muskeln, von denen die Augenbrauen nach innen und unten gezogen wurden, etwas zu lockern. Sie richtete sich auf, schloss die Augen und legte die Hände vor das Gesicht. Hinter diesem Schutz konnte sie versuchen zu entspannen. Langsam zog sie die Finger über ihre Stirn, die Brauen, die Nase, Wangen und das Kinn. Es war, als ob ein enges Gummiband um ihre Stirn plötzlich abgenommen worden war.

»Stress gehabt in der Klinik?« Gerhard stand vor ihr und balancierte einen fleckigen, roten Apfel auf der Spitze seines Zeigefingers.

»Irgendwie hat es gerade aufgehört.«

»Was?« Er biss in den Apfel.

Sie ging einen Schritt auf ihn zu und sagte: »Ich habe in den letzten Wochen genug Stress gehabt für den Rest meines Lebens, ich bin bedient.« Sie stand vor ihm und stützte ihre Stirn auf seine Brust. Ihre Hände hingen zwischen ihnen hinab.

Er legte seine Arme um sie, sie ließ es geschehen, aber sie umarmte ihn nicht.

»Was ist?« Seine Stimme war nahe an ihrem Ohr, aber war dennoch kaum zu hören.

»Ich war doch immer vorsichtig. Ich weiß doch, was ich tue.«

»Gab es wieder ein Problem mit einem Patienten?«

»Der Atemkalk war ausgetrocknet.« Sie legte den zweiten Arm um Gerhard und drückte sich an ihn, schloss die Augen.

»Und? Ist das schlimm?«, sagte er.

»Ausgetrockneter Atemkalk und Sevofluran reagieren wie eine Bombe in Zeitlupe, du siehst nichts, du hörst nichts, aber der Patient verbrennt innerlich. Und wenn das nicht ausreicht, stirbt er an Kohlenmonoxidvergiftung.«

»Oh nein, Charlotte, nicht schon wieder. Was ist das nur?« Er lockerte seinen Griff und streichelte langsam ihren Rücken.

»Es wird nicht mehr vorkommen.«

Seine Hand hielt abrupt an. Sein Rücken wurde plötzlich gerade. »Warum wird es nicht mehr vorkommen? Wie kannst du das sagen?«

Sie schob ihn von sich, aber er ließ sie nicht aus seiner Umarmung. Sie entspannte ihre Arme, ließ sich näher an ihn ziehen und ließ ihre Hände auf Gerhards Hüften sinken.

»Die Chefin hat mich heute rausgeworfen, am Ende der Probezeit muss ich gehen. Deshalb wird es mir nicht mehr passieren.«

Gerhard schwieg.

*

Charlotte hatte die Einzelheiten des Tages erzählt und wieder erzählt. Sie hatte den Morgen im OP immer wieder beschrieben und jedes Mal hatte sie ein Stück Abstand dazugewonnen. Gerhard hatte stundenlang zugehört, ohne einmal unaufmerksam zu sein. Bei jeder Wiederholung hatte er Details erfragt, Vermutungen angestellt und mitgefühlt. Die Beschreibung der Kündigung hatte er nach langem Nachdenken als einzig mögliche Reaktion aus der Sicht der Chefin verteidigt. Paschkes Verhalten hatte er verstanden und gutgeheißen. Sie hatte dagegen protestiert und ihn beschimpft, bis sie endlich eingestand, dass beide die richtige Entscheidung für das Krankenhaus getroffen hatten.

Sie lag auf der Couch und hatte ihren rechten Arm über die Schulter und Brust Gerhards gelegt, der neben ihr auf dem Boden saß. »Es ist das Beste für mich. Es hätte nicht aufgehört. Früher oder später hätte niemand mehr geglaubt …« Sie richtete sich abrupt auf und krallte ihre Finger in Gerhards Schulter, so dass er sich zur Seite wand und mit beiden Händen den

Griff zu lösen suchte.

»Es wird weiter gehen, Gerhard, es wird weitergehen.« Sie sah ihn an. »Weißt du, was das bedeutet? Es sind zu viele, es kann kein Zufall sein.« Sie löste ihren Griff von seiner Schulter und zeigte auf sich. »Ich war es nicht, jemand anderes muss es gewesen sein. Wenn es weitergeht, obwohl ich weg bin, kann ich zurück. Niemand kann dann noch behaupten, ich wäre Schuld.«

»Bloß nicht! Du willst doch nicht zurück in diesen Laden?« Er stand auf und ließ sich auf den Sessel gegenüber fallen. »Du erzählst mir den ganzen Abend, wie schrecklich alles ist, und du willst zurück?«

»Aber wenn sie wissen, dass ich es nicht war, wird es anders sein.« Sie legte die Hände flach aneinander. »Gerhard, eine Karriere in der Klinik, das habe ich immer gewollt – es ist vorbei, wenn ich es jetzt geschehen lasse.«

»Ich mache in acht Wochen meine Praxis auf, ich zähle jeden Tag, bis es endlich so weit ist.« Er lehnte sich zurück und legte die Arme auf die breite Lehne. »Ich brauche dringend einen Anästhesisten. Eine Anästhesistin. Für die ambulanten Operationen, zweimal die Woche ist bis jetzt geplant.«

»In der Praxis? Zweimal die Woche einen Nachmittag kleine Maskennarkosen? Ohne mich.«

»Vielleicht wird es mehr, vielleicht werden es größere Sachen.«

Sie verschränkte die Arme. »Dreimal die Woche einen Nachmittag lang Maskennarkosen, davon bekommt man krumme Finger. Nein danke, das lasse ich lieber.«

Er stand auf und setzte sich neben sie. Sein Gewicht ließ Charlotte mit der Polsterung des Sofas eine kurze Aufzugsfahrt machen.

»Du wärst selbstständig. Keine Chefin. Zwei- oder dreimal die Woche bei mir. Andere suchen auch.« Er legte den Arm um die eigene Schulter. »Du kommst herum, knüpfst Kontakte. Jeden Tag ein anderes Fachgebiet.«

Sie hielt ihre Arme vor der Brust verschränkt.

»Es gibt genug zu tun«, sagte er, »und Geld verdienst du auch anständig. Außerdem haben viele von den Operateuren Belegbetten in den kleineren Kliniken. So findest du schon wieder den Einstieg in die Klinik.«

»Ich habe morgen Nachtdienst, ich werde mich umsehen. Man

muss suchen, um etwas zu finden.«

Er schüttelte sanft ihre Schulter. »Mach bloß keinen Unsinn, Charlotte. Was willst du denn finden? Einen maskierten Buckligen, der in den Kellern lebt? Am besten meldest du dich krank, es darf nichts mehr passieren. Du darfst um Himmels willen keine Narkose mehr in dieser Klinik machen.«

»Morgen gehe ich hin und mache meinen Nachtdienst. Es kann keiner erwarten, dass ich den mit geschlossenen Augen mache.«

Er strich über ihren Rücken. »Geh nicht, Charlotte. Ich habe Angst. Du solltest krank sein, bis die Probezeit abgelaufen ist.«

Sie fuhr herum, setzte sich ihm gegenüber, quer zur Sitzfläche. Das Sofa gab den Impuls weiter, er schaukelte ein paar Zentimeter auf und ab.

»Zu Hause hocken? In meinem Loch, zusammen mit brünftigen Jungpflegern und pubertierenden Schwesternschülerinnen auf demselben Flur? Vergiss es!«

Er holte Luft um zu sprechen, zögerte eine Sekunde und sagte dann: »Nein, hier. Bei mir.«

Sie öffnete den Mund, schüttelte einmal den Kopf, dann nickte sie langsam. »Wäre schön, aber es geht nicht.«

»Warum soll es nicht gehen?«

Er stand auf. Charlotte blieb auf dem Sofa zurück. Er kam zurück und kaum war er durch die Tür, warf er aus dem Handgelenk etwas Kleines zu ihr hin. Charlotte hob die Hand und fing es auf, sonst hätte das Ding ihr Gesicht getroffen. Sie öffnete die Hand und erkannte die flachen und tieferen Mulden auf der flachen Seite des Wohnungsschlüssels.

»Du hast den Schlüssel – komm, wann du willst«, sagte er.

Sie hielt das schwere kleine Stück Metall in der Hand, sah es an und schloss die Finger darum. »Ich werde nicht krank sein, ich werde morgen hingehen. Ich werde jeden Tag hingehen, zwei Wochen lang. Bis die Probezeit vorbei ist.« Sie hielt ihm die offene Hand mit dem Schlüssel darauf hin.

Er nahm ihre Hand in seine und schloss ihre Finger über dem Schlüssel. »Geh hin, wenn du musst, aber komm zu spät. Sei erst da, wenn alle Operationen angefangen haben – versprochen?«

Sie wollte sich aus seinem Griff befreien, aber er hielt seine Hände geschlossen.

»Du änderst nichts mehr an deiner Kündigung. Es darf einfach nichts mehr passieren, der kleinste Fehler würde bei dir ganz anders ausgelegt als bei jedem anderen.«

»Mag sein. Ich darf eben einfach keinen Fehler machen.«

»Jeder Mensch macht Fehler, andauernd. Dir darf jetzt aber keiner mehr passieren. Das kannst du nur erreichen, wenn du gar nichts mehr tust.«

Sie sah auf den blanken Schlüssel, fühlte seine Schwere und drehte ihn ein paar Mal auf der Handfläche. Sie wandte sich um und legte ihren Kopf auf seinen Schoß. Er streichelte ihr Haar und ihr Gesicht, während sie das Metallstück immer wieder ein wenig drehte und im Licht blitzen ließ.

»Denke darüber nach. Mein Angebot, in die Praxis einzusteigen, gilt.«

Charlotte ließ den Lichtreflex noch einige Male über ihr Gesicht streichen, bevor sie antwortete. »Ich denke darüber nach.«

## 17. Kapitel

Er legte beiläufig die Hand auf die Glastür. Verschlossen, das hatte er erwartet. Er sah sich um, nahm ein Paar Latexhandschuhe aus der Tasche seines Arztmantels und zog sie an. So wie er es am Tage an fast jeder Tür des Klinikums tun konnte, so nahm er seinen Schlüsselbund klappernd aus der Kitteltasche und suchte den Universalschlüssel heraus. Konnte passen, es war den Versuch wert. Es war fast Mitternacht, der Flur war nur von ein paar grünen Notausgangschildern beleuchtet. Er bemühte sich nicht, unentdeckt zu bleiben. Jeder durfte ihn sehen. Die Tür war die Grenze. Wenn er im Flur hinter der Tür war und das Licht nicht einschaltete, hatte er die Grenze überschritten. In der Abteilung für klinische Chemie hatte er nichts verloren. Er mochte Oberarzt sein, aber er war Anästhesist, und es gab keinen Grund dafür, dass er in der Nacht in den dunklen Räumen der klinischen Chemie umherging.

Der Schlüssel passte ins Schlüsselloch. Langsam drehte er nach rechts, der Riegel sprang mit einem satten Ton zurück, die Tür schwang auf. In dem Augenblick, bevor er die Grenze überschritt, zögerte er, sah sich um. Niemand zu sehen. Er ließ die Tür vorsichtig ins Schloss gleiten. Er steckte den Schlüssel ins Schloss, wollte die Tür verriegeln. Aber er schloss nicht ab. Ein schneller Rückzug konnte notwendig werden. Niemand würde es bemerken, die Tür würde nur zehn Minuten unversperrt sein. Er ließ den Schlüsselbund mit möglichst wenig Klimpern in die Tasche zurückgleiten.

Er ging den Gang entlang, links folgte eine Tür nach der anderen. Die rechte Wand des Ganges bestand hauptsächlich aus Fenstern, die auf einen Innenhof des Klinikums sahen. Zwischen den Türen zur Linken waren die Wände mit meterhohen Postern für wissenschaftliche Kongresse bedeckt. Er hielt sich nahe an der linken Wand. Der Innenhof und die Fenster waren von den Stationszimmern aus einsehbar. Die Fenster waren nackt, es gab keine Gardinen, er durfte nicht gesehen werden.

Neben den Türen war je ein Plexiglasschild angeschraubt, hinter dem ein Zettel mit der Raumnummer und einem Stichwort über den Zweck des Labors eingeschoben war.

Ein Geräusch ließ ihn herumfahren, er presste sich in einen Türstock und ließ seinen Blick den Gang hinauf und hinunter schnellen. Ein lautes Rumpeln war dem Anspringen einer Tiefkühltruhe vorausgegangen. Der Schmerz hinter dem Brustbein ließ ihn die Mundwinkel herunterziehen. Er malte sich aus, wie die Säure in seinem Magen die Speiseröhre hinaufgedrückt wurde.

Er drehte sich aus seinem unvollkommenen Versteck und las das Türschild: *Experimentelle Hämatologie*. Hier war es nicht.

Seine linke Schulter streifte den aufgebogenen Rand des steifen Fotopapiers eines Posters. Das laute, kratzende Geräusch klang in seinen Ohren wie Kreide auf einer Tafel und trieb weitere Magensäure aus. Er ging halb gebückt.

*Klinische Hämatologie 1*. Neben dem Schild für diese Tür hing ein A3-Bild mit Mikroskopbildern von Blutzellen. Die Leuchtstofflampen eines Zimmers auf der gegenüberliegenden Seite des Innenhofes beleuchteten die verblassten Fotos mit den gebogenen Pfeilen, die sie verbanden. Experimentelle Gerinnungsphysiologie – er kam seinem Ziel näher. Das nächste Schild ließ ihn anhalten: *Klinische Gerinnung*. Hinter dieser Tür musste er finden, was er suchte.

Er legte die Hand auf die Türklinke, mit einem Knacken gab der Riegel die Tür frei. Er blickte den Gang zurück, auf dem Flur hinter der Eingangstür ging eine Gestalt. Er selbst musste in der Dunkelheit verschwinden, niemand vermutete ihn hier. Aber das Licht, das Licht von gegenüber! Er hätte später kommen sollen. Vier, fünf Uhr früh. Seine Hand verkrampfte sich um den Türgriff. Er durfte sich jetzt nicht bewegen. Der Schattenriss hinter der Tür kam außer Sicht. Er glitt in den dunklen Raum. Er schloss die Tür nicht völlig und ließ seinen Augen Gelegenheit, sich an die Dunkelheit zu gewöhnen. Der Geruch war zu viel für seine Magenschleimhaut. Säure vermischt mit Galle erreichte seinen Zungengrund.

Die gegenüberliegende Wand wurde von einigen roten Kontrolllampen erleuchtet. Ein Summen erfüllte die Luft. Das Geräusch einer kleinen Pumpe irgendwo in den Eingeweiden der großen Maschine erstarb zögernd. Widerwillig schluckte er, was sich in seinem Rachen angesammelt hatte.

Er ging einen Schritt auf das Analysegerät zu. Die Abwärme hatte die Luft verdorben. Der Geruch und ein leichtes Brennen in der Nase ließen ihn an ein Chemielabor während seines Studiums denken.

Irgendwo hier war das Reagens gelagert, wenigstens ein kleiner Vorrat würde hier aufbewahrt werden. Die Laborantinnen würden nicht ständig in ein Lager gehen wollen, um die Anlage zu füttern. Um die Gerinnung hunderter Proben am Tag maschinell zu bestimmen, brauchte man einen übermäßigen Reiz. Eine Substanz, die das Blut in den Plastikröhrchen in Sekunden fest werden ließ, wenn man ein paar Tropfen hinzusetzte.

Er öffnete den Hängeschrank, der von dem schwachen Licht aus dem Türspalt getroffen wurde. Die Regale waren mit kleinen, weißen Plastikkanistern angefüllt. Das Lichtband traf das Etikett eines Behälters: Reinigungslösung, fünfhundert Milliliter. Er zog den benachbarten Kanister von seinem Platz in der Dunkelheit. Proteinentferner, die gleiche Größe. Der nächste Schrank, er tastete nach dem Tragegriff, seine Finger verfehlten die Mulde, rutschten ab. Der Kunststoff rutschte über die Kante des Regals, das Geräusch traf ihn wie ein Schlag in den Magen. Er spürte, wie der Behälter an seinen Händen vorbeiglitt, er brachte die Unterarme darunter, der Schwung war zu groß, seine Hände konnten keinen Halt finden. Das dumpfe Krachen erfüllte seinen Kopf, erfüllte das Gebäude, so schien es.

Gleichzeitig war etwas vom Flur zu hören gewesen. Ich muss mich täuschen, dachte er.

Er war in die Knie gegangen, um dem Fall des Kanisters zu folgen, ihn abzufangen. Halb in der Hocke verharrte er und lenkte alle Aufmerksamkeit auf sein Gehör. Kein Geräusch. Langsam ließ er die Hand auf dem Boden tasten, war der Behälter geplatzt? Die Fingerspitzen erspürten die grobe Struktur der Bodenkacheln, den rauen Fugenfüller. Trocken.

Da war das Geräusch wieder. Schritte. Das waren Schritte, schnelle Schritte. Vom Eingang. Sie kamen näher, zu schnell für den Routinegang eines Wachmanns. Jemand hatte ihn gehört, ein Wachmann kam um nachzusehen. Die Schritte kamen näher, er musste den Lärm gehört haben, hatte bemerkt, dass die Tür nicht verschlossen war. Ich bin dumm gewesen, dachte er, ich hätte die Tür abschließen müssen. Licht, er konnte das Licht anmachen. Die Schritte hatten vielleicht die Hälfte des Ganges zurückgelegt, er musste eine Entscheidung treffen. Stillhalten, verbergen oder sich offenbaren? Er hatte zu arbeiten. Forschung, Terminsache. Der Wachmann kannte ihn. Alle kannten ihn, er hatte hier nichts zu suchen. Die Tür war einen Spalt offen, es war zu spät, sie unbemerkt zu schließen. Er musste seinen Plan aufgeben – er würde das Licht anschalten, sich beschäftigt geben, er musste sich vor keinem Wachmann rechtfertigen. Die Schritte waren nur noch ein paar Meter entfernt, noch war nichts geschehen, noch konnte niemand Verdacht schöpfen bei dem Stichwort Gerinnung. Er tastete nach der Wand, fand sie, arbeitete sich nach oben und suchte den Lichtschalter. Er spürte den Rand der Abdeckung, die Lücke im Plastik, den Schalter, er legte die Fingerkuppe auf den Knopf.

Eine Tür wurde geöffnet, es musste die Tür nebenan sein. Er hörte das Knipsen eines Lichtschalters. Die Tür wurde nicht geschlossen, jetzt war niemand mehr im Gang. Konnte er ungesehen hinaus? Es konnte kein Wachmann sein, ein Wachmann wäre den Flur entlanggegangen, bis etwas Auffälliges gefunden war. Kein Wachmann. Zufall? Ein Doktorand? Warum kam jemand um Mitternacht?

Er drückte den Türgriff langsam hinunter und verkleinerte den Spalt. Das Lichtband wurde schmäler und schmäler. Jetzt war es verschwunden. Eine gute Tür. Kein Geräusch. Er lehnte sich mit seinem ganzen Gewicht an die Tür. Und ließ unendlich langsam die Klinke nach oben gleiten. Im roten Schein der Kontrolllampen konnte er eben noch die Umrisse der Schranktür erkennen. Er schloss sie lautlos. Der Kanister lag auf der Seite im Weg. Er suchte den Henkel, prüfte, dass er einen sicheren Halt hatte, nahm den Behälter in die Hand und ging geräuschlos in den toten Winkel der Tür hinüber. Die Pumpe sprang an. Er hatte kein Gefühl dafür, wie laut sie war. Konnte sie seine Schritte übertönen, wenn er hinausging? Wann konnte er unbemerkt die Tür wieder öffnen?

Seine Augen hatten sich an die Dunkelheit gewöhnt. Die Kacheln wurden durch einen Streifen Licht unter der Tür erhellt. Die Pumpe verstummte. Er atmete flach, der Geruch verursachte ihm Übelkeit, er versuchte, nicht zu tief einzuatmen. Er spürte, wie der Schweiß sich kalt in winzigen Tropfen auf der Stirn sammelte.

Ein Nadeldrucker kreischte. Das Geräusch kam von links durch die Wand. Er öffnete den Mund, um noch leiser zu atmen. Er oder sie war einen Meter von ihm entfernt, saß oder stand vor einem Computer, druckte Messergebnisse aus, die ein Automat während des Abends erzeugt hatte. Wie viele Seiten konnte das füllen? Wie lange würde er aushalten? Ein Schweißtropfen rann über sein Lid in den Augenwinkel. Das Salz brannte, er schloss die Augen. Er wagte nicht, sich hinzusetzen. Etwas konnte im Weg sein. Etwas, das er nicht sah, das herunterfallen und ihn verraten würde. Er spürte eine kribbelnde Kühle unter der Kopfhaut, Leere im Kopf, die Fülle des Magens. Alle Anzeichen, dass er sich übergeben musste. Der Geruch, die Hitze, die Säure, es war zu viel für ihn. Er musste zu Boden gehen, schnell, sonst würde er ohnmächtig werden. Er wankte gegen die Wand, lehnte sich an. Kein Regal, kein Schalter, kein Widerstand, nichts, was ihn verraten konnte. Langsam, langsam ließ er sich zu Boden gleiten. Der Kanister in seiner Rechten berührte mit einem dumpfen Klang den Boden. Endlich, endlich auf dem Boden. Er sehnte sich danach, durchzuatmen. Er hörte seinen Atem, auch nebenan musste man jeden Atemzug hören.

Er schlug die Augen auf. Wo war er? Es war dunkel bis auf ein rotes Licht. Seine Hand ruhte auf einem glatten, runden Stück

Kunststoff. Er tastete, ein kleiner Kanister. Der scharfe Geruch ließ die Erinnerung auftauchen. Er schloss die Hand fest um den Griff des Behälters. Er war in dem Gerinnungslabor.

Er war ohnmächtig geworden. Zusammengesackt wie ein Anfänger im OP. Auf seiner Zunge schmeckte er Mageninhalt, hatte er sich erbrochen? Er fand einen feuchten Fleck auf seinem Hemdkragen, es war lächerlich. Er war hart im Nehmen, abgebrüht. Er hatte alles gesehen, ihn brachte nichts aus der Bahn, schon gar nicht ein wenig Hitze und Gestank.

Dort, wo zuvor der hell erleuchtete Türspalt gewesen war, drang nur noch ein blasser Schein hindurch. Das Licht auf dem Flur war ausgeschaltet worden. Mit der Linken wischte er sich über das Gesicht. Der Kunststoff des Handschuhs roch widerlich. Er rieb die Reste des Schweißes vom Handschuh an seinem Hosenbein ab und drückte sich empor. Die Beine waren noch nicht die alten, aber er stand sicher. Kein Geräusch außer dem tiefen Summen des Analyseautomaten vor ihm. Er zog seinen Arztkittel aus und legte ihn auf den Boden vor den Türspalt, dann knipste er das Licht an. Das durchgeschwitzte Hemd ließ ihn frösteln, obwohl es unerträglich warm war. Der Geruch von Erbrochenem stieg in seine Nase. Die aufblitzende Leuchtstoffröhre schmerzte in den Augen. Der Raum war größer, als er gedacht hatte. Eine zweite Maschine stand ausgeschaltet neben der, die das Summen und das rote Leuchten verbreitet hatte.

Auf dem Etikett stand in blauen, großen Buchstaben »Reagens für aktivierte partielle Thromboplastinzeit im CoagAnalyzer Pro«.

Er schraubte den Deckel ab. Eine aufgeklebte Aluminiumfolie bedeckte die Öffnung. Hier durfte er sein kleines Geschenk nicht entnehmen. Er stellte den Kanister zurück in den Schrank und untersuchte den Automaten. Irgendwo musste ein Vorratsbehälter sein.

Das Öffnen der Abdeckung des Gerätes löste ein Piepsen aus. Neben den Knöpfen an der Vorderseite der Maschine leuchtete eine Kontrollampe auf. Unter der Abdeckung stand eine Reihe von fünf ebensolchen Behältern, wie er sie im Schrank gefunden hatte. Die weißen Deckel waren entfernt und durch schwarze Schraubverschlüsse mit durchsichtigen Schläuchen ersetzt worden. In einer der Leitungen bewegte sich eine Luftblase langsam in Richtung des hydraulischen und elektronischen Herzens des Gerinnungsanalysators. Vorsichtig zog er an den Griffen, bis das Etikett zu lesen war. Proteinentferner, Reinigung, Thromboplastinzeit – das war es. Er nahm eine Fünfmilliliterspritze aus der Hosentasche, schraubte die Abdeckung ab und zog die trübe Flüssigkeit in den Kolben. Die Markierung zeigte drei, würde das ausreichen? War es zu viel? Das hatte er übersehen. Das war schlechte Vorbereitung, ein Fehler. So etwas würde ihm kein zweites Mal passieren. Der Plan war trotzdem genial. Ein perfekter Mord. Das Reagens ließ das Blut in den Venen gerinnen, die Gerinnsel wurden in die Lunge gespült. Wenn sich genug angesammelt hatte, starb der Patient an einer Lungenembolie. Das war die häufigste Todesursache in einem Krankenhaus. Selbst wenn sie obduzieren würden, fänden sie nur eine gewöhnliche Lungenembolie. Das Mittel, das die Gerinnung ausgelöst hatte, war dann so verdünnt, dass es auch ein Gerichtsmediziner nicht finden konnte. Und er selbst war nicht einmal in der Nähe des Operationssaales gewesen. Er war unangreifbar, er bestimmte das Spiel, er beherrschte es.

Er füllte die Spritze ganz. Er konnte später noch ausrechnen, wie viel er in eine der Infusionsflaschen abfüllen musste. Fünf Milliliter waren in jedem Fall zu viel, er hatte genug Reserve.

Die Glastür zum Flur war unverschlossen. Wollte der nächtliche Besucher noch einmal zurückkommen? Oder hatte er vergessen abzuschließen?

Er blieb im Gang der Abteilung für klinische Chemie vor der Glastür stehen, zog sie zu sich und steckte den Schlüssel in das äußere Schlüsselloch. Er wollte nicht länger als notwendig sichtbar im öffentlichen Flur stehen.

Die Tür schloss leise, er ging bereits den Gang hinunter, als er den Schlüsselbund klimpernd in die Kitteltasche fallen ließ. Die Linke war um das Handschuhknäuel und die Spritze in der Tasche geschlossen. Jeder weitere Schritt ließ ihn fester auftreten, er ging wieder aufrecht.

Er hatte keine Angst mehr. Wenn er wollte, konnte er verdächtige Menschen nachts im Flur aufhalten und nach ihrer Berechtigung fragen. Er war hier jemand. Er zog die Schultern zurück, hob den Kopf und hoffte, dass ihm jemand begegnen würde.

Die Internetseite der internationalen Gesellschaft für klinische Chemie hatte bereitwillig Auskunft gegeben. Er saß an seinem Schreibtisch und hatte im Kopf die richtige Dosis berechnet und den Operationsplan für morgen ausgedruckt. Kurz zögerte er. Er lächelte, öffnete den Browser noch einmal und löschte die Kennungen der besuchten Seiten aus dem Speicher des Programms. Wer konnte ihm das Wasser reichen? Niemand war so intelligent. Niemand ahnte, was er tat. Wie sollten sie ihn entlarven, wenn kein Verbrechen geschehen war?

Er stützte das Kinn in die Hand. Die Frage war nicht, ob es den perfekten Mord gab – die Ungewissheit lag darin, wie viele perfekte Morde es täglich gab. Es konnten mehr sein als die Summe aller läppischen Verzweiflungstaten, dummen Gewaltakte und aller lächerlichen Versuche, ein geschicktes Kapitalverbrechen zu begehen. Schade, dass niemand es jemals erfahren würde. Ein einsames Spiel. Er warf die benutzten Handschuhe in den Papierkorb neben seinem Schreibtisch.

Ein alter Mensch, jemand mit einer Gefäßkrankheit, musste es sein. Am besten wäre eine Blutgerinnungsstörung. Man würde die Laborwerte studieren und wenn sie einen krankhaften Gerinnungswert fänden, wären sie beruhigt. Diese Idioten.

Mit dem Plan neben der Tastatur ging er am Computer die Laborwerte der Patienten durch.

Frau Tiedtkens hatte eine verkürzte Gerinnungszeit. Das kam oft vor. Meist war es ein Artefakt, nichts von Bedeutung. Aber sie mussten sich daran festhalten, denn niemand konnte erklären, was sonst die Ursache war für das, was morgen geschehen würde. Er lachte kurz – die Arbro stand als Anästhesistin für die alte Dame auf dem Plan. Diesmal war es ein Zufall. Van Wijkem wollte sie keine Narkose mehr machen lassen. Er hätte sich nicht auf die Arbro konzentrieren sollen, das hatte nur von der Chefin abgelenkt. Warum hatte er es getan? Im Grunde fand er sie anziehend, vielleicht zu anziehend? Das war gleichgültig, auf solche Sachen durfte er sich nicht einlassen, es machte verletzlich.

Er stand auf, ging aus seinem Büro in Richtung OP-Trakt.

Einige Minuten danach stand er vor der Tür der Herrenumkleide und ließ seine Finger über der Tastatur schweben. Welche persönliche Geheimzahl war am unverdächtigsten? Arbro, Wijkem, der unsägliche Snekamp? Er hatte eine Sammlung der Ziffernfolgen im Kopf, nur dort war sie sicher, obwohl es kindisch einfach war, die Nummern zu besorgen. Drei vier acht neun. Van Wijkem. Wenn es eine Untersuchung ab, würde er dafür sorgen, dass dieses verdächtige Detail beachtet werden würde. Er zögerte, drehte sich dann nach links zur Damenumkleide und tippte die Ziffern ein. Die Tür gab summend seinem Druck nach.

Mit der Linken drückte er den Kalender an die Wand und riss mit der Rechten langsam das oberste Blatt ab. Jede kleine Papierbrücke der Perforation gab ein feines Geräusch von sich. 1. August 2002. Er faltete das Blatt quer durch die riesige Eins und schob es glatt in die Kitteltasche.

## 18. Kapitel

Charlotte schlug die Augen auf. Die Jalousie warf ein Zebramuster an die Wand. Sie zog ihre Hand langsam unter Gerhards Brust hervor, ließ sich auf den Rücken gleiten und verdrehte den Hals, um den kleinen Funkwecker zu sehen.

Sieben Uhr. Sie warf sich auf die linke Seite. Gerhards Schulter lag auf ihrem rechten Arm. Er brummte etwas Unverständliches und rollte zur Seite, als sie sich befreite. Sie nahm das schwarze Kästchen und blinzelte, um klar zu sehen. Warum hatte er nicht geläutet? Die Besprechung hatte gerade begonnen. Sie konnte es unmöglich noch schaffen, rechtzeitig zu den Narkoseeinleitungen zu kommen. Sie tastete das Plastikgehäuse ab, drückte den Einschaltknopf, zog an ihm. Er war ausgeschaltet, er hatte ihn ausgeschaltet.

»Du hast den Wecker ausgeschaltet. Gerhard, du hast den Wecker ausgeschaltet!«

Ein tiefes Atmen war die Antwort.

Sie warf die Uhr auf die Stelle der Decke, wo sich sein Rücken verbarg. »Du wolltest, dass ich verschlafe. Männer, alle gleich! Ich kann selbst bestimmen, ob ich gehe oder nicht. Du bist nicht mein Beschützer.«

Sie warf ihre Decke über seinen Kopf und sprang aus dem

Bett. Sie fand eine Socke, ihre Hose und die Bluse, warf sich die Sachen über den Arm und ging zur Tür. Abrupt drehte sie um, öffnete die zweite Schublade, nahm ein Paar dunkle Socken und warf sie in das Gesicht, das sich gerade aus den Betttüchern sortierte.

»Du kannst dich gerne selbst auf mich werfen, aber mit Socken beworfen werden, noch dazu mit den eigenen, das ist nicht gerade meine Vorstellung von einem zärtlichen Morgengruß.«

»Den zärtlichen Morgengruß kannst du dir selbst besorgen, du Ungeheuer.« Sie nahm ein weißes Paar und hob die Hand zum Wurf, er zog die Decke vor das Gesicht. Sie ließ die Socken sinken, zog die nächste Schublade auf und zog Boxershorts mit aufgedrucktem Tarzan, Affen und Bäumen aus dem Gewirr. »Wie niedlich.« Sie spannte den Bund mit den Zeigefingern und ließ die Shorts tanzen. »Tarzan, unser Dschungelheld.«

Er setzte sich auf. »Ich habe das Recht, dir alles, was mir gehört, wieder auszuziehen.«

»Welche Schuhgröße hast du?«

»Zweiundfünfzig.«

Sie wog die Socken in der Hand, sagte: »Ich werde mich schon reinzwängen«, und ging ins Badezimmer.

Sie ließ das heiße Wasser über den Körper fließen und versuchte die Haare trocken zu halten, um später keine Zeit mit Fönen zu verlieren.

Gerhard kam in die Duschkabine und drängte sich in den Wasserstrahl.

»Willst du wieder Wasser sparen?«, sagte sie und schob ihn zur Seite.

»Nein, ich will, dass du dich verspätest.« Er nahm den Duschgriff und richtete ihn auf ihren Kopf.

»Was soll …«, prustete sie durch den Strahl. Sie spürte, wie er mit den Händen durch ihre Haare fuhr. Etwas Kaltes berührte ihre Kopfhaut.

»Schön viel Shampoo, das will sorgfältig gemacht sein. Du musst doch gut riechen für deine Chefin, wenn du heute hingehst, um ihr zu sagen, dass du nur noch in der Bibliothek sitzen willst. Willst du doch, oder?« Er rieb Schaum in ihr Gesicht. Sie musste die Lider zusammenpressen, damit nichts davon in ihre Augen geriet. Er fuhr mit den Händen über ihren Hals und ihre Brüste hinab und verteilte Schaum.

»Was glaubst du, was du tust?«, sagte sie und erzeugte eine große Seifenblase, die das letzte Wort verschluckte.

»Wer, ich?«

Sie blubberte Seife.

»Ich helfe dir, dich zu waschen.«

»Sehr freundlich.« Sie schob seine Hände von ihrem Busen.

»Noch nicht fertig«, sagte er und wusch.

Sie versuchte die Augen zu öffnen, aber die Seife hinderte sie daran.

Er küsste sie. »Schmeckst seifig heute.« Ein Schwall Wasser traf die untere Hälfte ihres Gesichtes. Er küsste sie wieder. »Schon besser.«

Durch seine Küsse sagte sie: »So komme ich nie in die Arbeit.«

»Wäre das so schlimm?«

Mit geschlossenen Augen und einem Kussmund streckte sie ihren Kopf zu ihm. »Weiter waschen, bin noch nicht sauber.«

»Ja, Herrin.«

Sie stieß einen spitzen Schrei aus, als er zwei Hände voll mit kaltem Seifengel über ihren Körper strich.

»Tarzan Jane waschen«, sagte er und grunzte wie ein Affe.

»Jane hat schlimme Gedanken.«

Er zog sie zu sich und unter den heißen Wasserstrahl.

Charlotte ging durch den Liefereingang der Klinik. Sie sah auf die Uhr. Neun. Es war sinnlos, sich noch zu beeilen, dennoch bewegte sie sich kraftvoll wie ein olympischer Geher durch die Eingeweide des Krankenhauses bis zu der fensterlosen Kammer mit den schmalen Metallschränken. Erst im dritten Versuch gelang es ihr, mit zitternden Fingern den Schlüssel in das Vorhängeschloss zu schieben. Die Tür schlug klappernd gegen den Nachbarspind. Sie warf die Jeans auf den Boden des Metallkastens und zerrte eine weiße Baumwollhose vom Bügel. Der Reißverschluss klemmte Tarzan auf den Shorts den Bauch ein. Lächelnd befreite sie den kleinen Helden und warf sich das grüne OP-Hemd über, das vom letzten Dienst noch leicht nach Schweiß roch. Sie musste sich dringend ein neues besorgen.

Sie tippte ihre Geheimzahl in die Tastatur neben der Tür zur OP-Umkleide. Die letzte Ziffer ließ den Türöffner summen.

Die Tür nebenan wurde geöffnet. Ole trat in den Gang. Er

steckte sein weißes Polohemd in die weiße Jeans und sagte: »Na, Charly, auch schon da?«

Sie öffnete ihre Tür einige Zentimeter, der Summer verstummte. »Verschlafen. Und du? Schon fertig? Hat Brandmann nach mir gefragt?«

»Ja, irgendwie bin ich fertig. Brandmann hat nicht nach dir gefragt, war zu beschäftigt.« Ole war nicht überdreht wie sonst.

Sie öffnete die Tür zur Hälfte. »Was hast du, Ole?«

»Geh jetzt besser nicht da rein, Charly, könnte Ärger geben.«

»Was ist denn los?«

»Du warst nicht da, heute früh bei der Besprechung …«

»Haben Brandmann und die Chefin mich doch vermisst?«

Er zog an ihrem Hemd und nickte den Gang hinunter. »Komm mit, Charly, dich vermisst da jetzt keiner. Wir gehen besser woanders hin.«

»Ich habe mich heute morgen doch nicht abgehetzt wie eine Verrückte, um mit dir jetzt Kaffee trinken zu gehen.«

»Es gibt Menschen, die würden so etwas tun. Von mir aus auch Tee, aber komm jetzt.«

Er hatte die Faust weit in ihren Ärmel hineingedreht und zog daran, dass der Ausschnitt des Hemds in ihren Hals schnitt und der Saum über den Gürtel rutschte.

Sie zerrte mit beiden Händen an dem grünen Stoff, die Tür fiel zu. »Lass los, du tust mir weh, du ziehst mir ja das Hemd aus.«

»Da stehe ich nicht drauf. Komm endlich, Mann.«

»Nicht Mann. Frau.«

Er stöhnte übertrieben. »Was bin ich froh, dass ich meine Sinne behalte, wenn eine Frau im Raum ist. Männer sind so einfach.«

»Wenn du wüsstest, Ole.«

»Ich weiß es eben schon, Charly.«

»Also, was willst du?«

»Komm einfach mit, geht das? Könntest du einfach mal tun, um was man dich bittet? Einmal? Ja?« Er schüttelte den Kopf, winkte ab und ging den Gang hinunter, ohne sich umzusehen.

Sie lief ihm nach. »Jetzt sag endlich, was du von mir willst, sonst drehe ich um und gehe in den OP.«

Er antwortete nicht. Er schien in Richtung Cafeteria zu gehen. Wenn ihm so wichtig ist, dass ich nicht in den OP gehe, sollte ich ihn vielleicht anhören, dachte sie. Eine Tasse Kaffee täte ihr gut, sie hatte heute Morgen noch nichts getrunken.

In der Cafeteria saßen sie am selben Tisch wie gestern, als sie nach dem Tod Kirkendahls vereinbart hatten, auf die Suche zu gehen.

Ole zog einen zerknitterten Operationsplan aus der hinteren Tasche seiner Jeans und strich ihn auf dem Tisch glatt. Er setzte einen Finger auf eine Zeile und sagte: »Tiedtkens. Vierundsiebzig Jahre. Pneumonektomie wegen Bronchialkarzinom.«

»Und?«

Er hob seinen Finger. Darunter war der Name des zuständigen Anästhesisten eingetragen.

»Ich hätte die Narkose machen sollen?«

»Ich bin für dich eingesprungen.«

»Sicher auch, wenn ich pünktlich gekommen wäre. Die Chefin hat mich gestern rausgeworfen, ich darf keine Narkose mehr alleine machen.«

»Schon gehört, hat sich herumgesprochen, wie die neuesten Beischlafneuigkeiten.«

»Als da wären?«

»Ich beteilige mich nicht an solchen Gerüchten. Aber da gibt es einen Oberarzt in der Gyn, über den werden Sachen erzählt ...« Er schüttelte den Kopf. »Schockierend.«

Sie winkte ab, zog den Plan an sich und strich immer wieder über die vielen sich kreuzenden Falten.

»Eine halbe Stunde nach der Einleitung ist sie gestorben.«

»Wer?« Charlottes Daumennagel zerriss eine der Falten.

»Tiedtkens.«

»Warum?« Sie saß gerade auf dem Stuhl und bewegte keinen Muskel.

»Weiß nicht genau. Sie wird sicher obduziert, aber es sah alles nach Lungenembolie aus. Blitzblau war sie, Einflussstauung, wie aus dem Lehrbuch.«

»Und ich stand auf dem Plan.«

»Du standst auf dem Plan, aber ich stand bei der Patientin, Frau Doktor Arbro.«

»Scheiße.«

»Ein weises Wort.«

Sie legte beide Hände flach auf den Plan. »Ole, ich glaube nicht mehr an Zufälle. Wir müssen etwas tun.«

»So? Irgendwelche Ideen?«

»Uns umsehen, du hast es doch gestern selbst gesagt.«

Er lehnte sich zurück und steckte die Hände in die Hosentaschen. »Lungenembolien sind häufig, die häufigste Ursache für perioperative Todesfälle.«

Sie beugte sich über den Tisch und tippte an seine Stirn. »Erde an Ole, jemand zu Hause da oben? Was soll das? Das glaubst du doch nicht wirklich?«

Er ließ sich ihren Zeigefinger auf seiner Stirn gefallen, ohne das Gesicht zu verziehen. »Ich war dabei, Charly, da war alles in Ordnung. Ich meine, ich habe auf diese Patientin aufgepasst wie Brandmann auf Rieders Titten.«

Sie schlug sich mit der flachen Hand vor die Brust. »Und ich? Glaubst du, ich hätte nicht aufgepasst?«

Sein Kopf bewegte sich langsam hin und her. »Da war nichts, ich habe alles dreimal überprüft.«

»Ole, Schluss jetzt, Selbstmitleid hilft nicht weiter, ich werde mich umsehen. Hilfst du mir?«

»Ich habe mit Brandmann die Tiedtkens reanimiert, ich habe gesagt, wir sollten die Infusionsflaschen aufheben, zur Untersuchung geben. Er ist völlig ausgeflippt, als er das gehört hat.«

»Brandmann flippt öfters mal aus.«

»Als wir aufgegeben haben, hat er das ganze Zeug in den Müll geworfen und mir gesagt, ich könne mir eine neue Stelle suchen, wenn ich noch ein Wort zum Thema Sterblichkeit verliere.«

Sie schob ihren Kaffeebecher über den Tisch, so dass er seinen traf. Ole legte je eine Hand um die Griffe.

»Seit wann hörst du auf Brandmann?«, sagte sie. »Ole, hier stimmt was nicht, wir sollten zur Polizei gehen.«

Er fuhr auf und schlug die Tassen aneinander. »Wir, wir! Geh zur Polizei, verdammt, wenn du musst. Ich hab ja nichts dagegen, aber ich halt mich da raus. Ich lass mich von Emelie auf die Intensivstation versetzen, bis der Scheiß vorbei ist.«

»Gestern hast du noch ganz anders geklungen, Ole. Verflucht noch mal, wir können doch nicht zusehen, wie hier ein Patient nach dem anderen stirbt.«

Er ließ ihren Becher auf Charlottes Seite des Tischs rutschen. »Ich habe keinen Bock auf Kündigung, Charly. Verstehst du? Seit gestern hat sich einiges geändert. Sieh mich an, wer stellt so einen wie mich schon ein? Es tut mir Leid, aber ich spiele nicht mehr mit.«

»Hat dich heute Morgen jemand gefragt, ob du mitspielen willst? Hat mich jemand gefragt, ob ich mitspielen will? Wach auf, Ole.«

»Tu nicht so, als wenn das alles ein Geheimnis zwischen uns wäre. Wozu gibt es eine Chefin, Oberärzte, einen Justitiar im Klinikum?«

Charlotte schnaubte.

»Die werden schon etwas unternehmen«, sagte er. »Wahrscheinlich schnüffelt die Staatsanwaltschaft schon hier rum. Wir machen uns nur verdächtig, wenn wir das tun.«

Sie schob beide Tassen mit dem Unterarm beiseite und lehnte sich über den Tisch. »Seit wann bist du obrigkeitsgläubig? Das glaubt dir keine Hure für viel Geld.«

Ole schob sich auf dem Stuhl ein Stück vom Tisch weg. Er ballte die Fäuste in den Hosentaschen und streckte die Ellenbogen durch.

»Hat dir Brandmann so Angst gemacht«, sagte sie und lehnte sich noch weiter über den Tisch, »dass du so einen Unsinn verzapfen musst?«

Er zog die Hände aus den Taschen, griff die Tischkante und zog sich heran. Ihre Gesichter waren nur zwanzig Zentimeter voneinander entfernt.

»Fühlst du dich gut? Gekündigt, ohne Job, ist das gut?«, fragte er. Die Venen auf seiner Stirn füllten sich. »Vielleicht sollte ich es auch probieren. Klasse Idee, wir könnten uns jede Woche im Arbeitsamt treffen. Super.« Er tippte mit dem Zeigefinger auf ihre Stirn. »Du findest was, du schon. Hetero, brauchst ja bloß mal mit den Titten zu wackeln, schon hast du eine Stelle. Und ich?« Er tippte auf seine Stirn.

Sie sah ihn an. Seine Halsvenen pulsten, das Gesicht hatte nichts von der läppischen Frechheit, die er sonst zur Schau stellte.

Sie ließ sich auf den Stuhl sinken und legte die Handflächen auf die Tischplatte. Ole bewegte sich nicht. Nach einigen Sekunden stützte sie sich langsam ab und stand auf, während sie ihn ansah.

»Einer muss anfangen, du weißt es«, sagte sie. »Egal, was ich heute Nacht finde, ich gehe morgen nach Dienstschluss zur Polizei. Auch mit leeren Händen.« Sie schob den Stuhl zurück und trat einen Schritt zurück.

Ole sagte leise: »Pass auf dich auf, Charly.«

Sie drehte sich um, blieb stehen, sah über die Schulter und sagte: »Du hast Recht, du solltest dich raushalten. Ich habe jetzt wohl Narrenfreiheit hier.«

## 19. Kapitel

Charlotte nahm den Funker für den Dienstarzt aus ihrem Postfach. Der angebundene Schlüssel klapperte. Es war keine Post da. Sie würde keinen Nachsendeantrag brauchen, in ihrer Zeit am Klinikum hatten sich keine Postbeziehungen aufbauen können.

Sie sah auf die Uhr, fünf Uhr nachmittags, Dienstbeginn. Sie drückte auf den kleinen runden Knopf auf der Stirnseite des Plastikkästchens. Ein tiefer Ton zeigte die Betriebsbereitschaft an und den Beginn ihres Nachtdienstes.

Ein hohes Pfeifen ließ sie zusammenzucken. Ihr Magen drehte eine kurze Runde, der Klang hatte die Erinnerung an ihren Dienst vor vier Wochen wachgerufen. Frau Wermke war gestorben. Vor vier Wochen. Sie fühlten sich an wie ein halbes Leben.

Die Anzeige des Piepsers zeigte die Telefonnummer von Brandmanns Büro. Sollte die Chefin ihr ausgerechnet ihn als Anstandsdame zugeteilt haben? Charlotte ging um die Ecke in den Aufenthaltsraum mit dem Fernseher und ließ sich auf das durchgesessene Sofa fallen. Sie schob eine fettige Pizzaschachtel zur Seite und zog am Kabel des Telefons. »Arbro. Sie haben mich angerufen?«

»Bilden Sie sich nicht ein, dass ich ihr Kindermädchen spiele!«, schrie Brandmann in den Hörer. »Ich habe vor fünf Jahren aufgehört, Nachtdienste zu machen, ich werde jetzt nicht wieder damit angefangen, haben Sie mich verstanden?«

»Ich …«

»Verflucht noch mal, hätten Sie Ihren Dienst nicht tauschen können?«

Sie glaubte den Speichel von seinen Lippen fliegen zu sehen.

»Ich fahre nach Hause. Wenn was ist, dann rufen Sie mich eben an, ich werde doch nicht hier bleiben und auf Sie aufpassen.«

»Und wenn ein Notfall hereinkommt?«

»Versorgen Sie ihn!«, brüllte er in den Hörer. »Stellen Sie sich nicht so blöd an!«

Sie legte auf. Wer zwang sie jetzt noch, sich Unverschämtheiten gefallen zu lassen? Was sollte er ihr tun? Sie kündigen? Sie schnaubte ein Lachen durch die Nase.

Das Telefon klingelte, sie kippte das Display in einen besseren Winkel. Brandmanns Nummer.

»Arbro?« In ihrer Stimme schwang erlesene Höflichkeit.

»Was bilden Sie sich ein, mitten im ...«

Sie legte auf.

»Zu laut«, sagte sie zum Telefon. »Mal sehen, ob er es lernt.« Sie warf leere Dosen, Plastikschalen mit schwappendem Essig und Papierservietten in zwei Pizzaschachteln und balancierte den Stapel um die Ecke zum Abfallkorb.

Die Tür wurde aufgerissen. Zuerst sah sie Brandmanns roten Kopf, dann einen geschlossenen grünen Hemdkragen, zum Schluss trat eine Jeans mit Bügelfalten durch die Tür. »Wagen Sie es nicht wieder«, seine Stimme zitterte, »mir mitten im Satz den Hörer hinzuknallen.«

Sie ließ die Schachteln in den Abfall fallen, betrachtete erst die rötlichen Fettflecken auf ihren Handflächen und dann Brandmanns Gesicht. »Ich habe schön sanft aufgelegt.« Sie hielt die Hände mit gespreizten Fingern vor sich.

»Werden Sie nicht frech, Arbro, ich warne Sie.«

»Wovor, Herr Brandmann? Wovor?«

Er zögerte eine Sekunde mit der Antwort. Sie wischte ihre Hände an ihrem OP-Hemd ab und sagte: »Was mache ich nun, wenn ein Notfall kommt? Wie lange brauchen Sie, um von zu Hause hierher zu fahren?«

»Sie werden die Leitstelle anrufen und uns als überbelegt abmelden, verstanden?« Er stand leicht vornüber gebeugt vor ihr, seine Halsvenen pulsierten.

Venen haben einen Doppelpuls, dachte sie. Er musste eine

Herzfrequenz von über hundert haben.

»Ich habe keine guten Erfahrungen damit. Die Leitstelle pflegt nicht auf mich zu hören«, sagte sie und suchte ihre Handflächen nach Resten der Tomatensoße ab. Brandmann begann zu vibrieren. Sie versuchte sich auf die Flecken auf ihrem Hemd zu konzentrieren, um nicht lachen zu müssen. Aus gesenkten Augen sah sie, dass das Vibrieren sich zu einem Fersenwippen gesteigert hatte. Er drehte sich ansatzlos um und verschwand polternd, wie er gekommen war.

Jede Operation, die nicht ein echter Notfall war, wollte sie mit irgendwelchen Ausreden ablehnen. Sie wollte die Leitstelle anrufen, schon um Brandmann heute nicht mehr sehen zu müssen.

Es war acht Uhr, vier Stunden hatte sie sich mit Fernsehschrott vertrieben. Sie hatte gegessen, die Zeitung studiert und sich gelangweilt. Es war nicht nötig gewesen, Operateure abzuweisen, bisher hatte niemand eine Narkose von ihr haben wollen.

Sie überlegte, ob Emelie die Chefs der anderen Fächer auf ihren Dienst hingewiesen hatte. Sie spürte Wut, als sie sich vorstellte, wie arrogant man über sie gesprochen haben musste. Sie würde Gerhard fragen, er konnte es gehört haben.

Zwischen acht und zehn Uhr schien ihr die beste Zeit zu sein, um sich umzusehen. Die Klinik war leer, so dass sie niemanden treffen würde. Wenn ihr ein Wachmann begegnete, sollte das keinen Verdacht erregen. Brandmann war sicher nicht in der Klinik, mit seinem Zimmer würde sie anfangen.

Die Leuchtstofflampen ließen keine Schatten in dem Gang zu. Charlotte ging die Reihe der Türen entlang, Burkhardts Tür ließ sie rechts liegen. Man konnte nicht wissen, ob er noch im Haus war. Zwei Türen weiter lag Brandmanns Büro. Es war ihr zu hell, aber sie schaltete das Licht nicht aus. Im Dunkeln wurde man ertappt. In der Helligkeit hatte man ehrbare Motive. Brandmanns Tür. Sie verlangsamte ihre Schritte nicht, sie bog aus dem Gang in die Türöffnung ein, drückte die Klinke herunter und stieß mit der Stirn an das Türblatt.

Was habe ich erwartet, dachte sie. Dass ein Pedant wie Brandmann sein Büro unversperrt lässt? Sie rieb sich die Stirn und ging den Gang in der gleichen Richtung weiter. Sie konnte umdrehen und den Schlüssel am Funker versuchen, er passte fast überall, oder sie versuchte Burkhardts Tür. Aber zuerst wollte sie herausfinden, ob er auch diese Nacht in der Klinik war, wie oft. Am Ende des Flurs bog sie nach rechts und nahm einen dunkleren Weg in Richtung der Cafeteria. Die Automaten dort gaben ihr ein Alibi.

»Schluss jetzt.« Charlotte erschrak über den Hall ihrer Stimme. Sie wurde dafür bezahlt, heute Nacht im Klinikum zu sein. Schuldgefühle waren hinderlich. Was sie tat, war nicht falsch. Sie wollte sich in den Büros von Brandmann und Burkhardt umsehen. Wahrscheinlich war Burkhardts Büro auch abgeschlossen. Dann würde sie ohne Beweise zur Polizei gehen. Sie überlegte, ob die Polizei sie wie eine Verrückte behandeln würde. Wie eine Querulantin, eine Paranoikerin?

Sie warf ein paar Münzen in den Eisautomaten. Nur die Automaten warfen durch ihre Frontscheiben Licht in den Vorraum der geschlossenen Cafeteria. Sie schrak zusammen, eine Euromünze sprang von ihrer Handfläche, der Kompressor im Getränkeautomaten hinter ihr war rumpelnd angesprungen. Sie atmete aus, die Münze beschrieb den letzten Kreis einer Spirale und verschwand unter dem Apparat. Auf den Knien tastete Charlotte im Staub und fand einige Gegenstände weicher Konsistenz. Angeekelt zog sie die Mundwinkel herab. Die Münze lag mit einer Staubfluse bedeckt auf ihrer Handfläche. Die Fingerspitzen waren schwarz und schmierig. Sie kam auf die Füße und schob den Euro in den Schlitz. Wie automatisch wischte ihre Hand über das Vorderteil des OP-Hemds. Sie sah an sich hinunter und stöhnte. »Schlampe.«

Sie suchte eine Sorte und tippte die entsprechende Zahl in die Metalltasten. Die falsche Spirale bewegte sich.

»Scheißautomat! Nougat, widerlich.« Sie trat mit einer Holzpantine gegen die Maschine. Ein Papierzipfel der Verpackung verhakte sich an der langsam drehenden Metallstange, das Eis kippte nach vorne und blieb hängen. Es war zwischen Vorratsfach und Frontscheibe eingeklemmt. Sie starrte durch das Glas und schlug mit der Faust gegen die Stelle. Sie mochte diese Marke nicht, aber es war ihr letztes Geld gewesen und sie war wütend.

Das kleine Paket im Blick, griff sie den Metallkasten an den oberen Ecken und rüttelte. Sie zog stärker. Der Automat kam in Bewegung, sie stieß und zog, Geld klapperte, ein Metallteil in den Eingeweiden schlug gegen ein anderes. Das Nougateis blieb, wo es war. Zwei teure Mandeleistüten lösten sich und fielen auf eine Abdeckung. Der Klappe hatte sich wieder geschlossen und trennte das Fach, aus dem man seinen Kauf nehmen konnte, vom Kühlfach. »Dreckskiste.« Sie trat gegen die Scheibe. »Betrug, der ganze Saftladen ist ein einziger Betrug.«

Sie tastete nach dem Schlüssel an der kleinen Kette um den Funker. Er wurde Generalschlüssel genannt. Sie wendete das kalte Metallstück in den Fingern. Im Notfall sollte es keine verschlossenen Türen geben. Sie fragte sich, ob er auch die Schlösser von Oberarztbüros aufsperrte.

Die Rechte in der Tasche mit dem Funker, ging sie den dunklen Flur zurück. Aus dem Gang mit den Büros kam ein Lichthof. Sie bog links ab. Brandmanns Tür, Burkhardts Tür. Es war zu hell, sie konnte nicht erkennen, ob Licht durch die Ritzen drang.

Noch nicht, dachte sie. Erst musste sie feststellen, ob Burkhardt im Klinikum war.

Sie drückte die Tür zum Aufenthaltsraum mit dem Fuß auf und zog den Funker aus der Tasche. Der Schlüssel baumelte an dem Kettchen. Sie ließ sich auf das Sofa fallen. Die Polster gaben kaum noch Widerstand. Nikotinbeladener Staub tanzte im Licht und verdarb den Geruch der Luft. Aufgewirbelt, beladen, abgesetzt und wieder aufgewirbelt. Sie wünschte sich, dass Gerhard heute Dienst hätte. Mit ihm fühlte sie sich nicht schuldig, wenn sie eine Zigarette rauchte.

Sie zog das Telefon am Kabel zu sich, wählte Burkhardts Funknummer und legte auf. Sie saß und betrachtete den Apparat. Er rief nicht zurück. Sie fragte sich, ob er den Piepser ausgeschaltet hatte. Wollte er nicht mit ihr reden? Sie wählte die Nummer seines Büros. Nach zwanzig Ruftönen schlug das Signal in ›besetzt‹ um. Sie fand, sie sollte es von einem anderen Raum aus versuchen. Er konnte am Display sehen, von welchem Apparat sie anrief. Er wusste, dass nur sie hier im Aufenthaltsraum war. Einen Anruf von einem anderen Apparat würde er womöglich annehmen.

Das Telefon in der Küche der Intensivstation half nicht. Keine Antwort auf Funkrufe, er hob sein Telefon nicht ab. Die Operationssäle waren leer, er konnte nur in seinem Büro sein, wenn er im Krankenhaus war.

Sie ließ die Tasse schwarzen Kaffees fast voll zurück und ging in Richtung des Büroflurs.

Es war nicht verdächtig. Selbst wenn ein Wachmann sie an Burkhardts Tür sah, konnte sie dienstliche Unterlagen oder den Dienstplan suchen oder andere einleuchtende Dinge vorhaben.

Der Flur war noch erleuchtet. Sie fragte sich, ob hier keine Zeitschalter eingebaut waren. Ob die Schaltung funktionierte, oder ob ständig Menschen diesen Gang entlanggingen. War das Risiko zu hoch? Sie stand vor Burkhardts Tür und klopfte. Keine Antwort. Sie drückte die Klinke hinunter. Natürlich war die Tür verschlossen. Konnte er sich eingeschlossen haben? Wie würde sie sich rechtfertigen können, wenn er im Zimmer war? Sie vertrieb den Gedanken gegen jede Vernunft.

Der Schlüssel passte. Sie schloss die Tür hinter sich. Die Leuchtstoffröhren sprangen zögernd an. Es roch, wie Burkhardt roch.

Auf diesem Stuhl hatte sie gestern gesessen. Burkhardt hatte versöhnlich geklungen. Kurz darauf hatte ihr die Chefin gekündigt. Sie überlegte, was er wusste. Alles, nichts – sie hielt beides für möglich.

Die hell laminierten Bücherregale waren ordentlich. Gebundene Zeitschriftenjahrgänge, Lehrbücher, Aktenordner mit gedruckten Rückenschildern, in jedem Fach eine Sorte. Auf dem Schreibtisch stand rechts ein Computer, links ein Telefon, ein Becher mit Stiften. Dazwischen eine Schreibtischunterlage und ein Bilderrahmen. War er ihr nicht aufgefallen, als sie hier gesessen hatte? Der Rahmen stand direkt vor dem Besucherstuhl. Sie konnte ihn kaum übersehen haben. Sie ging um den Tisch herum. Das Bild zeigte zwei Jugendliche, schlaksige, langhaarige Jungen in hängenden Jeans und T-Shirts vor einer Garage.

Von Burkhardt sagten alle, er wäre allein. Keine Familie, immer nur in der Klinik, ohne Bindungen. Sie beugte sich hinunter. Sie glaubte, die Jungen sahen ihm ähnlich.

Sie wusste nicht, was sie suchte, sie wollte sich einfach nur umsehen. Vor dem Regal stand ein Papierkorb. Sie ging in die Knie. Ein Papierknäuel. Ein Paar Untersuchungshandschuhe. Sie zog die Enden des Papiers auseinander. Ein OP-Plan von heute, keine Notizen, auch auf der Rückseite. Sie untersuchte die Falten und Knicke. Burkhardt faltete seine Pläne immer zweimal und steckte sie knitterfrei in seine Kitteltasche. Dieser hier war nie gefaltet worden, nur zerknüllt und weggeworfen. Sie ging die Planpunkte durch. In der Kopfzeile waren die Version und die Druckzeit vermerkt. Stand von gestern Abend, gedruckt heute früh zwei Uhr zwei. Warum druckte Burkhardt nachts um zwei einen Plan, nur um ihn wegzuwerfen?

Sie drückte das Blatt wieder in Form und legte es neben die Handschuhe.

Sie zog die oberste Schreibtischschublade auf: A4-Notizpapier. Die zweite Schublade enthielt einen Stempel, Stempelkissen und Karteikarten. Die breite, mittlere Schublade unter der Arbeitsplatte war fast leer. Links lag ein langer Brieföffner, in der Mitte war freier Platz. Genug Platz, um den Bilderrahmen hineinzulegen, wenn Besuch kam. Sie blickte in die freundlichen Gesichter der Jungen. Sie fand, sie sahen ihm wirklich sehr ähnlich.

Am rechten Rand der Schublade lagen ein paar Blätter eines Abreißkalenders aufeinander. Sie schob die Schublade zu, setzte sich auf Burkhardts Sessel und sah sich um. Aus den Polstern entwich langsam Luft, das Leder des Sessels roch herb. Noch einmal wanderte ihr Blick rund um das Zimmer. Kein Kalender. Sie zog die Schublade auf und nahm die Blätter. 1. und 2. Juli 2002, dann 30., 31. Juli und 1. August 2002. Alle Blätter waren einmal quer gefaltet worden. Ein gewöhnlicher Abreißkalender, wie er in den Umkleiden hing. Warum hob Burkhardt Kalenderblätter auf? Warum nur diese paar Blätter?

1. und 2. Juli. Die letzten Julitage, der 1. August. Was war an den Tagen Besonderes?

Sie sortierte die Blätter nach dem Datum, legte den kleinen Stapel an seinen Platz und schloss die Schublade. Sie schob den Sessel an seinen Platz.

Sie fand, es war ein lächerlicher Gedanke, dass Burkhardt etwas mit den toten Patienten zu tun haben könnte. Er lebte für die Klinik. Ein Pedant, ein komischer Kauz, aber ein Vollblutarzt. Die Jungen auf dem Bild waren wahrscheinlich seine Söhne. Warum versteckt er sie, dachte sie. Sie lebten sicher bei ihrer Mutter. Er wollte vielleicht seine privaten Verletzungen nicht in den Beruf tragen. Burkhardt war professionell und das forderte er auch von den Assistenzärzten.

Sie zog den Funker mit dem Schlüssel aus der Tasche. Das Abschließen musste schnell gehen, sie wollte nicht länger als notwendig an der Türe stehen und zu sehen sein. Sie löschte das Licht, öffnete die Tür einen Spalt und schob den Schlüssel von außen in das Schlüsselloch. Sie glitt in den Gang, zog die Tür leise zu sich und drehte den Schlüssel um. Sie ging den hellen Gang hinunter und atmete durch, um sich zu beruhigen.

Nicht umdrehen, langsam gehen, dachte sie. Herz, schlage langsamer. Die Abzweigung in den unbeleuchteten Flur zur Cafeteria kam näher. Sie bog ab.

## 20. Kapitel

Burkhardt ging langsam um die Ecke in den Flur, in dem sein Büro lag. Er blieb stehen, etwas hatte sich bewegt. An seiner Tür. Da war es wieder. Er sah einen halben Fuß – er wurde länger – ein Bein. Arbro stand vor seiner Tür und versperrte sie. Arbro!

Er spürte seinen Schlüsselbund in der Kitteltasche. Woher hat sie einen Schlüssel für mein Büro, dachte er. Sie musste etwas gesucht haben. Sie hatte sein Büro durchsucht, sie ahnte etwas, sie wusste etwas.

Er blieb stehen und starrte Arbro nach. Wenn sie sich umdrehte? Sie darf mich nicht sehen, dachte er. Sein Blick heftete sich an ihren Umriss. Er war unfähig, sich zu bewegen. Sie durfte sich nicht umdrehen.

Das Blut rauschte in seinen Ohren. Er erreichte die Tür und schloss auf. Was hätte sie finden können?

Er schloss von innen ab, ging um seinen Schreibtisch und setzte sich auf den Sessel. Ihr Geruch war in der Luft, sie war also im Raum gewesen. Sie hatte nicht nur durch die Tür gesehen, sie war eine Zeit hier drin gewesen. Er sah sich um. Keine Veränderungen. Er sah auf das Bild.

Sie hatte seine Jungen gesehen. Was wusste sie noch? Die Erinnerung an den Abend des Unfalls blitzte in ihm auf. Seine Jungs hatten sein Auto geliehen, er hatte sie nicht gehen lassen wollen, seine Frau hatte ihn dazu gebracht. Er stützte die Stirn in die Hände, schüttelte den Kopf. Er wollte die Erinnerung vertreiben. »Nein.« Das Telefon hatte geklingelt, Emelie van Wijkem war dran gewesen und hatte ihn in die Klinik gerufen. Sie hatte ihm nichts sagen wollen. Kommen Sie, hatte sie gesagt, kommen Sie schnell, Ihre Söhne hatten einen Unfall.

Er hieb mit der Faust auf den Schreibtisch, der Bilderrahmen fiel um. Er hob den Kopf, nahm das Bild in beide Hände. Tränen liefen über seine Wangen. »Jungs, Jungs, ihr hättet das nicht tun sollen. Aber sie wird bezahlen, das habe ich euch versprochen.« Er schloss die Augen, die Erinnerung überfiel ihn aufs Neue.

Er war durch die Klinik auf die Intensivstation gerannt, sie hatten ihn festgehalten, aber er hatte sich losgerissen. Seine Jungs lagen dort, beatmet, aufgedunsen, zerschunden, kaum zu erkennen.

Er weinte, aber er bemerkte es nicht. Seine Hände krampften sich um das Bild in seinem Schoß.

Ich mache das, hatte van Wijkem gesagt, gehen Sie, ich bleibe hier. Sie können uns nicht helfen. Am nächsten Morgen waren beide tot. Van Wijkem hatte sie gehen lassen, als sie keine Chance mehr sah.

»Sie hätte mich holen müssen«, schluchzte er. »Ich hätte entscheiden müssen, nur ich. Sie hat nicht alles für euch getan, Jungs.« Er sackte in sich zusammen. »Ich habe geschlafen, als ihr gestorben seid, ich habe geschlafen.« Er richtete sich auf, wischte sich die Tränen ab und schniefte. »Aber sie wird bezahlen, bald ist sie weg, Jungs. Bald bin ich hier Chef, es wird nicht mehr passieren. Ich schlafe nicht mehr, ich hab's euch versprochen.«

Er sah das Bild an, und seine Tränen trockneten an seiner Haut, ohne dass er es merkte. Endlich legte er es sanft auf den Schreibtisch und zog die große Schublade auf. Vorsichtig nahm er den Rahmen und legte ihn neben die Kalenderblätter.

Die Kalenderblätter, dachte er. Welch gewaltige Dummheit! Er hatte die Kalenderblätter aufgehoben. Wenn sie die Blätter gesehen hatte, musste ihr alles klar sein. Sie, zuallererst sie, musste sich an die Daten der Tode erinnern!

Aber was kann sie damit tun, dachte er.

Sie konnte Ermittlungen in Gang setzen, Menschen überzeugen. Die Leichen würden noch einmal seziert. Ein Gerichtsmediziner, kein Pathologe, würde obduzieren. Es würde Exhumierungen geben und gezielte Untersuchungen. Sie konnten es herausfinden. Sie würden ihn am Ende überführen. Selbst wenn es ihnen nicht gelänge, wäre sein Ruf ruiniert. Er konnte nie Chef werden, wie er es seinen toten Jungs versprochen hatte. Sie durfte es nicht verhindern, sie war nicht wichtig genug, seine Jungs waren jedes Opfer wert.

Er nahm den Stapel in die Hand. Sein Daumen fuhr über das knisternde Papier. 1. Juli 2002. Die Bewegung seiner Finger erstarrte. Es war die falsche Reihenfolge. Sie hatte die Zettel in der Hand gehabt, angesehen, umsortiert. Sie wusste es. Es gab keine andere Erklärung. Wann würde sie zu van Wijkem gehen, zur Polizei?

Sie musste sterben. Heute Nacht. Bevor sie Unheil anrichten konnte. Er musste seine Überlegenheit bewahren, keine übereilten Pläne – heute Nacht, aber ebenso sicher, ebenso genial wie sonst auch.

Eine halbe Stunde später kniete er auf der Treppe zwischen den Stockwerken und drehte eine Schraube aus der Metallschiene an der Kante der Stufe. Die Dauerbeleuchtung gab nur spärlich Licht, das von den Betonwänden verschluckt wurde. Putzmittelgeruch lag in der Luft, aber der staubige Boden schien nicht damit behandelt worden zu sein. Durch ein Fenster drang das Gurren einer Taube.

Er benutzte sein Taschenmesser. Es war mühsam. Seine Handfläche brannte vom Druck, den er brauchte, um die schlecht passende Schraubendreherklinge in den Querschlitz zu pressen. Er durfte den Schlitz nicht sichtbar beschädigen, das wäre eine Spur. Er hätte ein passendes Werkzeug besorgen können, aber wenn er entdeckt würde, musste er erklären können, dass er die lockere Schraube zufällig gesehen hatte und befestigen wollte.

Er lächelte ein wenig. Das war der Unterschied zwischen einem Verbrecher und einem Künstler.

Sein Knie rutschte über die Metallkante, und sein Lächeln wich einem Zähnefletschen.

Er nahm die Schraube, hielt kurz inne, hörte nichts und ließ sie neben der Treppe in die Tiefe fallen. Er zählte. Einundzwanzig, zweiundzwanzig, ein feiner Ton drang herauf.

Die erste Schraube kann sich lösen, dachte er. Die Metallschiene verliert ihren Halt, die zweite Schraube würde der Belastung nicht standhalten. Logik war der Kunstgriff, Logik und Beherrschtheit.

Die Patienten hatten ihn nicht berührt, die meisten hatte er nie gesehen. Arbro war eine Bedrohung. Hier hätten die meisten Menschen Fehler begangen, weil sie emotional wurden. Mitleid, Hass, Angst, Ungeduld. Er nicht, er beherrschte sich. Das machte ihn unangreifbar. Er musste unangreifbar sein. Für seine Jungs. Er durfte nie wieder Fehler machen, er musste es wieder gutmachen.

Er betrachtete seine Handfläche. Der rote Fleck in der Mitte war größer geworden. Er musste mit der Linken schrauben, bevor eine Blase entstand. Er stellte sich Hercule Poirot vor, wie er die Handfläche des Verdächtigen sah, den Mörder mit seiner Theorie konfrontierte und als Indiz die Blase auf der Handfläche präsentierte. Der Verdächtige wurde panisch, widersprach sich, gestand schließlich.

Nicht er. Er behielt seinen überragenden Verstand und damit seinen Vorteil, den er sich nicht von einer dummen, unwichtigen Person wie Arbro nehmen lassen würde.

Er hielt still und lauschte. Kein Geräusch. Er zog eine kleine Flachzange aus der Kitteltasche, brach den Schraubenkopf ab und legte ihn auf die untere Stufe.

Er testete die Stabilität der Metallschiene. Sie saß gut in ihrem Bett, ließ sich aber mit wenig Kraft nach unten hebeln. Wenn jemand darauf trat, würde sie nachgeben.

# 21. Kapitel

Charlotte saß auf dem speckigen Sofa des Aufenthaltsraums. Sie hatte die Füße auf die Tischplatte gestellt, die Handflächen zwischen die Knie geklemmt und ließ das Fernsehprogramm an sich vorbeirieseln. Noch vor Mitternacht wollte sie Brandmanns Zimmer ansehen. Sie würde wohl auch dort nichts finden. Die Vorstellung, Burkhardt oder Brandmann könnten Patienten töten, war ihr am Tage seltsam erschienen, am Abend hatte sie gedacht, die Idee wäre gewagt. Jetzt fand sie es abwegig. Dennoch wollte sie sein Büro untersuchen, schon um es Ole, der den Schwanz eingezogen hatte, morgen beim Kaffee erzählen zu können.

Eine lächerlich geschminkte Blondine massierte sich mit der Zunge zwischen den Lippen die Brüste. Eine Stimme sang die Ziffernfolge einer abenteuerlich teuren Telefonnummer. Charlotte drückte den roten Knopf auf der Fernbedienung. Sie gähnte und sah auf die Uhr. Viertel vor zwölf. Sie zog den Funker an der Schlüsselkette zu sich und ließ ihn vor dem Gesicht schwingen.

Der Funker vibrierte und begann schrill zu lärmen. Die Füße in den Holzpantinen knallten auf den Boden, ihr Herz klopfte wild, ihr Magen fuhr Achterbahn. Der Funker hatte sich das erste Mal an diesem Abend gerührt, das Geräusch war direkt vor ihrem Gesicht. Sie drückte den Knopf an der Oberseite des Geräts und las den Code. Notkaiserschnitt. »Bockmist.«

Ausgerechnet Notkaiserschnitt. Nicht heute! Es war zu spät, um Brandmann anzurufen. Los, sie musste los. Sie ließ die Schuhe stehen und rannte. Sie hörte das Blut in den Ohren rauschen. Ihre nackten Füße klatschten auf den Linoleumboden. Die Metalltür war schwer, nahm Charlottes Schwung auf und gab ihn krachend an die Wand weiter. Sie sprang, die Hälfte der Treppe, die zweite Hälfte. Die Tür aus dem Treppenhaus knallte gegen die Mauer. Der Gang zum Kreißsaal flog an ihr vorbei. Die Bilder der Nacht, in der Frau Wermke gestorben war, kamen in ihr Gedächtnis. Bitte, nicht wieder eine Katastrophe, dachte sie. Bitte nicht.

Die Kanten der Bodenkacheln rieben an ihren Zehen. Die

Tür war erreicht. Die Kälte der Platten war unwirklich ruhig und angenehm. Sie tippte ihre Geheimzahl in die Tastatur: Sieben fünf sieben vier. Der Summer gab die Tür frei, Charlotte lief hinein. Sie konnte niemanden fragen, wohin sie gehen sollte. Sie stand im Gang und sah an der Reihe schwerer Holz-Schiebetüren entlang.

»Frau Arbro.« Burkhardt kam aus der Küche in den Gang.

»Herr Burkhardt? Was? Wo muss ich hin?«

»Nirgends. Fehlalarm, es ist nichts passiert.«

Sie fragte sich, ob Burkhardt sie angerufen hatte. Es konnte kein Fehlalarm sein. Sie stand vor ihm und breitete die Arme aus.

»Fehlalarm? Haben Sie mich mit der Notkaiserschnitt-Nummer angefunkt?«

Sein Blick sprang von ihr zu den Türen und auf den Boden. »Ja.« Er schien nach Worten zu suchen. Er deutete eine Handbewegung an, so dass die Flächen kurz zu ihr zeigten. »Es tut mir Leid.«

»Wieso denn?« Sie ging auf ihn zu. »Man kann doch nicht zehn Ziffern eben mal aus Versehen eintippen.«

Er winkte sie in die Küche. »Ich habe das falsch eingeschätzt. Ich dachte, in den nächsten Minuten muss das Kind geholt werden, und wollte Sie schon mal hier haben. Jetzt ist es auf normalem Wege gekommen.«

Sie legte den Kopf schräg, während sie ihm folgte. Kein Schreien eines Neugeborenen war zu hören, keine Aufräumgeräusche. Sie ging am Kreißsaal Mitte vorüber. Hier war Frau Wermke vor einem Monat gestorben. Sie drehte den Kopf zur Seite.

Burkhardt stand seitlich und hob einladend den Arm. »Kommen Sie, Frau Arbro, trinken Sie einen Kaffee mit mir, setzen Sie sich.«

»Warum sind Sie denn um diese Zeit hier, Herr Burkhardt?« Sie zwängte sich auf die Eckbank. Der Tisch war angefüllt mit Tassen, gebrauchtem und sauberem Geschirr, einem Beerenkuchen und Zeitschriften. Eine Hebamme nickte müde einen Gruß. Charlotte sog die Luft ein und genoss den Geruch frischen Kaffees.

»Frau van Wijkem wollte es so.« Er nickte der Hebamme zu, nahm die Isolierkanne und begann zwei Tassen zu füllen. »Sie sollten nicht noch mehr Schwierigkeiten bekommen, das würde Ihren Karriereaussichten schaden.«

»Meine Karriereaussichten?« Sie spürte Röte im Gesicht aufsteigen. »Ich wollte in der Klinik Karriere machen, Sie wissen genauso gut wie ich, dass ich das vergessen kann.« Sie nahm den Keramikbecher mit aufgedruckter Werbung für einen Wehenhemmer. »Was ist mit Brandmann?« Die Hitze des Kaffees erreichte ihre Handflächen durch das Steingut. »Er sollte heute Nacht das Kindermädchen spielen.«

»Kindermädchen ist das falsche Wort. Wir schützen Sie. Denken Sie darüber nach, dann werden Sie merken, dass ich Recht habe.«

»Wollen Sie die Patienten vor mir schützen, oder mich vor wem?«

»Sie urteilen nach dem Augenschein.« Er nippte an seinem Becher. »Es ist nicht alles so, wie es scheint. Man kann Ihnen nicht alles sagen, was man möchte.«

»Wer? Man?«

»Nun, Frau van Wijkem, zum Beispiel.«

Sie fragte sich, was die Chefin ihr verschwiegen haben sollte und ob es eine Rolle spielte. Sie war gekündigt, die Gründe würden bekannt werden, gleichgültig, was Emelie verschwiegen hatte.

Sie verbrannte sich die Zungenspitze an dem Kaffee.

»Was ist mit Brandmann?«

Er hob eine Augenbraue und sagte gleichgültig: »Brandmann ist gut, aber nach sechzehn Uhr wird er unzuverlässig. Deshalb«, er pausierte und schürzte die Lippen, »bin ich heute Nacht hier.«

»Mit Wissen der Chefin?« Sie hob die Tasse vor ihr Gesicht und betrachtete das grobe Raster des Werbe-Offsetdrucks. Der dumpf melodische Klang eines wuchtig hingestellten Keramikbechers ließ sie aufsehen. Burkhardt senkte eben den Blick, aber sie meinte dennoch, Wut erkannt zu haben.

Er zog Papiertaschentücher aus der Hemdtasche, nahm eines und wischte den übergelaufenen Kaffee auf, ohne aufzusehen.

»Auch eine Chefin kann nicht alles organisieren«, sagte er und stand auf. »Sie ist auf unsere Initiative angewiesen. Ohne mich, ohne uns, ginge in dieser Klinik nichts.«

Sie trank einen kleinen Schluck und sah zu ihm auf. Eine grelle Halogenlampe blendete sie. Er hatte Recht, die Oberärzte hielten den Betrieb am Laufen.

»Kommen Sie, Arbro.« Es klang wie ein Befehl.
»Wohin?«
»Kommen Sie.« Er zögerte. »Ich lade Sie auf ein Eis ein.«
Sie blieb sitzen und sagte: »Ich habe für heute Abend genug von dem Eisautomaten, tut mir Leid.«
»Schokolade? Irgendetwas? Kommen Sie schon, was wollen Sie hier?«
Burkhardt stand winkend in der Tür und verdrehte die Augen. Vielleicht wollte er mit ihr etwas besprechen, was die Hebamme nicht hören sollte. Sie stemmte sich mit beiden Armen von der angenehm weichen Bank. Ihre Beine schmerzten, sie wollte sitzen bleiben, sich am liebsten hinlegen. Sie riss sich vom Geruch des Kaffees und des Kuchens fort. Wenn er allein gegangen wäre, hätte sie später sicher ein Stück bekommen. Jetzt soll ich mit Burkhardt Eis essen, dachte sie. Ausgerechnet mit ihm. Sicher mochte er Nougat.
Sie ging hinter dem schweigenden Burkhardt den gefliesten Gang hinunter. Er bog rechts ab und ging am Treppenhaus vorbei.
»Ich hole nur eben meine Schuhe«, sagte sie und stemmte sich gegen die Metalltür.
»Nein!« Burkhardt fuhr herum, ging einen Schritt auf sie zu und streckte die Hand aus. »Kommen Sie, ich bezahle.«
»Danke, sehr nett«, sagte Charlotte. »Ich will nur meine Schuhe holen, wenn es Sie nicht stört. Ihr Funkruf hat mich kalt erwischt.«
Er kam mit ausgestreckter Hand einen Schritt näher. »Nicht, Frau Arbro, kommen Sie mit.«
»Ja, ich komme ja, wir treffen uns am Automaten.«
Er schien beharren zu wollen, aber sie drehte sich um, glitt durch den Türspalt, der gerade breit genug für sie war, und sprang die ersten Stufen hinauf. Die nächsten Stufen ging sie langsamer. Burkhardt ist ein seltsamer Typ, dachte sie. Warum hatte er sie angerufen? Warum benahm er sich jetzt so eigenartig?
Der geschliffene Beton unter ihren Füßen war kalt. Charlottes Zehen und Fußsohlen waren davon wie betäubt, sie konnte den Dreck unter den Sohlen nicht einschätzen. Jedes Körnchen kam ihr wie eine Verletzung vor. Sie ging auf den Fußballen, die Hornhaut dort war stabiler.

Etwas war falsch. Sie zögerte einen Moment, sie vermisste etwas. Das schwere Klappen der massiven Tür. Sie war die Stufen hinaufgegangen und hatte mit einem Ohr auf das Schlagen der Tür gewartet. Die Tür war nicht zugefallen.

Der linke Fuß rutschte ab, schlug auf die untere Stufe, sie suchte Halt, fand nichts, fiel einen Moment. Sie hörte ein fürchterliches Krachen. Eine Hand konnte sie vor das Gesicht bringen, das linke Jochbein fiel auf die Betonkante. Sie rutschte die Stufen hinunter.

Jetzt kam der Schmerz, das linke Knie war Schmerz, Schmerz, der bis in den Fuß und die Hüfte strahlte. Sie konnte das Bein nicht bewegen, nicht vor dem Rutschen bewahren. Das zerschmetterte Knie rutschte langsam eine Stufe nach der anderen hinunter. Jede Kante ließ Charlotte denken, es könne nicht mehr schlimmer werden. Sie suchte Halt, ihre Finger rutschten vom Stahlträger ab, sie kniff die Augen zusammen, gleich kam noch eine Stufe. Nicht noch eine Stufe, dachte sie, nicht noch eine. Ihre Linke packte eine Metallstrebe des Geländers. Sie griff zu, wie sie noch nie zugegriffen hatte.

Bis jetzt war nur ein Stöhnen aus ihrer Kehle gekommen. Jetzt schrie sie, schrie ihren Schmerz, ihre Angst, ihre Wut hinaus.

Die Tür klappte, Schritte kamen die Treppe hinauf.

»Hilfe.« Ihre Stimme war ein Wimmern. »Hilfe, mein Bein. Helfen Sie mir, hören Sie mich?«

»Um Himmels willen«, sagte Burkhardt, »was ist denn passiert? Sie sehen ja schlimm aus, Arbro.«

»Ich bin ausgerutscht. Burkhardt, helfen Sie mir hoch! Ich glaube, mein Bein ist gebrochen.«

Er trat neben sie, legte eine Hand auf ihren Oberschenkel und drückte.

Sie legte ihre Hand auf seine und hielt sie fest. »Wenn Sie mein Knie anfassen, schlage ich Sie k.o., Burkhardt, ich verspreche es Ihnen, das schaffe ich noch.«

»Ich brauche es nicht anzufassen.« Er wies mit der Linken auf ihr Bein. »Sehen Sie selbst.«

Der dunkelrote Fleck wurde schnell größer.

»Offene Tibiakopffraktur, würde ich sagen, Frau Arbro, das müssen wir heute Nacht noch operieren.«

Sie ließ den Kopf zurückfallen und schlug hart auf die Betonkante der Stufe. »Scheiße, verdammte.«

»Jetzt kann Sie van Wijkem nicht kündigen, schätze ich.« Burkhardt sah sie an. »Arbeitsunfall. Man müsste sich erkundigen, was das nach sich zieht.«

»Na, wunderbar.« Die letzte Silbe schrie sie hinaus. Sie hatte das Bein unwillkürlich bewegt. »Sehen Sie nicht, dass ich abrutsche? Helfen Sie mir, Mann!« Sie krallte sich an die Geländerstrebe.

»Die Leiste hat sich gelockert«, sagte er und gab der Schiene unter Charlottes Nacken einen Schubs. »Ich helfe Ihnen nicht auf.«

»Na, prima, dann mach ich es eben alleine«, stöhnte sie.

»Sie stehen nicht auf.« Er hielt seine Hand über ihrem Knie. »Wir holen Sanitäter und transportieren Sie fachgerecht auf die Station der Traumatologie.«

Sie lachte, aber es klang wie ein Schmerzlaut. »Sanitäter? Sie rufen einen Krankenwagen ins Waldklinikum? Glauben Sie, die nehmen das ernst? Die lachen Sie doch aus. Machen Sie schon, helfen Sie mir auf.«

»Mich lacht selten jemand aus, Arbro. Wenn Sie das Bein bewegen, riskieren Sie eine Nerven- oder Gefäßverletzung durch einen Knochensplitter.« Er stand auf. »Sie bleiben liegen. Oder soll ich gleich einen plastischen Chirurgen dazurufen?« Er stieg eine Stufe höher. »Die machen wunderschöne Nervennähte. Nach einem Jahr ist der Nerv nachgewachsen, und der Fuß bewegt sich wieder. Das sind doch Aussichten.« Er ging weiter hinauf.

»Wo wollen Sie hin, verdammt?« Charlotte verdrehte den Kopf und sah an Burkhardts Beinen hoch unter seinen Arztkittel. »Sie können mich doch nicht hier liegen lassen. Hey!«

»Sehen Sie hier irgendwo ein Telefon?«

»Sturer Bock.« Sie klammerte sich an das Geländer, um nicht weiterzurutschen und sah zu ihrem Bein hinunter. Das Hosenbein war bis zum Fuß hinunter tiefrot. Sie wusste, dass er Recht hatte.

## 22. Kapitel

»Spritzen Sie ihr zehn Milligramm Midazolam intramuskulär, wenn sie zum OP abgeholt wird. Sie ist so aufgeregt, sie kann es brauchen.«

Die Nachtschwester der Traumatologie drehte sich vom Medikamentenschrank zu Burkhardt um. Der Geruch von billigem Parfum erreichte ihn und mischte sich mit dem Desinfektionsmittel in der Luft.

»Zehn Milligramm?« Sie schob ihre Brille höher auf die Nase. »So viel? Warum geben Sie ihr nicht eine Tablette? Wir spritzen nie Midazolam.« Sie hob eine Blisterpackung Tabletten hoch.

»Das müssen Sie schon mir überlassen, Schwester.« Tabletten sind zu unsicher, dachte er. Burkhardt drehte sich um und ging aus dem Stationszimmer.

»Schon gut«, hörte er sie sagen, dann verfloss ihre Stimme in ein ärgerliches Nuscheln. Sie würde gehorchen. Er lächelte. Midazolam machte angstfrei und gefügig, und sie würde vergessen, was geschah, nachdem sie die Injektion bekommen hatte. Er musste an alles denken, auch an einen Misserfolg. Aber der war unwahrscheinlich.

*

Eine Stunde später stand Burkhardt im OP hinter der Glasscheibe der Patientenschleuse, die der Lagerungspfleger hinauffahren ließ. Gleichzeitig ließ er die flache Plattform hinunter, die sich raupenartig unter Arbro fahren würde, um sie aus dem Krankenbett auf den OP-Tisch zu bringen. Burkhardt zog seine Gesichtsmaske nach vorne und holte tief Luft. Arbro schlief mit offenem Mund, sie war blass. Sicher hatte sie einen halben Liter nach außen und bestimmt noch einmal so viel Blut in den Unterschenkel verloren, dachte er. Sie war jung, ihr machte es nichts aus. Die Schwester hatte die Spritze gegeben, sie schliefe sonst nicht.

Die Platte glitt unter Arbros Beine. Sie öffnete die Augen. Ein Schmerzlaut gurgelte erst aus ihrer Kehle, dann schrie sie laut auf. Der Pfleger sah sich zu Burkhardt um, der die Hände in die Taschen des grünen OP-Hemds stemmte.

»Es hilft nichts. Weiter«, sagte er.

Der Mann drückte wieder auf den Knopf, die Platte war unter ihr. Das dünne Moltontuch, mit dem sie zugedeckt war, hatte sich verfangen, Arbro lag zur Hälfte abgedeckt nackt auf der Platte. Sie ließ den Kopf sinken und schloss die Augen, ihr Mund entspannte sich.

»Hätten wir nicht noch zwei Stunden warten können?«, sagte der Lagerungspfleger und hielt den Daumen auf einen Knopf gepresst. Die Platte mit Arbro darauf bewegte sich auf den OP-Tisch zu. »Warum müssen wir jetzt um fünf Uhr früh operieren?«

»Decken Sie sie doch zu«, sagte Burkhardt und drehte sich um. Er ging in den Vorbereitungsraum. »Herr Tarler, ist alles soweit?«

Knut Tarler legte eine gefüllte Spritze auf das Tablett und nickte. »Die Arme! Bleibt etwas zurück? Wird sie das Bein bewegen können?«

Burkhardt sah auf die Drehknöpfe des Beatmungsgerätes und schaltete das Überwachungsgerät ein. Er beobachtete den Startbildschirm. »Fragen Sie den Chirurgen. Jedenfalls eine üble Verletzung. Wir werden sehen.«

»Sie sollte die Klinik verklagen.«

Burkhardt fuhr herum. »Was soll das, Herr Tarler?«

Tarler hob die Schultern. »Die Klinik muss doch die Treppen in Ordnung halten. Jetzt, wo sie gekündigt ist, kann sie das Geld gebrauchen.«

»Reden Sie keinen Unsinn, Mann. Wir sind nicht in Amerika, wo wegen jedes Schwachsinns geklagt wird.«

»Schwachsinn?«

Burkhardt wandte sich wieder den Geräten zu. »Schluss jetzt.« Er hatte zu viel Zeit verloren, es musste vorbereitet sein, bis die Ersten zum Tagdienst kamen.

Arbro wurde auf dem OP-Tisch hereingerollt.

»Charlotte!« Knut Tarler berührte sie an der Schulter. »Wie geht es dir?«

Sie hob langsam die Augenlider und ließ sie wieder fallen.

»Sie haben sie ordentlich prämediziert, Burkhardt«, sagte Knut. »Gut so. Was hilft es, wenn sie alles mitbekommt …«

Burkhardt hielt ihr die Atemmaske dicht vor das Gesicht. »Fünf Milligramm Atracurium, null Komma zwei Fentanyl, schnell, Herr Tarler.«

Tarler nahm die Spritzen und sah ihn unter hohen Augenbrauen an.

»Je schneller, desto besser, nun geben Sie es ihr schon.« Burkhardt beugte sich über Charlotte. »Wenn ich Ihnen ein Zeichen gebe, spritzen Sie schnell fünfhundert Milligramm Thiopental, verstanden?«

Tarler nickte.

»Charlotte!« Burkhardt sprach direkt in ihr Ohr. »Hören Sie, Charlotte?«

Ein Summen bestätigte.

Burkhardt flüsterte: »Viel Pech gehabt, Charlotte, stimmt's?«

Ihr Gesicht bewegte sich in Zeitlupe auf und ab.

»Erst sterben die Patienten ...« Er hauchte die Worte direkt in ihr Ohr. »... und jetzt sterben Sie.«

Er winkte Tarler zu, der setzte die Spritze auf und drückte den Kolben durch. Burkhardt hielt seine Lippen einige Millimeter von ihrem Ohr. »Kein Pech, Charlotte, es war Absicht. Sie hätten nicht so neugierig sein sollen, dann hätten Sie es nie erfahren.«

Sie hob den Kopf. Ein Stöhnen, sie versuchte zu artikulieren. Die Hände zu Fäusten geballt, zerrte sie an den Armgurten.

»Was ist denn?« Knut zog die Spritze ab. »Was haben Sie ihr gesagt?«

»Unsinn, nichts habe ich gesagt, ich habe sie beruhigt. Können Sie denn keine normalen Muskelzuckungen durch Thiopental erkennen?«

Knut warf die Spritze auf das Tablett und reichte Burkhardt das Laryngoskop. »Ich bin seit achtzehn Jahren Anästhesiepfleger, und ich habe so etwas noch nicht gesehen.«

Burkhardt suchte und fand Arbros Kehlkopfeingang und nahm Tarler den Tubus ab, um ihn in die Luftröhre einzuführen. »Ich bin seit zweiundzwanzig Jahren Anästhesist und ich sage Ihnen, das war normal.« Er warf das schwere Laryngoskop auf den Tisch. »Sie akzeptieren meine Beurteilung, haben wir uns verstanden?«

»Verstanden, Herr – Oberarzt.«

Es war spät, fast zu spät. Tarler musste verschwinden. »Gehen Sie einen Kaffee trinken, das Lager aufräumen, irgendetwas, ich mache das hier alleine.« Burkhardt klebte den Beatmungsschlauch fest und schloss die Maschine an. Mit der Linken wies er aus dem Einleitungsraum. »Lagerungspfleger! Saal zwei einfahren!«

Endlich war Tarler weg. Burkhardt tippte die Funkernummern des Chirurgen in das Telefon. Er musste schnell sein, bis um sieben musste es vorbereitet sein, aber er konnte erst beginnen, wenn die Chirurgen operierten.

Die Chirurgen operierten seit einer halben Stunde. Der stechende Geruch verbrannten Gewebes erfüllte den Raum. Das elektrische Messer pfiff, Rauch stieg auf, der Gestank wurde stärker. Burkhardt verzog das Gesicht unter der Maske.

Ein pneumatischer Bohrer begann langsam zu drehen und steigerte sich zu einem Jaulen, während er sich in Arbros Knochen hineinfraß. Burkhardt nahm eine der blauen Klebeelektroden, wie man sie für das elektrische Skalpell brauchte.

Der Strom musste durch das Herz fließen, um zu wirken, wenige Millisekunden waren genug.

Sie hatte so getan, als ob nichts gewesen wäre, unschuldig gespielt. Sie hatte die Kalenderblätter umsortiert, das war ihr anscheinend nicht bewusst. Sie glaubte ihn täuschen zu können, aber er war nicht zu täuschen.

Die leitende Fläche der Elektrode war ein Quadrat von fünfzehn mal fünfzehn Zentimetern. Das war genug, um die Haut nicht zu verbrennen. Man würde oft defibrillieren, die Rötung der Haut war leicht dadurch erklärbar. Wenn ein Gerichtsmediziner Strommarken im Herzen finden würde, könnten sie vom Defibrillieren gekommen sein. Es war wieder ein genialer Plan, ausgedacht in wenigen Minuten und dennoch perfekt bis ins Detail.

Er zog die Schutzfolie von der Klebefläche, die Elektrode klebte an seinem Daumen. Er beugte sich hinunter und schob sich unter die Abdecktücher. Es war dunkel, die Tücher färbten das Licht blau. Er zog die Decke zur Seite, ihre Köperwärme traf Burkhardt im Gesicht.

Van Wijkem sollte hier sein, wenn sie starb. Sie soll schuld sein, dachte er. Vielleicht war Arbro dann die Letzte, die sterben musste.

»Alles in Ordnung bei Ihnen, Herr Burkhardt?«

Er zuckte zusammen. »Natürlich, was denken Sie denn?«

Der Chirurg brummte und sagte: »Frau Arbro hat sich da ordentlich das Knie zertrümmert. Wir brauchen noch eine Weile.«

»So lange Sie wollen.«

»Es blutet ganz schön aus dem Knie. Wollen Sie ihr nicht ein bisschen Blut geben?«

Burkhardt schob ihre Brust mit dem Unterarm zur Seite und klebte die blaue Plastikfläche auf die Haut. Die zweite Elektrode legte er in die Mitte des Brustbeins und strich sie fest. Er richtete sich auf, ein Schmerz fuhr von hinten in sein rechtes Bein. Seine Knie gaben einen Moment nach, er fing sich und stemmte die Hände in die Hüften. Verfluchte Bandscheibe, dachte er. Mit einem Stöhnen kam er zum Stehen.

»Das entscheide ich, sie bekommt Blut, wenn sie es braucht.«

Jetzt wurde das Risiko höher, die Wanduhr zeigte sechs Uhr fünfzig. In zehn Minuten war die Besprechung, zehn Minuten später würde van Wijkem hier sein. Sie war bisher immer gekommen, wenn ein Mitarbeiter operiert worden war. Er würde sie mit diesem Grund rufen, wenn sie nicht von alleine kam.

Die Elektroden klebten, verrieten ihn, er durfte nicht zu lange warten. Er nahm ein Skalpell vom Regal, öffnete die Packung, brach die Schutzhülle und zog damit die Isolierung von den Elektrodenkabeln. Das blanke Metall des aufgefaserten Kabels blitzte im Neonlicht. Mit Daumen und Zeigefinger drehte er die Enden zu je einem Strang. Eine abgebrochene Metallfaser fiel auf Arbros Augenlid, mit der Fingerkuppe des Mittelfingers strich er zart darüber, dann fuhr er mit dem Handrücken über ihre Wange. Das Skalpell steckte zwischen Daumen und Zeigefinger. Sie war eine schöne Frau, besonders jetzt, völlig entspannt und friedlich. Wie zart ihre Haut ist, dachte er.

Er legte die Kabel über seinen Unterarm, trat näher an die Abdeckung, um sich vor Blicken zu schützen, und zog den Stecker aus der Hemdtasche. Er warf das Skalpell auf den Medikamentenwagen und zog das Taschenmesser aus dem OP-Hemd. Jetzt musste alles schnell gehen, die kleine Schraube, die das Gehäuse zusammenhielt, hatte er gelockert. Er drehte die letzten Gewindeumdrehungen heraus und schob ein Kabelende unter die Kupferschelle, vier Umdrehungen mit dem Taschenmesser, das zweite Kabel, noch einmal festziehen, den Deckel auf das Gehäuse, Schraube eindrehen.

Die Kabel waren lang genug für die Steckdose an der Wand hinter ihm. Der Kabelkanal war in Brusthöhe in die Wand eingelassen. Er verglich die Höhe der Abdeckung mit der Steckdose, schätzte den Blickwinkel der Chirurgen ab. Er musste sich davor stellen. Es würde nur Sekunden dauern. Nur einmal kurz den Stecker in die Steckdose stecken.

Die Schublade mit den Medikamenten klapperte, er nahm zwei Ampullen Atracurium und brach beide mit einer Handbewegung. »Verdammt«, zischte er leise durch die Zähne. Er kannte den leichten Stich, Ampullenglas schnitt sauber und tief. Es fing erst später an zu schmerzen. Die Kanüle schlürfte den größten Teil in die Spritze. Ein oder zwei Milliliter Luft vermischten sich mit dem Medikament zu einem kurzlebigen Schaum. Die Ampullen warf er auf die Edelstahloberfläche des Medikamentenwagens. Er spritzte den Inhalt, sein Daumen war weiß vom Druck. Die letzten Tropfen entkamen, als er den Konus abzog. Einige Spritzer erreichten Arbros Gesicht.

Hundert Milligramm Atracurium legten die Muskeln eines Kolosses für eine Stunde lahm. Arbro wog vielleicht fünfzig Kilo, die volle Muskellähmung würde bei ihr zumindest zwei Stunden anhalten. Die Chirurgen würden höchstens ein mildes Zucken bemerken.

Der Minutenzeiger der Uhr zuckte und sprang auf die nächste Minute. Warum hörte er das Geräusch? Er hatte es noch nie gehört. Eine Minute bis sieben Uhr. Seine Finger pressten den Stecker in die Handfläche, das Plastik wurde feucht.

Noch drei Minuten, dann wirkte das Atracurium voll. Der Stromschlag würde nur die Brustmuskulatur zucken lassen. Er würde den Chirurgen sagen, er habe die Lagerung überprüft.

Sieben Uhr. Er strich über Arbros Stirn, hob die Augenlider. Die Pupillen waren eng, tiefe Narkose, sie würde nichts spüren. Eine halbe Sekunde Strom richtete genug Schaden an, um sie zu töten – aber nicht sofort. Sterben würde sie erst später, wenn van Wijkem hier war. Im Operationssaal, auf der Intensivstation. Wo, war egal, es sollte bei van Wijkem sein.

Wieder hörte er das kleine Schleifen des Zeigers. Sieben Uhr eins.

Mit Daumen und Zeigefinger strich er entlang der Kontakte. Zweihundertzwanzig Volt, fünfzig Hertz – die Arbeit, die der Strom am Herzen verrichtete, hing vom Widerstand ab. Jetzt sollte sich unter dem Plastik genug Schweiß gebildet haben. Ein guter Kontakt ergab weniger Verbrennungen.

Sieben Uhr zwei. Jetzt.

Die Hand mit dem Stecker an die Brust gepresst, drehte er sich der Wand zu. Er streckte die Hand aus, die Kontakte blitzten im Neonlicht, noch zwanzig Zentimeter, sein Körper deckte die Blicke der Chirurgen. Nur eine Sekunde lang.

»Sind Sie wahnsinnig! Was tun Sie? Weg da! Lassen Sie das fallen!«

Es war Snekamps Stimme. Wo kommt der Verrückte plötzlich her, dachte Burkhardt. Aber niemand würde Snekamp glauben. Nichts war geschehen. Burkhardt drehte seinen Rücken zwischen seine Hand mit dem Stecker und die Richtung, aus der die Stimme kam, und riss an den Kabeln. Weg, der Stecker muss weg, dachte er. Keine Beweise ohne Stecker. Er zitterte vor Anstrengung und vor Erregung. Der Stecker war zu gut verschraubt, Burkhardt zerrte und drehte.

Eine Hand packte Burkhardt an der Schulter und schüttelte ihn, er achtete nicht darauf. Der Stecker – niemand durfte den Stecker finden. Zwei Hände zogen ihn grob herum. Eine Faust traf ihn an der Brust. Burkhardt hustete.

Die Finger waren um Kabel und Stecker gekrallt. Snekamps verzerrtes Gesicht blickte ihn stumm an, seine Hand griff die Kabel und zog. Burkhardt versuchte die Kabel zu zerreißen – es gelang nicht.

Er drehte sich zur Seite, stemmte den Ellenbogen gegen Snekamp, mit der Rechten zog er das Skalpell vom Wagen zu sich. Seine Faust schloss sich um den Plastikgriff. Er stach zu. Snekamp sprang nach hinten und schrie. Die Chirurgen drehten die Köpfe.

Burkhardt legte eines der Kabel über die Klinge und zog, das Messer schnitt durch die Isolation, rutschte ab und spaltete die Kuppe seines Daumens. Er stöhnte und ließ Skalpell und Stecker fallen, die gesunde Hand presste er auf den Schnitt.

Snekamp trat einen Schritt auf ihn zu, gab dem Skalpell einen Tritt und zog das Kabel mit der Fußspitze zu sich.

»Schauen Sie, was er machen wollte«, rief er. »Er wollte die Erdungselektroden mit dem Netz verbinden. Er wollte sie umbringen!«

Burkhardt stolperte gebückt auf Snekamp zu und stieß ihn

mit der Schulter zur Seite. Er riss die Medikamentenschublade auf und rammte seine gesunde Hand hinein. Einige Ampullen wurden auf den Boden geschleudert, ein paar zerbrachen, drei lagen in seiner Hand. Knirschend traten Burkhardts Schuhe durch die Scherben, er hinterließ eine Spur dunkelroter Tropfen auf seinem Weg durch den Einleitungsraum.

Ole sah ihm nach, dann fiel sein Blick auf Charlottes Gesicht und schwenkte wieder zurück zu Burkhardt. Van Wijkem bog um die Ecke und stieß hart gegen Burkhardts halb gebückte Gestalt. Ein unverständlicher Laut war von Burkhardt zu hören, er verschwand nach rechts in den Gang. Die Chefin blieb stehen und sah ihm nach.

»Herr Burkhardt, was ist denn?« Sie sah auf den Boden. »Sie bluten ja.«

Sie machte einen Schritt in Burkhardts Richtung, drehte den Kopf zu Ole und kam in den OP-Saal.

»Ole, was ist passiert? Was ist mit Burkhardt? Was war mit Charlotte?«

# 23. Kapitel

Van Wijkem stellte den Hocker vor Charlottes Stuhl.

»Sie müssen das Bein hochlegen, Charlotte.« Sie bückte sich und half ihr, den Gips hochzuheben. »Sie sollten noch nicht einmal aufstehen.« Van Wijkem hob den Kopf und lächelte Charlotte von unten an. »Wenn Marschullek das herausbekommt, bekommen wir beide Ärger.«

Den Oberschenkelgips auf den Schemel zu hieven, hatte Charlotte außer Atem gebracht. Sie hielt sich an einem Paar Krücken fest.

»Ich habe die Stationsschwester mit einem Pfund bestochen, damit sie eine Stunde die Augen zumacht.« Charlotte zog den Bademantel enger um sich.

»Ein Pfund?« Van Wijkem richtete sich auf und ging um den Schreibtisch.

»Kaffee. Standard-Krankenhauswährung.«

»Charlotte.« Die Chefin stützte das Kinn in die Hand. »Ihre Kündigung liegt auf Eis wegen des Unfalls.« Sie hob das Kinn und ließ ihre Finger während einer Pause wie ein Magier spielen. »Man könnte das Ganze vergessen.«

Charlotte sah sich als Oberärztin den chirurgischen OP organisieren, sah sich in den Morgenbesprechungen neben van Wijkem am ovalen Tisch in der Bibliothek. Sie ging in Gedanken die Treppe in Richtung Kreißsaal, aber sie übersprang die erste Stufe.

»Wie hat sich Burkhardt das Leben genommen?«

Van Wijkem wippte in ihrem Stuhl nach hinten und atmete laut aus. »Ich weiß nicht, warum er das ausgerechnet so tun musste. Der Beruf, die Klinik waren sein Leben. Seit seine Söhne hier bei uns gestorben sind, hat er sich verändert. Er hat nur noch gearbeitet. Ungesund – aber für mich natürlich ganz nützlich.« Van Wijkem ließ sich nach vorne kippen und stützte beide Unterarme auf den Schreibtisch. »Er hat sich zwei Ampullen Atracurium gespritzt.«

Ihr Zwerchfell versagte Charlotte einen Moment lang den Gehorsam. »Muskelrelaxans ohne Betäubung?«

Die Chefin nickte.

Charlotte sah an Van Wijkem vorbei. Die Atemmuskulatur wird zuletzt gelähmt, dachte sie. Bei vollem Bewusstsein fiel der Kopf auf die Brust, die Arme hingen hinab, vielleicht war er vom Stuhl gefallen. Am Ende quälten sich die ungeordnet zuckenden Muskeln um Luft, bis auch diese letzten Bewegungen versagten.

Sie schüttelte den Kopf, um sich von dem Gedanken zu befreien. »Ich will hier nicht mehr arbeiten.«

»Charlotte, so schnell wie bei mir kommen Sie nirgendwo weiter. Ich weiß, dass Sie gut sind.« Sie streckte die Hand über den Tisch. »Brandmann wird Leitender, seine Stelle wird frei. Wollen Sie sie haben? Ich biete sie Ihnen an.«

»Können Sie sich vorstellen, jeden Tag in dem OP zu arbeiten, in dem Sie jemand töten wollte?«

Van Wijkem legte den Kopf an die Sessellehne, hielt die gespreizten Finger aneinandergepresst vor das Kinn und sah Charlotte an.

»Ich müsste jeden Tag über die Treppenstufe gehen, an der dies hier passiert ist.« Charlotte klopfte mit den Fingerknöcheln auf den Gips.

»Sie kommen darüber hinweg.« Die Chefin wischte mit beiden Händen über den Tisch. »Es ist ein Sieg – Ihr Sieg über Burkhardt.« Sie streckte die Hände mit den Flächen nach oben zu Charlotte aus.

»Ich komme darüber weg, aber nicht hier. Ich mache mich selbstständig.«

Van Wijkem winkte ab. »Haben Sie eine Kassenzulassung? Haben Sie die halbe Million Euro, oder was so etwas heute kostet?«

»Sie haben geglaubt, ich bringe diese Menschen um, Emelie.«

»Ich«, Van Wijkems Hand verharrte in ihrer Bewegung, »musste die Klinik schützen.«

»Die Patienten hatten mehr Schutz nötig.«

»Nehmen Sie an und Sie können mich ständig daran erinnern, Charlotte.«

Sie hob ihr Bein vom gepolsterten Hocker. Sie hatte nicht die Kraft, den Gips sanft abzustellen. Der Teppich dämpfte das Geräusch, sie verzog das Gesicht, als die Erschütterung ihr Knie traf. Sie schüttelte den Kopf. »Was«, das Wort geriet zum Schmerzenslaut, »passiert jetzt?« Charlotte stellte die Krücken zurecht und stemmte sich vom Stuhl hoch.

Van Wijkem stand rasch auf und ging um den Tisch, um ihr zu helfen. »Die Leichen, die noch bei uns waren, hat der Staatsanwalt beschlagnahmt, zwei müssen exhumiert werden.«

»Die Polizisten, die mich gestern verhört haben, klangen so, als wenn sie mich verdächtigten.«

Van Wijkem schnaubte, Charlotte spürte ihren Atem im Nacken. »Haben Sie bei mir auch, vergessen Sie es, die sind von Berufs wegen paranoid.«

Charlotte wartete ein paar Sekunden, drehte sich dann um und humpelte einen Schritt auf die Tür zu. Sie stützte sich schwer in die Krücken, ihre Handflächen schmerzten noch von der Anstrengunge des Weges von der Station zu van Wijkems Büro.

»Ja, ich habe es geglaubt, Charlotte.« Sie hörte van Wijkems Hand auf die Stuhllehne schlagen. »Sind Sie jetzt zufrieden?«

»Zufrieden? Nein – warum sollte ich zufrieden sein?«

»Bleiben Sie?«

Charlotte stellte eine Stütze an die Wand neben der Tür und legte die Hand auf die Klinke. Sie drehte den Kopf über die linke Schulter und drückte den Türgriff hinunter. »Nein.«

»Seien Sie mir vorsichtig, Charlotte.«

»Wissen Sie, ich habe es immer ernst genommen, wenn Sie das gesagt haben.« Sie tippte sich mit dem Finger vor die Brust. »Ich war vorsichtig, Emelie. Immer. Aber das reicht nicht – das sollten Sie gelernt haben.«

Emelie van Wijkem knetete die Hände, öffnete den Mund, um zu sprechen, aber sagte nichts.

Charlotte schloss die Tür hinter sich.

# 24. Kapitel

Im Flur des Mietshauses in Neuenheim lehnte Charlotte sich schwer atmend an die Wand. Es roch nach Wachs. Sie fragte sich, wer Fliesen wachste. Das Treppenhaus atmete das Baujahr des Gebäudes. Bilder schwarzweißen Fernsehens, Frankenfelds und altmodischer Autos blitzten durch ihr Gehirn. Eine Zeit, bevor sie geboren wurde, eine Zeit, unendlich weit entfernt.

Sie drückte den vergrauten Plastikknopf neben einem Schild mit geprägtem Aufkleber: Wermke. Einige Sekunden vergingen ohne Antwort, dann sah sie eine Bewegung durch den Spion.

»Ja?« Die Männerstimme klang vorsichtig durch die Tür.

»Wir haben eine Verabredung«, sagte sie und ärgerte sich über den ungewollten Beiklang.

Ein Riegel wurde zurückgeschoben, die Tür öffnete sich.

»Frau Arbro.«

Wermkes Gesicht war nicht so rund, wie sie es erinnerte. Er trug ein weißes, kurzärmeliges Unterhemd und Jeans, ein Bauchansatz spannte das Hemd. Warme Luft mit dem Geruch von gebratenem Fleisch drang aus der Wohnung.

»Sie haben nicht gesagt, was Sie von mir wollen, am Telefon.«

»Guten Tag, Herr Wermke. Ich wollte wissen, wie es Ann-Marie geht.« Die Bilder Wermkes im Flur vor dem Kreißssal blitzten durch ihren Kopf.

»Es hat sich alles geändert – mit Marias Tod.«

»Alles«, sagte Charlotte und hüpfte einmal auf dem gesunden Bein, um das Gleichgewicht zu halten.

Wermke stemmte die Hände in die Taschen, streckte die Ellenbogen durch, seine Schultern stiegen in die Höhe.

»Herr Wermke, was geschehen ist – es tut mir so Leid.« Kein Mitleid äußern, keine Entschuldigungen, alles kann im Prozess gegen Sie verwendet werden, hatte Paschke gesagt. Aber das waren die Regeln Paschkes, die van Wijkems. Es waren nicht mehr ihre Regeln. Sie hatte sich gewünscht, das endlich sagen zu dürfen.

Er schüttelte den Kopf, öffnete den Mund, holte Luft, er schien Tränen zu unterdrücken. »Was ist mit Ihrem Bein?« Er nickte in Richtung ihres Beines. »Gebrochen?«

»Ungute Geschichte, will ich Ihnen nicht antun.«

Er stellte sich an die Seite der Tür. »Wollen Sie sich hinsetzen, hochlegen, den Fuß?«

Sie setzte die Krücken auf die Schwelle und stemmte sich auf die Handgriffe. Im Flur war es dunkel und warm, der Küchengeruch nahm überhand. Wermke gab dem Strukturglas der Wohnzimmertür einen Stoß, zeigte mit der offenen Hand hinein.

»Schläft Ann-Marie?«, fragte sie.

»Sie haben sich gemerkt, wie sie heißt, meine Tochter?«

Durch die großen, nackten Fenster im Wohnzimmer kam viel Licht. Die offene Balkontür ließ Verkehrslärm und Geruch herein, dennoch lag der Gestank von gebrauchten Windeln in der Luft.

Sie ließ sich auf das Cordsofa fallen, das linke Bein klemmte unter dem niedrigen Tisch aus dunkel lasiertem Buchenholz. »Wecke ich sie auf?«

Er ließ sich auf den Sessel fallen, schüttelte den Kopf und sagte: »Tagsüber schläft sie wie ein Stein, nachts macht sie Rabatz.«

»Wissen Sie …«, er sprach im selben Moment, in dem Charlotte mit »Ich konnte …« begann. Beide verstummten. Wermke breitete die Arme aus und zeigte auf Charlotte.

»Ich kann Ihnen nicht sagen, wie mir das alles zu schaffen gemacht hat.«

Er fiel ihr ins Wort, er sprach schnell: »Warum hat niemand gesagt, dass es ihm Leid tut? Warum hat sich niemand entschuldigt? Ich habe nicht mal einen Brief bekommen vom Krankenhaus. Nur eine Rechnung.« Er lachte ohne Freude. »Eine Rechnung haben sie geschickt, verstehen Sie?« Wermke wurde wieder etwas kleiner in den Polstern. Er senkte den Blick und strich über den ausgeblichenen Jeansstoff.

Sie sah sich um. Es war kein Bild seiner Frau an den Wänden. Sie sagte: »Ist Ann-Marie gesund?«

»Gesund, ja«, sagte er ohne aufzusehen. Seine Hände strichen langsam und regelmäßig über die Jeans. Seine Bewegungen wurden plötzlich schneller, dann hielt er inne und sah sie an. »Sie kommen, um mir zu erzählen, dass Ihnen das alles Leid tut? Verzeihen? Entschuldigung?« Er kippte den Kopf langsam hin und her, Ironie schwang in seiner Stimme. »Sie haben doch nichts falsch gemacht.«

»Ja, ich glaube, ich habe nichts falsch gemacht. Niemand hat etwas falsch gemacht. Ich möchte Ihnen etwas über Ihren Anwalt sagen. Was Sie daraus machen, ist Ihre Sache.«

Er drehte sich halb um und sah aus dem Fenster. Plötzlich zeigte er auf Charlotte, beugte sich vor und sagte mit verzerrtem Gesicht: »Sie wollen den Prozess beeinflussen! Mein Anwalt hat gesagt, Sie würden das versuchen, und ich soll mich nicht darauf einlassen.« Sein Zeigefinger zitterte. »Sie wollen mir mein Recht nehmen, mein Recht.«

»Ihr Anwalt war mein Freund, seit zehn Jahren mein Freund.«

Wermkes Gesicht entspannte sich, der ausgestreckte Zeigefinger zeigte weiter auf sie. »Sie wollen mir mein Recht nehmen.«

Sie schüttelte den Kopf in Zeitlupe.

»Dieser Prozess kann meine Lebensgrundlage sein! Meine Tochter ... Wovon sollen wir leben?«

Charlotte antwortete nicht. Sie überlegte, ob sie gehen sollte. Sie bereute, gekommen zu sein.

»Der Parbrook war Ihr Freund, als ich die Klage mit ihm besprochen habe?«, fragte Wermke.

Sie nickte. »Ich gönne Ihnen das Geld.«

Wermke ließ die Hände wieder auf die Beine fallen und rieb langsam über die verblichene Oberseite der Hose. Erst sah er Charlotte an, dann senkte er den Blick auf seine Hände.

»Als ich das erste Mal gesagt habe, wie Sie heißen, hat er ›gut‹ gesagt. ›Gut‹, ich weiß es noch. Jetzt verstehe ich. Was sind das für Menschen? Was sind das für Menschen?«

Charlotte stand auf und humpelte zur Seite. Er ging an ihr vorbei und ließ sie in den Flur. Der Geruch des Mittagessens traf sie und machte das Atmen einen Moment schwer. Ein kleiner Schrei drang durch einen Spalt zwischen Tür und Wand zu ihrer Linken. Wermke drängte sich vorbei und schob vorsichtig die Tür weiter auf. Geruch von Creme und Puder und Windeln mischte sich in die Luft.

Charlotte ging in Richtung Wohnungstür. Sie suchte mit ausgestreckten Fingern die Klinke zu fassen, der Plastikgriff der

Krücke schlug gegen das Holz.

Sie ging hinaus und drehte den Kopf über die Schulter in das Halbdunkel zurück, die wächserne Kühle des Treppenhauses verschwand, die Wärme des Wohnungsflurs traf sie ein letztes Mal. Wermke trat in den Flur, über seiner Schulter lag ein winziges Kind in Hemdchen und Windel mit nackten Beinen. Sein Gesicht war in der Dunkelheit schlecht zu erkennen. Sie konzentrierte sich auf den dunklen Streifen, in dem seine Augen lagen. Er sah in ihre Richtung, sie kniff die Augen zusammen.

»Danke, Frau Arbro, dass Sie gekommen sind.«

»Ich weiß nicht, ob es richtig war«, sagte sie. Dann nickte sie ihm zu. Die Tür fiel mit einem metallenen Klappern ins Schloss. Die kühle Luft floss angenehm durch die Nase in ihre Lunge.

## 25. Kapitel

Charlotte saß seit einer Stunde in dem italienischen Café mit Blick auf den Neckar und nippte an einer kalt gewordenen Latte macchiato.

»Was hast du ihm geboten? Hast du ihm Geld gegeben?«

Sie blickte überrascht auf. Michael Parbrook stand vor ihr. Er trug ein dunkles Sakko, einen der Anzüge, die er immer in der Kanzlei getragen hatte. Sie legte den Kopf in den Nacken, um ihm ins Gesicht zu sehen. Er war unrasiert. Unter seinem Kinn war die kreisrunde nackte Fläche, so groß wie eine Kinderhand – die Stelle, die sie immer so gerne geküsst hatte, weil sie so glatt war.

Sie zog den Gips etwas unter dem runden Tisch heraus und nickte zu dem freien Stuhl. »Einen Cappuccino? Ich gebe einen aus.«

»Wo hast du so viel Geld her?«, sagte Michael. Sie sah Speicheltropfen im Licht der Sonne, die durch die hohen Fenster schien. »Hat dir dein neuer Lover geholfen? Hat er?«

Sie drehte sich nach der Theke um und hob die Hand, suchte den Kellner. Die beiden Frauen am Nebentisch hatten aufgehört zu reden und sahen ihnen mit offenen Mündern und selbstvergessen zu.

Sie traf den Blick der Bedienung und winkte. Ihr Arm schwenkte herum, sie griff das Revers und schob Michael auf die andere Seite des gusseisernen Tischs. Er folgte ihrem Druck und zog sich den Korbstuhl heran.

Er fuhr mit der Hand durch die schwarzen Haare. Ein paar Schuppen fielen zu den anderen auf den Stoff des dunklen Sakkos.

»Du hast Wermke überredet, mich abzulehnen. Du hast mir den Fall versaut.«

Sie drehte sich zu den Frauen am Nebentisch um, sah sie an und winkte ihnen zu. Die beiden bemerkten ihr Starren und drehten sich zur Seite.

»Wermke hat dich abgelehnt? Vielleicht hättest du dir deinen Klienten besser aussuchen sollen. Warum hat er dich abgelehnt?«

»Du hast ihm Geld gegeben – du gibst es zu?«

Sie lachte.

»Er ist zum alten Bernreuther persönlich gegangen und hat gesagt, dass ich mit dir zusammen wäre. Was hast du ihm bezahlt?«, sagte er mit starrem Blick.

Ihr Löffel klapperte auf den Tisch. »Jetzt hör doch endlich auf, Michael.« Die Kraft ihrer Stimme schien ihn zu überraschen. »Alles dreht sich nur um Geld, Geld, Geld bei dir. Stell dir vor, es gibt Menschen, die machen nicht alles für Geld. Es gibt Menschen, für die gibt es Grenzen.«

»Prego, signori, avete scelto?«, sagte der Kellner von oben herab.

Michael sah sie unverwandt an.

Sie ließ sich in den Korbstuhl zurückfallen und sagte: »Einen Grappa, einen Espresso doppio, bitte.« Sie sah Michael an. »Einverstanden?«

Er winkte ab. »Wermke hat sich beim Bernreuther ins Büro gesetzt, hat einen auf Mitleid gemacht und gesagt, er kann mich nicht als Anwalt haben.«

Eine Weile schwiegen beide.

»Prego, signori, grappa ed espresso doppio«, sagte der Kellner und stellte Tasse und Glas in die Mitte des runden Tisches.

Michael verfolgte die Bewegungen des Kellners mit weit offenen Augen, bis sein Blick an den beiden gaffenden Frauen hängen blieb. Die drei sahen sich einige Sekunden in die Augen. Dann riss er sich los und betrachtete das hohe Schnapsglas.

»Bernreuther hat mir gesagt, ich soll mal eine Auszeit nehmen, Stress abbauen, mich erholen.« Er ließ die flache Hand auf die metallene Tischplatte fallen. »Auf Deutsch, ich kann mir einen neuen Job suchen.« Er nahm das Glas hoch und schluckte den Schnaps auf einmal hinunter. Seine Mundwinkel zogen sich hinab, er schüttelte den Kopf.

»Und du glaubst, es hilft dir, wenn ich daran schuld bin?«

»Hast du ihm gesagt, dass ich mit dir zusammen war, als ich ihn als Mandanten angenommen habe, oder nicht?« Er kippte den Espresso hinunter wie zuvor den Grappa.

»Das habe ich ihm gesagt. Warum sollte ich das nicht tun? Es ist die Wahrheit.«

»Weil man verdammt noch mal nicht immer die Wahrheit sagen muss.« Er hielt die Hand auf die Brust. »Verdammt, der Schnaps macht mir Sodbrennen.« Er sah zu den Frauen hinüber, beugte sich zu ihnen und sagte plötzlich laut: »Was?«

»Hör zu, das mit deinem Job tut mir Leid, Michael. Ich kann es nachfühlen, ich bin meinen auch los, aber ich mache nicht so ein Theater.«

»Theater? Wer macht hier Theater? Ich will nur wissen, was es dir wert war, mich zu erniedrigen.«

Er sah sie mit halb geöffnetem Mund an, die Lippen feucht von Speichel, die Augen weit geöffnet, eine schwarz glänzende Strähne auf der Stirn.

Charlotte lachte. Er tat ihr Leid, sie wollte nicht lachen, aber sie konnte es nicht unterdrücken. Sie versuchte sich wieder unter Kontrolle zu bekommen. »Bekommt er einen anderen Anwalt bei euch?«

»Der Alte macht es selbst! Damit hast du nicht gerechnet, damit …«

Sie unterbrach ihn. »Gut.« Alles Lachen war verschwunden. »Das ist gut.«

»Was?« Sein Blick flackerte. »Gut?«

»Er braucht das Geld. Die Versicherung wird ihm Geld geben, es ist das Mindeste.«

Er stand auf, der Korbstuhl kippte und schlug klappernd auf die Fliesen. Er drehte sich halb um und bückte sich, ließ sie dabei nicht aus den Augen. »Ich verstehe dich nicht, ich habe dich nie verstanden.«

Er suchte mit fahrigen Bewegungen in den Hosentaschen und im Jackett nach Geld, alles ohne den Blick von ihr zu nehmen. Er fand nichts, trat einen Schritt zurück und hob die Schultern, dann drehte er sich um und ging mit unsicheren Schritten aus dem Lokal.

# 26. Kapitel

Gerhard strich sanft über Charlottes Knie. Sie saßen auf der Terrasse hinter Gerhards neuer Praxis. Das Grundstück in Bergheim grenzte an das Ufer des Neckar, man konnte den Verkehr auf der Ernst-Walz-Brücke sehen. »Ich mag es auch so, Narbe oder nicht.« Er schwieg und sah in den blauen Himmel. »Als Jungen fanden wir Narben toll. Heldenhaft, männlich.«
Sie setzte sich gerade auf die Zedernholzbank und schob ein Häufchen Kies zwischen ihren Füßen zusammen. Sie sah ihn von der Seite an. Manchmal war er noch der kleine Junge, von dem er redete.

»Ich bin aber kein Mann, und eine Heldin will ich lieber auch nicht sein.«

Er nahm seine Hand von ihrem Knie und legte den Arm um ihre Schultern, zog sie an seine Seite. Sie sog seinen Geruch ein und fühlte sich sicher. »Du warst eine Heldin, ohne dich hätte Burkhardt weiter Patienten umgebracht. Vielleicht wäre er sogar van Wijkems Nachfolger geworden.«

»Sie hätte nicht aufgeben sollen.« Charlotte drückte sich an Gerhard und atmete lange aus. »Ich beneide sie. Sie hat genug Geld, und ohne Job endlich Zeit für die Kinder.«

Er drückte sie an sich und summte Zustimmung.

»Hey!« Sie stieß ihn in die Seite. »Das mit den Kindern hast du falsch verstanden.«

Er ließ sie los und rutschte an die Kante der Sitzfläche. »Machen wir weiter?«

Charlotte nickte und stand auf. »Wie lange brauchst du?«

Er schob die Glastür auf. »Nur ein kurzer Eingriff, ein Schnitt, dann ist es vorbei. Machst du mir eine kleine Maskennarkose?«

Sie wechselte ihre Pumps gegen OP-Schuhe aus Plastik und nahm eine frische Gesichtsmaske aus dem Regal. Gerhard verrieb sich einige Milliliter Desinfektionsmittel über die Unterarme.

## ENDE

Peter Gerdes:
**Fürchte die Dunkelheit**
**Kriminalroman**
ISBN 3-934927-60-2
256 Seiten; 11,90 Euro

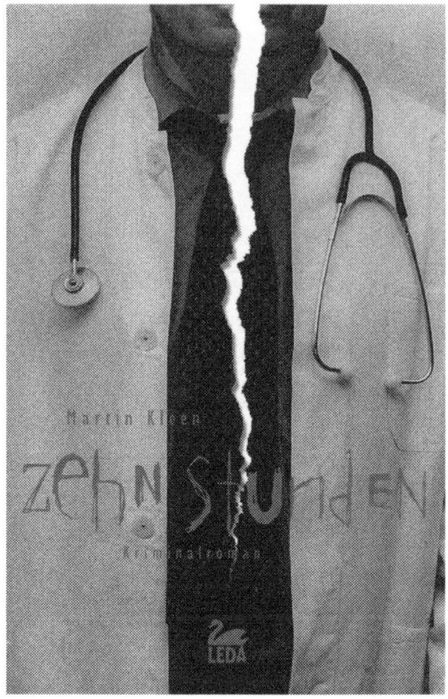


Martin Kleen:
**Zehn Stunden**
**Kriminalroman**
ISBN 3-934927-64-5
208 Seiten; 9,90 Euro

Martin Arz:
**Das geschenkte Mädchen**
**Kriminalroman**
ISBN 3-934927-42-2
256 Seiten; 11,90 Euro

Martin Arz:
**Reine Nervensache**
**Pfeffers zweiter Fall**
**Kriminalroman**
ISBN 3-934927-62-9
256 Seiten; 11,90 Euro

Kerstin Rech:
**Der Permes**

**Kriminalroman**
ISBN 3-934927-52-1
160 Seiten; 9,90 Euro